国家出版基金项目
NATIONAL PUBLICATION FOUNDATION

卫星互联网丛书
Satellite Internet

卫星通信干扰感知
及智能抗干扰技术

Interference Perception and Intelligent Anti-Jamming
Technology for Satellite Communications

■ 朱立东 李成杰 刘轶伦 杨颖 著

人民邮电出版社
北京

图书在版编目（CIP）数据

卫星通信干扰感知及智能抗干扰技术 / 朱立东等著
. -- 北京：人民邮电出版社，2023.6
（卫星互联网丛书）
ISBN 978-7-115-61139-0

Ⅰ．①卫… Ⅱ．①朱… Ⅲ．①卫星通信－抗干扰－研
究 Ⅳ．①TN927

中国国家版本馆CIP数据核字(2023)第019491号

内 容 提 要

　　卫星通信具有覆盖范围广、容量大、传输速率高等优点，不仅在海事、航空、高铁等领域具有重要的应用，而且是发展卫星互联网的核心要素，是我国未来发展的重点技术领域之一。但受限于卫星自身特点及所处环境的影响，卫星通信容易被地面各种各样、无意或有意的射频信号所干扰。本书结合人工智能技术，根据星地融合网络特点介绍卫星通信干扰感知和抗干扰技术。全书共 7 章，内容包括：概述、卫星通信干扰分析与仿真、卫星通信系统自适应功率控制、卫星通信干扰感知与识别、卫星通信干扰源定位及干扰抑制、基于盲源信号分离的卫星通信强干扰消除技术、卫星通信抗干扰智能决策技术。

　　本书可供通信信号处理、通信干扰消除技术及卫星通信等领域的广大技术人员参考，也可以作为高等院校和科研院所通信与信息系统、信号与信息处理等专业研究生和高年级本科生的参考用书。

◆ 著　　　　朱立东　李成杰　刘轶伦　杨　颖
　　责任编辑　牛晓敏
　　责任印制　马振武

◆ 人民邮电出版社出版发行　　北京市丰台区成寿寺路 11 号
　　邮编　100164　　电子邮件　315@ptpress.com.cn
　　网址　https://www.ptpress.com.cn
　　北京捷迅佳彩印刷有限公司印刷

◆ 开本：710×1000　1/16
　　印张：16.25　　　　　　　　　　　2023 年 6 月第 1 版
　　字数：300 千字　　　　　　　2024 年 12 月北京第 5 次印刷

定价：159.80 元

读者服务热线：**(010)81055493**　印装质量热线：**(010)81055316**
反盗版热线：**(010)81055315**
广告经营许可证：京东市监广登字 20170147 号

前　言

　　近年来，卫星技术高速发展，卫星应用领域不断扩大，卫星通信可实现对地球的无缝覆盖。卫星通信已成为人们生活中不可缺少的一部分，也是国家战略通信重要的发展方向。但受限于卫星自身特点及所处环境的影响，卫星通信容易被地面各种各样、无意或有意的射频信号所干扰。本书结合人工智能技术，根据星地融合网络特点完成了以下抗干扰技术的扩展：从链路级抗干扰到网络级抗干扰的扩展；从固定式抗干扰策略到智能化抗干扰策略的扩展；从单一抗干扰手段到多种抗干扰手段综合化运用的扩展。

　　本书共分 7 章。第 1 章结合卫星通信和人工智能技术特点，概括性地介绍卫星通信抗干扰技术和干扰技术的特点。第 2 章对 NGEO 卫星系统和 GEO 卫星系统之间的干扰建立了数学模型，从馈电链路和用户链路两个角度考虑，通过对上行和下行链路的具体场景分析得到 NGEO 卫星系统和 GEO 卫星系统之间的性能指标。第 3 章研究功率控制技术，在已有地面无线系统功率控制的算法基础上进行分析，提出卫星系统间的功率控制方案。第 4 章结合人工智能技术特点，在有效地降低采样速率和运算复杂度基础上完成了对卫星干扰信号的感知。第 5 章针对阵列流形内插方法的基本原理，提出一种基于角度和频率（角频）分离实现宽带聚焦的方法，可应用于任意几何平面阵列结构，在不限制几何平面阵列结构的模型中，对宽带相干信号实现了二维的波达方向估计。第 6 章根据卫星通信的不同场景，完成了强干扰信号为合作信号和非合作信号两种场景下的盲分离，提高了卫星通信系统的频谱使用效率和抗干扰能力。第 7 章针对智能干扰，通过使用基于 Q 学习算法的智能决策系统，与干扰方进行多次的博弈，学习干扰方的干扰策略，预测干扰方下一步的干扰样式，进而做出合适的选择，避开干扰，提高频谱利用率。

本书由朱立东、李成杰、杨颖、刘轶伦共同编写，全书由朱立东和李成杰统稿。在本书完成之际，感谢研究生王爱莹、邓超升、杜东科、曹鹤先、朱重儒等在本书撰写过程中做出的重要贡献。

鉴于作者水平有限，书中难免有不妥之处，欢迎读者指正。

作者
2023 年 4 月

目　录

|1.1 卫星通信抗干扰技术的背景与需求 |

1.1.1 卫星通信抗干扰技术的背景

20 世纪 90 年代以来, 各国经济的发展和科技的进步以及中低轨道移动卫星的出现和发展, 大幅度加速了卫星通信的研究进程。我国大力发展高、中、低轨卫星系统的建设, 建立健全国家重大空间信息基础设施, 这从侧面体现了我国作为现代化大国的综合国力和国际地位。

卫星通信系统通常由空间段、地面段和用户段组成。卫星通信系统框架如图 1-1 所示。空间段是指卫星平台及星上载荷。地面段是指对卫星进行控制、网络管理的信关站、网络控制中心等。用户段是指各种类型的用户终端。

卫星通信具有传输距离远、覆盖面积广、部署快速、不受地理环境限制、通信频带宽、容量大等特点[1], 被广泛应用于水利、渔业、畜牧业、森林防火、防灾救灾等方面, 卫星通信的高效应用保障人们的生活有序进行。受限于卫星自身特点及所处环境的影响, 正常的卫星通信容易被来自地面无意或人为的射频信号干扰, 因此卫星通信的可靠性和安全性存在极大的隐患。

从无线通信的角度来看, 通信卫星采用电磁波作为信息传输的媒介, 电磁波在暴露的无线信道中传输。一方面, 暴露的电磁环境复杂多变, 无线通信信道的状态极不稳定且异常嘈杂, 不仅存在日凌中断、卫星蚀和雨衰等自然影响因素, 还有大量无关信号会窜入其中; 另一方面, 星地之间的通信距离非常遥远, 极大的路径损耗导致接收端接收信号的强度微弱, 容易受到大功率干扰的压制。

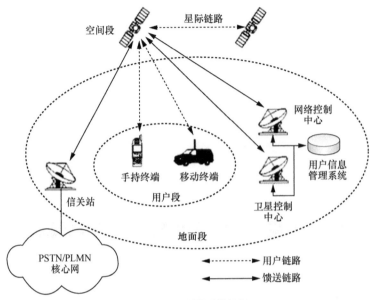

图 1-1   卫星通信系统框架

从卫星平台的开放性来看，通信卫星的转发器以广播的方式工作，这使其自身位置容易暴露，更糟糕的是，多数通信卫星所处的空间位置相对地面是静止的，这使得干扰设备可以轻易地瞄准星体，针对星体或所在通信链路实施恶意干扰。同时，由于卫星的中继服务对象数量多且分散在较广阔的区域内，为了接收到不同时间、频率、地域的用户信号，卫星的天线需要在宽泛的接收区域内进行扫描，这也使得干扰信号更容易进入卫星天线。

1.1.2   卫星通信抗干扰技术的需求

随着通信对抗技术的发展，未来通信系统面临着多种通信信号交互、人为恶意多干扰源和多种干扰样式组成的越来越复杂的电磁干扰环境。对于基于开放平台的卫星通信系统而言，有效的抗干扰方法被提出的同时必然会有更多新式干扰手段被创造出来。对卫星通信干扰方式的了解和掌握，有助于我们从容应对更复杂难解的干扰信号挑战。

在对干扰感知的基础上，根据卫星通信系统的体制及资源，将人工智能技术应用于抗干扰决策，自适应选择抗干扰波形，在强干扰对抗环境下，可保证信息的安全可靠传输，同时提高频谱和功率的利用效率。

|1.2　卫星通信干扰技术发展现状及趋势 |

1.2.1　卫星通信干扰技术发展现状

卫星通信在传输有用信号的过程中，会受到各种形式的干扰，干扰源可以在地面、飞机或卫星上，链路既有通信链路，也有干扰链路。卫星通信系统干扰示意如图 1-2 所示。

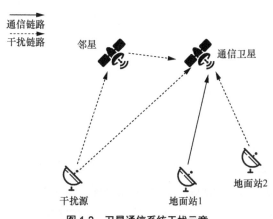

图 1-2　卫星通信系统干扰示意

卫星通信系统的正常工作保障人们日常生产、工作、生活的正常运转，对维护国家安全有着不可替代的作用。传输损耗、噪声和干扰都是影响卫星通信系统通信链路质量的重要因素，相对于传输损耗和噪声等客观因素，干扰，尤其是来自第三方的干扰对卫星通信造成的影响更让人措手不及。在卫星通信中，由于卫星点波束覆盖范围比较广、数量众多并且地面和空间干扰场景复杂，卫星通信系统容易受到多种多样的干扰影响。

美国曾经拼装了一个直径不足 10 cm 的小型干扰机，该干扰机的影响范围高达 70 km，而成本却不超过 500 美元。不仅美国在发展卫星信号干扰技术，其他国家（如英国和俄罗斯）也在进行相关的干扰研究。英国的防御研究局采用干扰功率为 1 W 的干扰机对 GPS 实施调频干扰，使得 GPS 接收机在 22 km 范围内无法工作。俄罗斯研究的第一代 GPS 干扰机通过对 GPS 信号发射高功率的调频噪声进行干扰，其优点是使用便利、结构简单，缺点是目标太大，容易被发现。后面研发的第二、三、四、五代干扰机通过对 GPS 信号发射相关或高度相似的干扰信号进行干扰，干扰机功率小，不易被暴露，这几代干扰机都是基于欺骗式干扰的思维设计的。欺骗式干扰从信息层面对信号进行攻击，隐蔽性强且干扰效果好，目前应用到卫星领域的实际案例越来越多。

近年来，全球范围内发生了多起针对全球导航卫星系统（GNSS）信号的欺骗或干扰式攻击，证明了卫星信号的脆弱性。2012 年 6 月，HUMPHREYS 教授团队针对无人机进行了欺骗式干扰攻击测试，最后无人机成功被欺骗。2017 年，黑海有数十艘船只报告其 GPS 设备出现故障，位置却显示这些船只位于内陆。欺骗式干扰信号的攻击模式是可变的，导致抗欺骗式干扰方法多样，但是目前还没有一种方法适合应对多种欺骗式干扰信号。因此，研究复杂环境下具有通用性和适应性的欺骗式干扰检测方法已成为反欺骗领域的热点。

1.2.2　卫星通信干扰技术发展趋势

随着通信对抗和电子战相关技术的发展进步，卫星面临的电磁环境日益复杂。电磁干扰信号呈现多模式、多制式、智能化、高度自适应和快速捷变等特点。认知无线电技术的提出进一步加快了信息系统的智能化进程，多功能软件定义波形电台、认知雷达和认知通信等技术的应用日益广泛，传统的通信对抗系统面临更大的挑战。因为干扰与抗干扰是"矛"与"盾"的两个对立面，这两个对立面在斗争中不断发展。要提高信息链路的抗干扰能力，首先应该对现有的干扰模式进行研究[2]。

目前，对卫星通信系统人为干扰的研究主要集中在物理层面、信道层面和信息层面。在物理层面，主要是对通信卫星的星体造成物理材质上的破坏，破坏程度往往是剧烈且持久的，在特定情况下有着重要意义。在信道层面，主要针对通信卫星的信道进行电磁干扰，使信号无法正常传输，这是目前针对卫星通信系统的主要干扰手段。在信息层面，主要针对卫星通信系统的测控、通信、管理等分系统进行信息截获、系统破坏和系统入侵等。

现阶段，信道层面的干扰技术正在从传统的以压制式干扰为主要手段、以干扰压制通信信号为目标的方式，发展成为以灵巧干扰为主要手段、以侦收和无线入侵接入攻击为目标的信息层面的干扰技术，这给卫星通信系统的安全防护带来了巨大的挑战。处于信道层面的干扰技术，主要利用电子干扰设备发射特定的微波，对卫星和地面控制系统所使用的电子设备造成电磁干扰，使其丧失正常通信能力，甚至以入侵攻击的方式破坏、截获目标的通信信息。

针对信道层面的干扰信号研究，必须具备两个基本属性：其一是破坏性，以达到干扰信号压制、破坏通信的目的；其二是隐蔽性，干扰信号要尽可能在达到干扰目的的同时不被目标发现，以提高自身的存活可能性，延长干扰的作用时间。

除了通过传统方法研究干扰信号，随着科技的发展，机器学习、自主推理和智能决策等技术逐渐用于通信对抗领域，即认知通信对抗系统的研究。它们的任务是在频谱密集的环境下实现在任意时间、任意地点快速电磁频谱态势认知和电子干扰策略生成，并通过学习目标的变化加以优化，提高攻击效能[3]。在面对未来更加复杂的威胁时，新型干扰信号的设计意义在于：一方面对非合作方系统进行攻击，破坏或削弱其工作进程；另一方面通过主动的干扰攻击，保护己方系统的安全[4-6]。智能化干扰信号的发展是把双刃剑，在攻守双方的博弈中，谁能更快速地进行可靠决策和高效攻击，谁就掌握了信息化对战的制胜先机。

1.2.3 卫星通信抗干扰技术发展现状

很多国家早就开始了对军事卫星通信干扰与抗干扰技术的研究[7]。美国在卫星通信抗干扰方面的研究与应用较为深入，技术水平先进。美国的卫星通信抗干扰手段主要有：

（1）采用扩频通信体制，如军事星系统（Milstar）和舰队卫星通信系统；

（2）采用跳频通信技术，如军事星、舰队通信卫星 7 号和 8 号上装有的极高频（EHF）组件，上下行链路均使用跳频技术；

（3）采用星载自适应调零天线和星上信号再生技术，如军事星和 GPS 卫星等；

（4）采用跳时、跳频加直接序列扩频的综合抗干扰技术体制，如美国联合战术信息分发系统（JTIDS）；

（5）扩展通信频段，发展毫米波甚至卫星光通信技术，如美国的军事星系统使用 60 GHz 的星际链路，由于该频率上大气层的衰减很高，所以星际链路不受地基电子战设备的干扰。

目前，卫星通信中常用的抗干扰技术主要包含：天线抗干扰技术、直扩/跳频技术、自适应编码调制技术、无线光通信技术、星上处理技术、限幅技术等[8]。

卫星通信系统分布在不同的地域、空域，很容易受到干扰，所以抗干扰的首要目的是实现灵活的、优化的卫星覆盖，使卫星接收天线最大限度地接收信号，同时零化干扰信号。天线抗干扰技术是卫星通信中最常用的抗干扰措施，包括自适应调零、智能天线和相控阵天线等技术。

自适应调零的原理是，在星上采用大型的、具有多波束的接收天线，组成一副赋形的天线照射到某一区域，当卫星检测到干扰时，自动将干扰方向的点波束关闭，从而达到抗干扰的目的。利用自适应调零，多波束天线可以在干扰源方向产生深度调零，使干扰信号的电平减小 25～35 dB。

智能天线是一种根据实际无线信道环境（包括干扰变化）实时自动地改变天线方向图从而使本身性能保持最佳的天线系统。一副智能天线可同时抑制来自不同方向的多个干扰方干扰，使信干比提高几十 dB。智能天线抗干扰的原理是利用信号在幅度、编码、频谱或空间方位方面的不同特征，通过信号处理器对各阵元进行自适应加权处理，自动控制和优化天线阵列的方向图，使天线的增益在通信方信号方向上保持最大，在干扰方向上增益最小，实现空间滤波。天线主要由 3 部分组成：天线阵列、信号通道和自适应信号处理。天线阵列由按某种规律排列的单元天线或阵元构成，阵元间隔应小于相干距离。信号通道则为每个阵元的空间感应信号提供物理通道，在信号通道中可进行放大、变频、A/D（或 D/A）转换等处理。自适应信号处理由波束成形网络和自适应算法构成，是智能天线的核心部分。

相控阵天线在空域进行波束合成来抑制强干扰也是保障卫星正常通信的一种关键技术，其运行时可根据形势的变化控制星上发射天线指向，使波束覆盖范围随用户运动做相应变化，还可恰当选择卫星天线波束形状来提高通信系统的抗干扰能力。其中一个重要的问题是如何在尽可能短的时间里估计出多个干扰方向然后进行调零。总之，天线抗干扰技术的原理是检测出干扰源所在，进而设计出增强信噪比的天线技术。

郝才勇[9]提出了双星定位和三星定位地面干扰源的方法，双星定位原理如图 1-3 所示，三星定位原理与双星类似，只是额外引入了一颗邻星。位于地面的监测站分别接收干扰信号经过主星和邻星转发的两路信号，这两路信号的传输路径不同，导致了不同的到达时间，形成到达时差（TDOA）。主星和邻星相对于地球运动的速度不同，导致了接收信号产生多普勒频移的差异，形成到达频差（FDOA）。通过对接收的信号进行参数估计得到 TDOA 值和 FDOA 值，从而确定一对位于地球表面的定位位置线（TDOA 线和 FDOA 线），它们的交点即干扰源的定位结果，定位精度可达几千米。

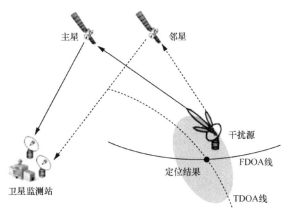

图 1-3　双星定位原理

　　文献[10]针对 Ka 频段低地球轨道（LEO）和地球静止轨道（GEO）卫星系统之间的上行链路干扰，以 OneWeb 系统为例，提出了设置排除角的干扰缓解技术，即在设定的排除角范围内 LEO 卫星系统不与地面系统进行通信，直至离开排除角范围。但这种方法会带来 LEO 卫星系统与地面通信质量的损失。文献[11]研究了多波束系统中的排除区域问题，以降低地面无线电系统与卫星系统频率共享带来的有害干扰。排除区域的概念一方面可以减少来自边界区域相邻小区的干扰，另一方面减少了地面无线电系统可以使用的子带数目，从而降低了频谱效率。NGUYEN M D 等[12]引入多波束成形概念设计了一种多通道接收机，对低仰角卫星飞行器方向的阵列增益进行自适应最大化，并在干扰源的方向上设置深度归零点，从而抑制干扰。

1.3　直接序列扩频/跳频技术

　　扩频是卫星通信中最基本的抗干扰技术。扩频技术是一种信息传输方式，在信号中用一个与其无关的随机序列来扩展频谱，使其带宽远远超过传输所需要的最小带宽；在接收端用相同的扩频序列对其进行同步接收、解扩，以便使信号恢复到原始状态。扩频系统根据频谱扩展的方式不同可分为直接序列扩频（DSSS）方式和跳频（FH）方式。直接序列扩频方式直接用具有高码率的扩频码序列在发送端扩展信号的频谱，而在接收端用相同的扩频码序列解扩，把展宽的扩频信号还原成原始的信息。早在 1966 年，美国的第 1 颗军事通信卫星 DSCSI 就使用了扩频技术。美军正在使用的 Milstar、租赁卫星（LEASAT）和舰队卫星通信系统也采用了直接序列扩频技术。

跳频通信是收发双方传输信号的载波频率按照预定规律进行离散变化的通信方式，即通信中使用的载波频率受伪随机序列的控制而随机跳变。从实现方式来说，跳频是一种用伪随机序列进行多频频移键控的通信方式，也是一种码控载频跳变的通信系统，工作流程如图 1-4 所示。从时域上来看，跳频信号是一个多频率的频移键控信号；从频域上来看，跳频信号的频谱是一个在很宽频带上以不等间隔随机跳变的信号。跳频控制器为核心部件，具有跳频图案产生、同步、自适应控制等功能；频率合成器在跳频控制器的控制下合成所需频率；数据终端对数据进行差错控制。跳频通信作为扩频通信的一种，因其良好的抗干扰性和保密性而被广泛应用于军事通信。对跳频系统的限制在于频率合成器的高速转换而无杂波产生，其一项重要参数是频率的跳变速率，它很大程度上决定了跳频通信系统抗跟踪式干扰的能力，因此跳频技术一直向更高的速率发展。由于卫星工作频带很宽，为了在不同的转发器内都能工作，通常要求地面设备必须覆盖 500 MHz 以上带宽，要在如此宽的频带内实现快速、精细的跳频，难度很大。

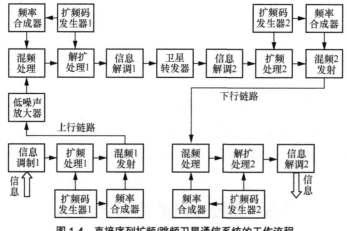

图 1-4　直接序列扩频/跳频卫星通信系统的工作流程

文献[13]针对扩频系统中的窄带干扰，提出了一种改进的双门限干扰抑制（IS）算法。该算法利用了直接序列扩频信号和 BPSK 调制的频谱特性，利用 PN-BPSK 信号的对称性来获得更好的频谱估计，并设置一个极限门限来保护信号频谱的主瓣。

1.3.1　自适应编码调制技术

自适应编码调制（ACM）技术是一种具有信道自适应特性、适用于卫星等使用无线信道通信的传输技术。它建立在信道估计的基础之上，通过回传信道将信道状态信息传送给发送端，使其根据不同的信噪比自适应地改变编码方式和调制方式。当信噪比较小时，使用较低的信息传输速率；当信噪比较大时，采用较高的信息传输速率，这样总体上使信道利用率比固定速率系统的高，从而使系统高效可靠传输，优化整体性能。决定自适应编码调制系统性能的因素有自适应回路时延、链路状态估计算法和调制编码方案的粒度。与非自适应方案相比，自适应编码调制大约可以提供 20 dB 的功率增益。选择具有更大功率效能、更高频带利用率的编码调制方案将进一步提升自适应编码调制系统的性能。

比较典型的编码技术主要是前向纠错码（FEC），主要包括 Viterbi 译码、自正交卷积码门限译码、BCH 码、R-S 码、卷积码序列译码和级联码。适用于卫星通信的调制方式为恒包络调制方式，包括多种 PSK 技术，如 QPSK、IJF-QPSK、DQPSK 等，以及各种连续相位调制（CPM）方式，如 MSK、GMSK 等。另外，还有格状编码调制技术（TCM）。在跳频信号中，可选用 MFSK 和 DPSK 等调制方式[14]。

KAPOOR R 等[15]针对 LEO 卫星中的相邻波束干扰问题，采用载波干涉（CI）码来抑制干扰，CI 码具有较好的互相关特性，可以在不显著增加复杂度的情况下，显著地抑制低轨卫星系统中的多波束干扰。文献[16]结合基于辨别角度的干扰抑制方法和自适应功率控制技术，研究了一种基于自适应调制编码的共线干扰抑制方法。该方法利用非地球静止轨道（NGEO）卫星与 GEO 卫星系统的夹角来选择基于目标误码率算法的调制编码方案（MCS），在保证对 GEO 链路的干扰低于可容忍的干扰限度的同时，获得较好的频谱利用率，改善了 NGEO 系统的通信条件。LICHTMAN M 等[17]提出了一种减轻反应性干扰影响的策略，该策略利用了反应性干扰的几何约束，采用编码和交织方案，使传输的比特出现在每一跳的最开始处，从而实现了抗干扰。

文献[18]在全球导航卫星系统星际链路（ISL）中，提出了一种基于码辅助技术的自适应窄带干扰（NBI）抑制方案。与常用的无限冲激响应（IIR）陷波滤波器和频域滤波不同，码辅助技术不需要干扰检测和快速傅里叶变换，自适应性能更好。文献[18]提出了利用干扰影响系数的概念来评估残余干扰对接收端载噪比（CNR）的影响。在伪码率为 10.23 Mchip/s 时，误码率不超过 1×10^{-5}，带宽为 2 MHz 的情况下，该方案可抑制的最大干信比（JSR）为 40 dB。对于带宽为 1 MHz 的窄带干扰，可抑制的最大干信比为 55 dB；对于单频干扰，可抑制的最大干信比为 75 dB。

1.3.2　光通信技术

自由空间光通信（FSO）是以大气作为传输媒质传送光信号，只要在收发两个端机之间存在无遮挡的视距路径和足够的光发射功率，通信就可以进行。FSO 是物理层传输，任何传输协议均容易叠加进去，对语音、数据、图像等业务可以实现透明传送。一个无线光通信系统包括 3 个基本部分：发射机、信道和接收机。在点对点传输的情况下，每一端都设有光发射机和光接收机，可以实现全双工的通信。光发射机的光源受到电信号的调制，通过作为天线的光学望远镜，将光信号通过大气信道传送到光接收机望远镜；在光接收机中，望远镜收集接收光信号并将它聚焦在光电检测器中，光电检测器将光信号转换成电信号。FSO 具有的优点有：频带宽；速率高；频谱资源丰富，多采用红外光传输，系统的工作频段在 300 GHz 以上，该频段的应用在全球不受管制；协议透明；架设灵活便捷；安全保密性强，与电波之间不存在干扰问题；成本低。除美国之外，欧洲航天局（ESA）、日本等也在大力研究光通信技术，激光空间链路技术正向长波长、大容量、远距离、低功耗、小型化、一体化以及星间组网的方向发展。

1.3.3　星上处理技术

星上处理可以使上下行链路之间去耦合，减少或消除上行干扰对下行链路的干扰作用，同时设法避免转发器被推向饱和。星上处理技术包括：星上信号解调/重调制、解跳/再跳、解扩/再扩、译码/再编码、速率变换、多波束交换、智能自动增益控制（Smart AGC）、多址/复用方式转换如上行码分多址（CDMA）或频分多址（FDMA）变换成时分多址（TDMA）等。在美国的 Milstar 中，上行采用 FDMA 和全频带跳频，下行采用 TDMA 和快速跳频。这样可充分利用行波管放大器的功率，功率的增加可减小用户端的天线尺寸，上行的功率不需要很大就可满足需要，从而降低了对地面站设备的要求。

美国正研究一种用于军事通信卫星的新型抗干扰处理技术——Smart AGC，其既可有效地抑制干扰，又可使有用的小信号不会有大的损失。Smart AGC 是一种基于包络处理的自适应卫星抗干扰技术，只由输入信号的幅度来识别干扰情况，而不需要分析干扰机的频谱，对一类具有某些包络特性的干扰包括宽带干扰的抑制是行之有效的，而且该技术是模块化的，无须对系统设计做大的改动，只需要在卫星转发器的射频或中频插入相关电路，即可直接应用于透明转发器和星上处理转发器。因此，传统的透明转发器采用 Smart AGC 技术后，在强干扰环境下，可以应用于通信。再生转发器采用该技术后，可以有效提高其可解调的干信比门限。

星上交换按照交换控制方式大体分为两类：一类是电路交换，在射频、中频、解调前或解调后基带进行信道间的切换而不分析信号中信息；另一类是基带交换，在星上进行信号解调的基础上对基带进行信号分析，信号中假设了交换信息，通过星上处理单元转换这些信息，完成信号交换。

　　星上交换技术的发展，对提高卫星系统的抗干扰能力具有重大作用：实现波束化，星上交换能连接任意两个波束覆盖范围内的终端，是波束化的基础；实现星际链路，军事抗干扰卫星通信系统普遍采用多星组网，通过交换，利用星际链路可以实现通信链路的迂回和冗余，提高卫星通信网的可靠性；实现灵活的多用户之间的交换，军事信息的数据类型多、数据量大，信息交互频繁，可靠性、有效性要求高，只有灵活的交换技术才能保证这些需要。

1.3.4　限幅技术

　　限幅技术是星上广泛采用的一种抗干扰措施，作用是避免转发器中的功率放大器被上行干扰推向饱和。理想的限幅器应该具有这样的限幅特性：在输入高功率信号时具有很高的信号衰减，即隔离度高；在输入低功率信号时只有一个很小的插入损耗。限幅分为软限幅和硬限幅。硬限幅转发器完全工作在非线性状态，大信号压缩小信号，连续波干扰引起的压缩比最为严重。PIN 二极管限幅器是保护后面灵敏接收机电路不被自身发射脉冲泄漏功率信号和其他靠近的大功率微波信号烧毁的重要器件。发展最快也极具应用前景的微波功率器件材料是碳化硅第三代宽带隙半导体材料，碳化硅的击穿电场强度是硅的 8 倍，热导率性能是硅的 3 倍，电子饱和漂移速度是硅的 2 倍，这些优点有利于提高器件的抗辐射性能、热稳定性以及工作频率。软限幅转发器工作在线性区和限幅区 2 个区域，压缩比不仅同干信比和干扰类型有关，还与限幅门限有关。在限幅过程中由于非线性的作用，会产生强信号抑制小信号，使信噪比下降，最大可达 6 dB，相对而言，软限幅较硬限幅有大约 4 dB 的性能改善。

1.3.5　其他抗干扰技术

　　其他常见的抗干扰技术除了时域、频域抗干扰技术，还有空域自适应滤波、空时自适应滤波，以及对于特定干扰的抑制技术。

　　在空域自适应滤波方面，夏辉等[19]针对传统功率倒置（PI）算法在非理想环境下性能严重下滑的缺点,提出了基于对角加载的特征子空间 DL-ESB-PI 抗干扰算法。通过对信号协方差矩阵做对角加载处理及特征分解,舍弃噪声子空间对抗干扰权值的贡献,在快拍数小、存在阵列误差等非理想环境下,依然保持了较好的干扰零陷性能,PI 算法与 DL-ESB-PI 算法方向图对比如图 1-5 所示。PI 算法与 DL-ESB-PI 算法均能够在干扰位置形成零陷,而 PI 算法在干扰位置外,多个角度形成了深浅不一的零陷。DL-ESB-PI 算法的副瓣则更加平滑,对期望信号的损失更小,鲁棒性更高。

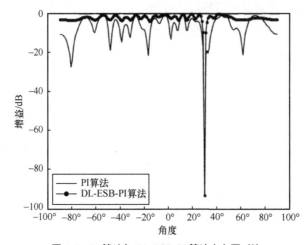

图 1-5　PI 算法与 DL-ESB-PI 算法方向图对比

除此之外,360 公司利用软件无线电技术模拟 GPS 信号,取得了突破性进展,利用抗干扰技术干扰无人机对目标物体的侦查[20]。ARAFIN M T 等[21]提出了一种将数据级欺骗检测与现有的基于 GPS 的定时系统相结合的设计方案。该设计使用单个或多个自由振荡器来检测 GPS 导出的频率漂移和偏移中的异常,从而对抗欺骗干扰。

在空(空间)时(时间)自适应滤波方面,文献[22-24]提出将空时自适应处理(STAP)应用到卫星通信抗干扰中,结合空间和时间信息,联合空时处理来抑制多径以及窄带和宽带干扰。

文献[25]针对现有 GNSS 接收机的多干扰抑制方法由于缺乏自由度而严重降低了多干扰抑制性能的问题,将时频分析与空间处理相结合,提出了一种空时频处理器。基于时频域干扰的循环性,引入最小公共周期块原则对接收信号进行分块。然后将每个块对应的时频点分组,采用基于最小功率无失真响应(MPDR)的空时频波束形成器消除干扰,实现了在不增加天线单元数目的情况下抑制宽带干扰(WBI)及应对来自与 GNSS 信号相同方向的干扰。

| 1.4 卫星通信抗干扰技术发展趋势 |

随着人工智能技术、星地融合网络技术的迅速发展，卫星通信抗干扰技术呈现智能化、网络化的发展趋势[26]。当前，总体研究趋势主要包括以下 3 个方面。

（1）从链路级抗干扰拓展到网络级抗干扰

未来的星地融合网络不是简单的点对点通信，而是一个复杂的通信网络。一方面，网络内多个节点、多条链路同时通信必然造成严重的系统内部干扰；另一方面，通过控制网络的拓扑结构，可以实现网络级的抗干扰。由于网络中存在多条通信链路，因此当某一链路受到干扰时，可以通过其他链路实现通信。网络级抗干扰技术可以充分利用网络结构，极大增强通信系统鲁棒性。例如，可以通过中继节点或者路由链路的选择实现躲避受干扰区域、对抗干扰功率的效果。

（2）从固定式抗干扰拓展到智能化抗干扰

随着电子进攻技术的发展，形式多样、灵活多变的智能化干扰样式对无线通信系统造成严重威胁。通信方需要具备感知、学习、推理、决策能力，根据电磁干扰环境的变化，自主智能地产生最佳抗干扰方式，以有效应对恶意干扰，保障可靠有效的信息传输。智能化抗干扰通信技术既体现在通信设备个体上，也体现在整个通信网络中，即实现群体智能化抗干扰。

（3）从单一抗干扰手段拓展到多种手段综合化运用

传统抗干扰手段针对常规固定场景具有较好效果，面对新型智能化干扰样式，单一手段已经难以满足恶劣电磁环境下可靠通信的要求。抗干扰技术需从单一手段拓展到多种手段综合化运用，如频率域与功率域联合抗干扰技术、盲源信号分离抗干扰技术、变换域抗干扰技术等。但是综合运用多种手段，一方面增加了算法设计的复杂度，另一方面对硬件设计提出了更高的要求。

| 1.5 本章小结 |

本章介绍了卫星通信抗干扰技术的背景及需求，重点分析了卫星通信面临的干扰威胁，对干扰技术现状及发展趋势做了简要介绍。针对卫星通信可能遭受的干扰，简要介绍了卫星通信常用的抗干扰技术手段，重点分析了卫星通信抗干扰技术发展现状，并对抗干扰技术的未来发展趋势做了预测。

参考文献

[1] 吴昊, 张杭, 路威. 一种面向卫星频谱监测的复合式干扰自动识别算法[J]. 系统仿真学报, 2008, 20(17): 4681-4684.

[2] 熊小兰. 通信干扰生成原理及技术[D]. 武汉: 华中科技大学, 2007.

[3] 张君毅, 李淳, 杨勇. 认知通信对抗关键技术研究[J]. 无线电工程, 2020, 50(8): 619-623.

[4] 秦源. 基于决策融合的卫星导航欺骗干扰识别[J]. 南阳理工学院学报, 2016, 8(4): 4-7.

[5] 林象平. 电子对抗原理[M]. 北京: 国防工业出版社, 1981-1982.

[6] 周一宇, 徐晖. 电子战原理与技术[M]. 北京: 国防工业出版社, 1999.

[7] 陈洪, 崔健. 卫星地面接收站抗干扰通信技术研究[C]//2010 通信理论与技术新发展——第十五届全国青年通信学术会议论文集（上册）. [S.l.:s.n.], 2010: 290-295.

[8] 柴焱杰, 孙继银, 李琳琳, 等. 卫星通信抗干扰技术综述[J]. 现代防御技术, 2011, 39(3): 113-117.

[9] 郝才勇. 卫星干扰处理技术综述[J]. 电信科学, 2017, 33(1): 106-113.

[10] XU P, WANG C, YUAN J, et al. Uplink interference analysis between LEO and GEO systems in ka band[C]//Proceedings of 2018 IEEE 4th International Conference on Computer and Communications. Piscataway: IEEE Press, 2018: 789-794.

[11] OH D S, CHANG D I, KIM S. Interference mitigation using exclusion area between multi-beam satellite system and terrestrial system[C]//Proceedings of 2014 International Conference on Information and Communication Technology Convergence (ICTC). Piscataway: IEEE Press, 2014: 685-689.

[12] NGUYEN M D, NGUYEN H T. A novel multi-beamforming multi-channel GNSS receiver design for interference mitigation[C]//Proceedings of 2014 International Conference on Advanced Technologies for Communications (ATC 2014). Piscataway: IEEE Press, 2014: 720-724.

[13] ZHAO D W, JIA B J, DING J S, et al. Narrow-band interference suppression in DSSS using dual-threshold algorithm[C]//Proceedings of IET International Radar Conference 2015.Institution of Engineering and Technology. [S.l.:s.n.], 2015.

[14] 谷春燕, 陈新富, 易克初. 卫星通信抗干扰技术的发展趋势[J]. 系统工程与电子技术, 2004, 26(12): 1793-1797.

[15] KAPOOR R, ENDLURI R, KUMAR P. Interference mitigation in downlink multi-beam LEO

satellite systems using DS-CDMA/CI[C]//Proceedings of 2014 International Conference on Advances in Computing, Communications and Informatics (ICACCI). Piscataway: IEEE Press, 2014: 491-495.

[16] YANG C, ZHANG Q, TIAN Q H, et al. In-line interference mitigation method based on adaptive modulation and coding for satellite system[C]//Proceedings of 2017 16th International Conference on Optical Communications and Networks (ICOCN). Piscataway: IEEE Press, 2017: 1-3.

[17] LICHTMAN M, REED J H. Analysis of reactive jamming against satellite communications[J]. International Journal of Satellite Communications and Networking, 2016, 34(2): 195-210.

[18] WANG H, CHANG Q, XU Y, et al. Adaptive narrow-band interference suppression and performance evaluation based on code-aided in GNSS inter-satellite links[J]. IEEE Systems Journal, 2020, 14(1): 538-547.

[19] 夏辉, 徐少波, 徐如. 一种基于对角加载的特征子空间抗干扰算法[J]. 无线电工程, 2018, 48(11): 978-982.

[20] 戴博文, 肖明波, 黄苏南. 无人机 GPS 欺骗干扰方法及诱导模型的研究[J]. 通信技术, 2017, 50(3): 496-501.

[21] ARAFIN M T, ANAND D, QU G. A low-cost GPS spoofing detector design for Internet of Things (IoT) applications[C]//Proceedings of the on Great Lakes Symposium on VLSI 2017. New York: ACM, 2017: 161-166.

[22] FANTE R L,VACCARO J J. Wideband cancellation of interference in a GPS receive array[J]. IEEE Transactions on Aerospace and Electronic Systems, 2000, 36(2): 549-564.

[23] KIM S J,ILTIS R A. STAP for GPS receiver synchronization[J]. IEEE Transactions on Aerospace and Electronic Systems, 2004, 40(1): 132-144.

[24] MYRICK W L, GOLDSTEIN J S, ZOLTOWSKI M D. Low complexity anti-jam space-time processing for GPS[C]//Proceedings of 2001 IEEE International Conference on Acoustics, Speech, and Signal Processing. Proceedings (Cat.No.01CH37221). Piscataway: IEEE Press, 2001: 2233-2236.

[25] QI L G,GUO Q. Combining time-frequency analysis and array processing for multi-interferences mitigation in GNSS application[C]//Proceedings of 2017 Progress in Electromagnetics Research Symposium - Fall (PIERS - FALL). Piscataway: IEEE Press, 2017: 2454-2458.

[26] 王海超, 王金龙, 丁国如, 等. 空天地一体化网络中智能协同抗干扰技术[J]. 指挥与控制学报, 2020, 6(3): 185-191.

第2章
卫星通信干扰分析与仿真

卫星通信是天基信息网的重要神经中枢，在电子对抗过程中具有至关重要的作用和地位。但是卫星通信信号暴露在自由空间且信道状态不稳定的特点决定了卫星通信面临严峻的考验[1]。通信卫星作为中继站点，负责不同地球站之间的信号转发，是一个开放式的中继通信系统。通信卫星的转发器以广播的方式工作，这使其自身位置易暴露。更糟糕的是，多数通信卫星所处的空间位置相对地面是静止的，这使得干扰设备可以轻易地瞄准星体，从而针对星体或所在通信链路实施恶意干扰。同时，由于卫星的中继服务对象数量多且分散在较广阔的区域，为了接收到不同时间、地域、频率的用户信号，卫星的天线需要在宽泛的接收区域内进行扫描，这也使得干扰更容易进入卫星天线。

| 2.1　干扰样式 |

卫星通信系统面对的干扰根据需求、标准的不同，可以有多种划分方式。如果按照干扰信号有无目的性或有无恶意性划分，我们将干扰划分为无意干扰和有意干扰两大类。

2.1.1　无意干扰

无意干扰是指由于通信系统设计结构的不完善引发的或自然界中大量存在且随机出现的由自然现象引发的无恶意的干扰。如果对无意干扰进行更详细地划分，我们将它划分为自然干扰和人为无恶意干扰两种类型。自然干扰，大多受太阳活动、天电条件、雨衰、雪衰等自然条件的影响，尽管无法避免，但是能够通过改善卫星供电系统性能进行缓解[2]。人为无恶意干扰，在卫星设计之初就已经被考虑在内了，计算各类参数时都可以根据经验数据加入人为恶意干扰。相对于有意干扰，无意干扰的出现具有随机性，但由于本身不具有人为的恶意性，通过大量实测观察我们仍然可以对其总体效果做出概率意义的预判，因此无意干扰对卫星通信的影响较小，并且由于其具有概率意义或物理决定性层面的确定性，无意干扰带来的影响更容易应对和预防。

2.1.2　有意干扰

与无意干扰相对应的是有意干扰，也叫恶意干扰，一般是指有目的性和计划性地发射功率压制性或功能欺骗性的恶意攻击性信号，旨在对卫星通信接收端造成压制或恶意攻击的一类干扰。这类干扰往往难预防、难处理，对通信卫星的危害极大，这是卫星抗干扰中的研究重点。

对卫星通信系统的恶意干扰主要集中在物理层面、信道层面和信息层面。在物理层面，主要对通信卫星的星体造成物理材质上的破坏，破坏程度往往剧烈且持久。在信道层面，主要针对通信卫星的信道进行电磁干扰，造成信号无法正常传输，这是目前针对通信的主要干扰手段。在信息层面，主要针对卫星通信系统的测控、通信、管理等分系统进行信息截获、系统破坏和系统入侵等，这是反卫星技术下一步重点研究的方向。

现阶段，反卫星技术正在从传统的以压制式干扰为主要手段的、以干扰压制通信信号为目标的信道层面的干扰技术，发展成为以灵巧干扰为主要手段的、以侦收和无线入侵接入攻击为目标的信息层面的干扰技术，这给卫星通信系统的安全防护带来了巨大的威胁和挑战。

┃2.2　人为干扰方式┃

人为干扰是相对于无意干扰而言的，其主要来源有岸基固定干扰源、车载或舰载等移动式的干扰机，还有空载平台的干扰源，如机载干扰机、星载平台干扰源等。实际中，要充分把握人为因素的各种情况，开发出能有效控制人为因素的相关抗干扰技术。人为干扰中最重要的是压制式干扰和欺骗式干扰，本节简单介绍这两类干扰。

2.2.1　压制式干扰

压制式干扰发射大功率干扰信号压制卫星通信信号的功率，使得接收机收到的信号的信干比急剧变化，卫星信号淹没在干扰信号中，进而导致接收机无法正常工作，达到干扰正常卫星通信的目的。压制式干扰的压制效果具体表现为卫星信号的捕获时间变长，卫星信号无法捕获，接收到的卫星信号信干比下降，接收到的卫星信号数量减少等[3]。压制式干扰可以细分为瞄准式干扰、多音干扰、阻塞式干扰、调频干扰等。

2.2.1.1 瞄准式干扰

瞄准式干扰是一种窄带干扰。干扰信号的带宽狭窄，在缩小可以覆盖的频率范围的同时，使得干扰功率更加集中，这意味着在相同的干扰功率下，瞄准式干扰具有更强的压制效果。当瞄准式干扰的信号频带落入通信频带时，接收信号的信干比急剧恶化，系统误码率迅速升高，甚至发生通信中断。这种通过将干扰频带与通信频带"对准"来实现干扰效果的干扰样式，称为瞄准式干扰。从瞄准式干扰的方式可以看出，干扰方在施放瞄准式干扰前，需要至少获得目标通信频带的相关参数，以便瞄准通信频带。瞄准式干扰在施放期间，干扰中心频率不再发生改变，是一种典型的定频干扰，通过傅里叶分析就能达到较好的频域分析效果。根据瞄准式干扰不同的生成方式，我们选择了几种主要的瞄准式干扰进行分析：连续波干扰、常规幅度调制干扰、噪声调幅干扰、二进制相移键控（BPSK）干扰、二进制频移键控（BFSK）干扰。

（1）连续波干扰

连续波是带宽内某频点的正弦信号，在频域表现为单个点频[2]，因此连续波干扰又称为单音干扰。其干扰源通常是恶意的连续波频段附近的非调制发射机的载波。连续波干扰的复数形式数学模型表示为

$$J(t) = \sqrt{P_J} \exp(j(2\pi f_J t + \theta_J)) \tag{2-1}$$

实数形式数字模型表示为

$$J(t) = \sqrt{2P_J} \cos(2\pi f_J t + \theta_J) \tag{2-2}$$

其中，P_J 为干扰信号功率；f_J 为干扰信号中心频率；θ_J 为干扰信号初始相位，服从 $[0, 2\pi)$ 上的均匀分布，且彼此之间相互独立。

（2）常规幅度调制干扰

常规幅度调制干扰可以通过调制信号对单载波进行幅度调制，再与载波相加得到。其数学模型表示为

$$J(t) = \left(U_0 + m(t)\right) \cos(2\pi f_J t + \theta_J) \tag{2-3}$$

其中，调制信号为

$$m(t) = \beta_{AM} \cos(2\pi f_m t + \theta_m) \tag{2-4}$$

其中，U_0 为载波幅度；β_{AM} 为调制指数；f_J 为干扰信号中心频率；f_m 为调制信号频率；θ_m 为调制信号初始相位，$\theta_m \sim U[0, 2\pi]$；θ_J 为干扰信号初始相位，$\theta_J \sim U[0, 2\pi]$。

（3）噪声调幅干扰

噪声调幅干扰是一种用基带噪声对载波进行幅度调制后形成的随机信号。其数学模型表示为

$$J(t) = \big(U_0 + U_n(t)\big)\cos(2\pi f_J t + \theta_J) \tag{2-5}$$

其中，U_0 为载波幅度；$U_n(t)$ 为基带调制噪声，是均值为 0、方差为 σ_n^2 的广义平稳带限高斯白噪声，具有带内平坦的功率谱密度；θ_J 为干扰信号初始相位，$\theta_J \sim U[0, 2\pi]$，且与 $U_n(t)$ 相互独立；f_J 为干扰信号中心频率。

（4）二进制相移键控干扰

BPSK 干扰的复数形式数学模型表示为

$$J(t) = \sqrt{P_J}\, m(t) \exp\big(\mathrm{j}(2\pi f_J t + \theta_J)\big) \tag{2-6}$$

其中，$m(t)$ 为双极性数字基带信号，取值为 -1 和 1；f_J 为干扰信号中心频率；θ_J 为干扰信号初始相位，$\theta_J \sim U[0, 2\pi]$。

（5）二进制频移键控干扰

BFSK 干扰的复数形式数学模型表示为

$$J(t) = \sqrt{P_J}\, m_J(t) \exp\big(\mathrm{j}(2\pi f_J t + \theta_J)\big) \tag{2-7}$$

$$m_J(t) = \cos\big(m(t) \times 2\pi f_0 t + \overline{m(t)} \times 2\pi f_1 t\big) \tag{2-8}$$

其中，$m_J(t)$ 为基带已调信号；$m(t)$ 为单极性数字基带信号，取值为 0、1；f_J 为干扰信号中心频率；θ_J 为干扰信号初始相位，$\theta_J \sim U[0, 2\pi]$。

2.2.1.2　多音干扰

多音干扰又称多频连续波干扰，可由 N 个频率互不相同、相位相互独立的单频连续波相互叠加后得到，干扰功率均分在 N 个频率的谱线上。N 个单频连续波载波频率可以是随机分布的，也可以特别指定，当 N 个单频连续波的中心频率随机分布时，干扰称为随机多音干扰。

多音干扰的复数形式数学模型表示为

$$J(t) = \sum_{i=1}^{N} \sqrt{P_i} \exp\big(\mathrm{j}(2\pi f_i t + \theta_i)\big) \tag{2-9}$$

其中，N 为音调数目；f_i 为第 i 个音调的中心频率；θ_i 为第 i 个音调的初始相位，服从 $[0, 2\pi)$ 的均匀分布，彼此之间相互独立。

2.2.1.3 阻塞式干扰

（1）宽带阻塞干扰

宽带阻塞干扰实施干扰的方式是通过预先侦查干扰目标的通信频带，对整个跳频频带进行无缝隙的固定或轮流功率压制，因此，无论跳频频率如何跳变，通信信号都会遭到干扰信号的压制。宽带阻塞干扰示意如图 2-1 所示。

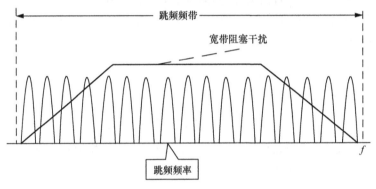

图 2-1　宽带阻塞干扰示意

宽带阻塞干扰由于不需要获得目标通信系统过多的先验知识，因此实现起来非常简单，并且在频带上的功率压制，对于多种通信体制都非常有效，是彻底拦截调频通信的有效手段之一。全频带的功率压制在拦截对方通信频带的同时，很容易对己方通信造成干扰。此外，宽带阻塞干扰的干扰功率分散在很宽的带宽内，为了使各频点的功率都能达到预期的压制效果，需要发射很大功率的干扰信号，干扰效率很低。

通常，采用基带噪声信号进行带内调制，所生成的干扰信号称为宽带噪声干扰。其数学模型由式（2-10）给出

$$J(t) = U_n(t) \exp\big(j(2\pi f_J t + \theta_J) \big) \tag{2-10}$$

其中，$U_n(t)$ 为低通滤波后的基带噪声信号，滤波前是均值为 0、方差为 σ_n^2 的高斯白噪声信号；f_J 为干扰信号中心频率；θ_J 为干扰信号初始相位，$\theta_J \sim U[0, 2\pi]$。

（2）部分频带阻塞干扰

其基本原理与宽带阻塞干扰的原理相似，区别在于部分频带阻塞干扰只针对目标

的部分频带进行集中干扰，尤其是选择目标频率跳变最频繁的频带进行功率压制，可以用更低的代价达到良好的干扰效果。部分频带阻塞干扰示意如图 2-2 所示。

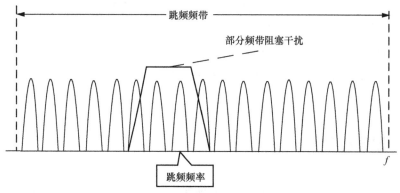

图 2-2　部分频带阻塞干扰示意

采用噪声信号进行带内调制的部分频带阻塞干扰，称为部分频带噪声干扰。信号的生成过程与宽带噪声干扰类似，部分频带噪声干扰的数学模型可表示为

$$J(t) = U_n(t)\cos(2\pi f_J t + \theta_J) \tag{2-11}$$

其中，$U_n(t)$ 为低通滤波后的基带噪声信号，滤波前是均值为 0、方差为 $\sigma_n{}^2$ 的高斯白噪声信号；θ_J 为干扰信号初始相位，$\theta_J \sim U[0, 2\pi)$。

2.2.1.4　调频干扰

调频干扰，即通过调制信号对干扰信号的载波频率进行调制来产生干扰信号。由于干扰信号的载波频率会随着调制信号而变化，而调制信号本身为时变函数，因此，调频干扰的载波频率是时变的，是一类非平稳信号。

频率调制（Frequency Modulation，FM）与相位调制（Phase Modulation，PM）同属于角度调制的范畴，是使用调制信号控制载波信号的角度随之变化的调制方式。其中，如果受控的是载波信号的频率，则称为频率调制；如果受控的是载波信号的相位，则称为相位调制。在角度调制过程中，只有载波信号的角度（即频率或相位）发生变化，而其幅度保持恒定，不受调制信号的影响。由于调频与调相在数学关系上可以相互转化，此处仅针对调频进行讨论。

调频干扰的一般数学模型可表示为

$$J(t) = \sqrt{2P_J} \cos\left(2\pi f_J t + 2\pi K_{\mathrm{FM}} \int m(t)\mathrm{d}t + \theta_J\right) \tag{2-12}$$

其中，$m(t)$ 为调制信号，用来控制干扰信号的载波频率，可以采用确定信号，如锯齿波、三角波等，也可以采用随机或伪随机信号，如噪声、特定码序列等；f_J 为干扰载波基频；K_{FM} 为调频比例常数，定义为单位调制电压引起的频率变化，单位为 Hz/V；θ_J 为干扰信号初始相位，$\theta_J \sim U[0, 2\pi]$。

正弦调频干扰、噪声调频干扰、线性调频干扰是 3 种典型的调频干扰。除此之外，还有其他许多非线性调频干扰，如多项式调频干扰、三角波调频干扰等，这里不再赘述。

2.2.2 欺骗式干扰

欺骗式干扰隐蔽性好，在受通信双方地理位置、频谱范围等因素限制时，常作为第三方干扰出现。相对于压制式干扰，欺骗式干扰往往让人措手不及，潜在的威胁性更大。可以预见，掌握更简单、更高效的欺骗式干扰生成方法在未来的电子对抗中就能够取得主动权。

欺骗式干扰具备与真实信号高度相似的信号结构和 PN 码信息，与扩频信号强相关，接收机的解扩处理对它的抑制作用不大，因此在直扩系统中欺骗式干扰信号的攻击性更强，破坏性也更强。欺骗式干扰信号分为转发式欺骗干扰和生成式欺骗干扰两大类。其中，转发式欺骗干扰是对接收信号附加一定的时延再重新转发到系统中进行攻击，它总是滞后于真实的信号，易被干扰检测器检测出来；生成式欺骗干扰的时延并不固定，它可能比真实信号延后到达，也可能在真实信号之前到达，很难与真实信号区分开来[4-6]。为了实现更高效的干扰攻击，生成式欺骗干扰无疑是很好的选择。

生成式欺骗干扰的构造需要大量先验信息，一般在侦察到信号的基本特征之后才能构造出来，实现成本高，尤其对于非合作方而言，卫星信号的码信息是卫星通信系统的核心加密信息，极难侦察与破解，这提高了卫星通信系统中生成式欺骗干扰的实现难度。

生成式欺骗干扰主要细分为虚假伪码干扰和相关干扰[4]。虚假伪码干扰是在有用信号先验知识的基础上，侦察并解算出有用信号伪码的详细结构，再根据伪码信息生成符合接收机要求的伪码，使得接收方难以区分有用信号与干扰信号。这种干扰对卫星系统有摧毁性作用，但是实现极其困难。相关干扰是在干扰方无法获得有用信号详细的伪码的情况下，根据侦察和解算结果找到一种与有用信号伪码序列相关性较大的伪码序列。相关干扰较虚假伪码干扰而言，干扰效果差，但是比较容易实现。

2.2.3　干扰信号仿真

当前常见的通信干扰模型主要有两大类：压制式干扰和欺骗式干扰。选取其中典型的单音干扰、多音干扰、宽带阻塞干扰、部分频带阻塞干扰、扫频干扰 5 种干扰信号建立模型[7-8]，其中，干噪比设置为 JNR=−5 dB。多种干扰信号的频谱图像如图 2-3 所示。

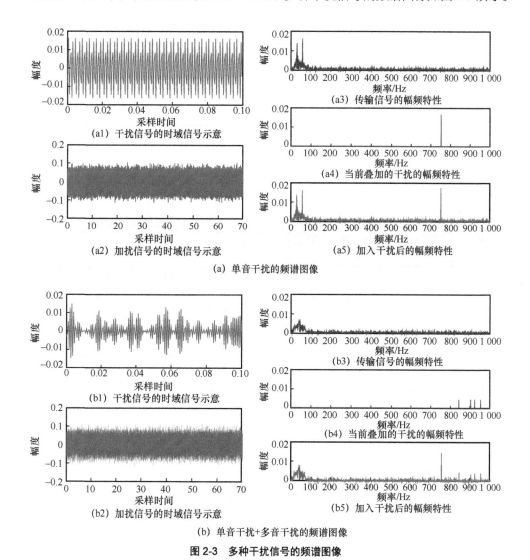

图 2-3　多种干扰信号的频谱图像

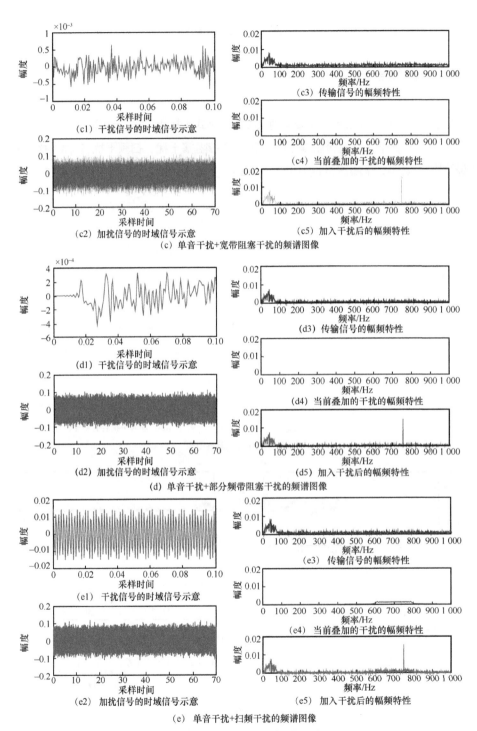

（c1）干扰信号的时域信号示意

（c2）加扰信号的时域信号示意

（c3）传输信号的幅频特性

（c4）当前叠加的干扰的幅频特性

（c5）加入干扰后的幅频特性

（c）单音干扰+宽带阻塞干扰的频谱图像

（d1）干扰信号的时域信号示意

（d2）加扰信号的时域信号示意

（d3）传输信号的幅频特性

（d4）当前叠加的干扰的幅频特性

（d5）加入干扰后的幅频特性

（d）单音干扰+部分频带阻塞干扰的频谱图像

（e1）干扰信号的时域信号示意

（e2）加扰信号的时域信号示意

（e3）传输信号的幅频特性

（e4）当前叠加的干扰的幅频特性

（e5）加入干扰后的幅频特性

（e）单音干扰+扫频干扰的频谱图像

图2-3 多种干扰信号的频谱图像（续）

可以看到，单音干扰的频谱图像只有一个尖峰。多音干扰可以看作多个单音干扰的叠加，因此多音干扰的频谱图像有多个尖峰。宽带阻塞干扰和部分频带阻塞干扰都是向有用信号叠加噪声得到的，因此当 JNR=−5 dB 时，宽带阻塞干扰和部分频带阻塞干扰信号与信道噪声融合在一起。扫频干扰的频域特征非常明显，具有一个类似梯形的起伏。

2.3　多卫星系统频率共享场景干扰分析

根据 ITU-R SM.2181，ITU 分析了我国 GEO 卫星"鑫诺 1 号"使用频段内受到的干扰情况。本节主要从 NGEO 卫星的角度进行分析，如何避免对 GEO 卫星系统的影响。多卫星系统频率共享场景分为两大类：馈电链路干扰和用户链路干扰。每个大类又有下行链路和上行链路两种情况，对以上干扰场景进行建模分析及仿真。

2.3.1　馈电链路干扰模型

馈电链路是指卫星与信关站或中心站之间的无线通信链路，GEO 卫星和 NGEO 卫星馈电链路同频干扰场景如图 2-4 所示，展现了馈电链路中的有用信号，可以看出当 GEO 卫星-信关站和 NGEO 卫星-信关站通信链路使用相同频段，彼此同时通信时会造成同频干扰。下面从下行链路和上行链路两种情况进行干扰分析。

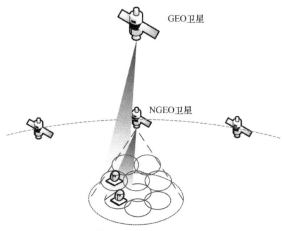

图 2-4　GEO 卫星和 NGEO 卫星馈电链路同频干扰场景

卫星通信干扰感知及智能抗干扰技术

2.3.1.1　下行链路

先以 NGEO 卫星的角度避免对 GEO 卫星下行链路的影响。NGEO 卫星在中低轨道运行，其轨道在 GEO 卫星轨道的下方。当 NGEO 卫星运行到 GEO 卫星和 GEO 卫星地面站连线的附近时，会对 GEO 卫星系统产生干扰。先将模型简化，仅考虑每种系统一颗卫星和一个地面站的情况。馈电链路卫星系统间干扰场景如图 2-5 所示，可以看出干扰场景共有两种：

- GEO 卫星对 NGEO 卫星地面站产生干扰；
- NGEO 卫星对 GEO 卫星地面站产生干扰。

除了图 2-5 中的通信路径，GEO 卫星与 NGEO 卫星之间也会彼此干扰，但 NGEO 卫星到达 GEO 卫星的信号经过自由空间传播损耗后可忽略不计，GEO 卫星到达 NGEO 卫星的信号与 NGEO 上行链路主瓣的夹角超过 90° 时也可忽略不计，所以下行链路仅考虑卫星对彼此地面站的干扰。

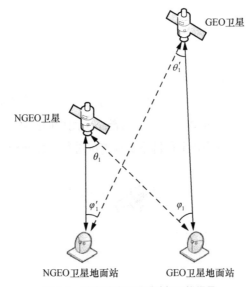

图 2-5　馈电链路卫星系统间干扰场景

假设 GEO 卫星地面站期望用户接收的期望信号功率 $P_{\mathrm{g}}^{\mathrm{down}}$ 为

$$P_{\mathrm{g}}^{\mathrm{down}} = P_{\mathrm{gt}} G_{\mathrm{gt}}(0) G_{\mathrm{gsr}}(0) \left(\frac{\lambda}{4\pi d_{\mathrm{gg}}} \right)^2 (k_{\mathrm{gg}})^2 \qquad (2\text{-}13)$$

假设 NGEO 卫星地面站期望用户接收的期望信号功率 P_n^{down} 为

$$P_n^{\text{down}} = P_{\text{nt}} G_{\text{nt}}(0) G_{\text{nsr}}(0) \left(\frac{\lambda}{4\pi d_{\text{nn}}} \right)^2 k_{\text{nn}}^2 \tag{2-14}$$

当有多颗 NGEO 卫星对 GEO 卫星地面站产生干扰时，NGEO 卫星系统对 GEO 卫星地面站的总同频干扰信号功率 $P_{\text{In}}^{\text{down}}$ 为

$$P_{\text{In}}^{\text{down}} = \sum_{i=1}^{N} P_{\text{nt}}^i G_{\text{nt}}^i(\theta_i) G_{\text{gsr}}(\varphi_i) \left(\frac{\lambda}{4\pi d_{\text{ng}}^i} \right)^2 (k_{\text{ng}}^i)^2 \tag{2-15}$$

GEO 卫星对 NGEO 卫星地面站的同频干扰信号功率 $P_{\text{Ig}}^{\text{down}}$ 为

$$P_{\text{Ig}}^{\text{down}} = P_{\text{gt}} G_{\text{gt}}(\theta_1') G_{\text{nsr}}(\varphi_1') \left(\frac{\lambda}{4\pi d_{\text{gn}}} \right)^2 k_{\text{gn}}^2 \tag{2-16}$$

其中，P_{gt} 为 GEO 卫星信号发送功率，P_{nt}^i 为第 i 颗 NGEO 干扰卫星信号发送功率，$G_{\text{gt}}(\cdot)$ 为 GEO 卫星发射天线增益，$G_{\text{nt}}^i(\cdot)$ 为第 i 颗 NGEO 干扰卫星发射天线增益，$G_{\text{gsr}}(\cdot)$ 为 GEO 卫星地面站接收天线增益，$G_{\text{nsr}}(\cdot)$ 为 NGEO 卫星地面站接收天线增益，θ_i 为第 i 颗 NGEO 干扰卫星和 GEO 卫星地面站之间信号路径与其主瓣轴线的夹角，φ_i 为 GEO 卫星地面站和第 i 颗 NGEO 干扰卫星之间信号路径与其主瓣轴线的夹角，θ_1' 为 GEO 卫星和 NGEO 卫星地面站之间信号路径与其主瓣轴线的夹角，φ_1' 为 NGEO 卫星地面站和 GEO 卫星之间信号路径与其主瓣轴线的夹角，d_{gg} 为 GEO 卫星和其地面站之间信号路径长度，d_{nn} 为 NGEO 卫星和其地面站之间信号路径长度，d_{ng}^i 为第 i 颗 NGEO 干扰卫星和 GEO 卫星地面站之间信号路径长度，d_{gn} 为 GEO 卫星和 NGEO 卫星地面站之间信号路径长度，k_{gg}、k_{nn}、k_{ng}^i、k_{gn} 为信道模型决定的信道增益随机数，λ 为载波波长，N 为 NGEO 卫星对 GEO 卫星地面站产生同频干扰的信号数。

根据上面的推导得出 NGEO 卫星地面站的传输速率为

$$C_{\text{rn}} = B_{\text{d}} \log_2 \left(1 + \frac{P_n^{\text{down}}}{K T_{\text{nsr}} B_{\text{d}} + P_{\text{Ig}}^{\text{down}}} \right) \tag{2-17}$$

GEO 卫星地面站的传输速率为

$$C_{\text{rg}} = B_{\text{d}} \log_2 \left(1 + \frac{P_r^{\text{down}}}{K T_{\text{gsr}} B_{\text{d}} + P_{\text{In}}^{\text{down}}} \right) \tag{2-18}$$

其中，K 为玻尔兹曼常数，T_{nsr}、T_{gsr} 为 NGEO 卫星地面站和 GEO 卫星地面站天线的接收噪声温度，B_d 为卫星馈电链路下行信道带宽。

2.3.1.2　上行链路

上行链路场景分析与下行链路类似。上行馈电链路干扰场景有两种：

- NGEO 卫星受 GEO 卫星地面站的干扰；
- GEO 卫星受 NGEO 卫星地面站的干扰。

除此之外，NGEO 卫星地面站和 GEO 卫星地面站之间会彼此干扰。NGEO 卫星地面站与 GEO 卫星地面站之间的干扰可以通过设置保护禁区规避，也就是彼此都设立在保护禁区外就会避免干扰。NGEO 卫星地面站对 GEO 卫星的干扰由于路径损耗过大可以忽略，因此仅考虑第一种干扰场景。

第 i 颗 NGEO 干扰卫星受到的干扰信号功率 P_{li}^{up} 为

$$P_{li}^{up} = P_{gst} G_{gst}(\varphi_i) G_{nr}^i(\theta_i) \left(\frac{\lambda}{4\pi d_{ng}} \right)^2 k_{ng}^2 \tag{2-19}$$

NGEO 卫星期望接收的信号功率 P_{ni}^{up} 为

$$P_{ni}^{up} = P_{nst} G_{nst}(0) G_{gr}^i(0) \left(\frac{\lambda}{4\pi d_{gn}} \right)^2 k_{gn}^2 \tag{2-20}$$

在不考虑 NGEO 卫星系统内同频干扰的情况下，NGEO 卫星的传输速率为

$$C_{nir} = B_u \log_2 \left(1 + \frac{P_{li}^{up}}{KT_{nr}B_u + P_{li}^{up}} \right) \tag{2-21}$$

其中，P_{gst} 为 GEO 卫星地面站信号发送功率，P_{nst} 为 NGEO 卫星地面站信号发送功率，$G_{gst}(\cdot)$ 为 GEO 卫星地面站发射天线增益，$G_{nst}(\cdot)$ 为 NGEO 卫星地面站发射天线增益，$G_{nr}^i(\cdot)$ 为第 i 颗 NGEO 干扰卫星接收天线增益，T_{nr} 为 NGEO 卫星天线的接收噪声温度，B_u 为卫星馈电链路上行信道带宽。

2.3.2　用户链路干扰模型

GEO 卫星系统的用户链路是指 GEO 卫星和地面移动终端之间的链路，包括船舶和火车等，GEO 卫星和 NGEO 卫星用户链路同频干扰场景如图 2-6 所示。如果用户是移动的，需要考虑多普勒频移等因素。有一种通信场景是，地面用户通过基站与卫星进

行通信，地面基站作为中继，比如 OneWeb 卫星系统就采用这种通信方式[9-10]。为了方便分析，本书将 GEO 卫星的地面通信用户设置为地面小区基站。NGEO 卫星系统的覆盖区域更广，用户数量更大，分布在 NGEO 卫星波束覆盖区域，实时性更强。

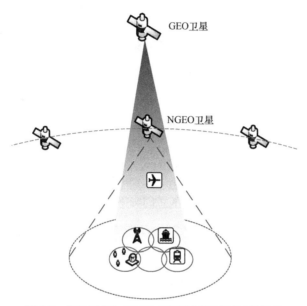

图 2-6　GEO 卫星和 NGEO 卫星用户链路同频干扰场景

2.3.2.1　下行链路

假设两个卫星系统的用户分布在一定大小的区域 S 内，某一时刻，GEO 卫星用户数为 N_g，NGEO 卫星用户数为 N_n，NGEO 卫星数为 N，GEO 卫星用户的期望信号功率 $\boldsymbol{P}_g^{down}$ 为

$$\boldsymbol{P}_g^{down} = \boldsymbol{H}_g^{down} \boldsymbol{P}_{gt} \tag{2-22}$$

其中，$\boldsymbol{P}_g^{down} = [P_{g1}^{down}, P_{g2}^{down}, \cdots, P_{gN_g}^{down}]^T$，$\boldsymbol{H}_g^{down} = [h_{g1}^{down}, h_{g2}^{down}, \cdots, h_{gN_g}^{down}]^T$，设 h_{gi}^{down}，$i = 1, 2, \cdots, N_g$。

$$h_{gi}^{down} = G_{gt}(0)G_{gsir}(0)\left(\frac{\lambda}{4\pi d_{ggi}}\right)^2 (k_{ggi})^2 \tag{2-23}$$

NGEO 期望用户接收的期望信号功率 $\boldsymbol{P}_n^{down}$ 为

$$\boldsymbol{P}_n^{down} = \boldsymbol{H}_n^{down} \boldsymbol{P}_{nt} \tag{2-24}$$

其中，$\boldsymbol{P}_{\mathrm{n}}^{\mathrm{down}}=[P_{\mathrm{n}1}^{\mathrm{down}},P_{\mathrm{n}2}^{\mathrm{down}},\cdots,P_{\mathrm{n}N_{\mathrm{n}}}^{\mathrm{down}}]^{\mathrm{T}}$，$\boldsymbol{H}_{\mathrm{n}}^{\mathrm{down}}=[\boldsymbol{h}_{\mathrm{n}1}^{\mathrm{down}},\boldsymbol{h}_{\mathrm{n}2}^{\mathrm{down}},\cdots,\boldsymbol{h}_{\mathrm{n}N_{\mathrm{n}}}^{\mathrm{down}}]^{\mathrm{T}}$，$\boldsymbol{P}_{\mathrm{nt}}=[P_{\mathrm{n}1\mathrm{t}},P_{\mathrm{n}2\mathrm{t}},\cdots,$

$P_{\mathrm{n}N\mathrm{t}}]$，设 $\boldsymbol{h}_{\mathrm{n}j}^{\mathrm{down}}=[h_{\mathrm{n}j1}^{\mathrm{down}},h_{\mathrm{n}j2}^{\mathrm{down}},\cdots,h_{\mathrm{n}jN}^{\mathrm{down}}]^{\mathrm{T}}$，$j=1,2,\cdots,N_{\mathrm{n}}$，$u=1,2,\cdots,N$。

$$h_{\mathrm{n}ju}^{\mathrm{down}}=G_{\mathrm{n}ut}(0)G_{\mathrm{n}sjr}(0)\left(\frac{\lambda}{4\pi d_{\mathrm{n}uij}}\right)^{2}(k_{\mathrm{n}uij})^{2} \tag{2-25}$$

NGEO 卫星系统对 GEO 卫星用户的总同频干扰信号功率 $\boldsymbol{P}_{\mathrm{In}}^{\mathrm{down}}$ 为

$$\boldsymbol{P}_{\mathrm{In}}^{\mathrm{down}}=\boldsymbol{H}_{\mathrm{In}}^{\mathrm{down}}\boldsymbol{P}_{\mathrm{nt}} \tag{2-26}$$

其中，$\boldsymbol{P}_{\mathrm{In}}^{\mathrm{down}}=[P_{\mathrm{In}1}^{\mathrm{down}},P_{\mathrm{In}2}^{\mathrm{down}},\cdots,P_{\mathrm{In}N_{\mathrm{g}}}^{\mathrm{down}}]^{\mathrm{T}}$，$\boldsymbol{H}_{\mathrm{In}}^{\mathrm{down}}=[\boldsymbol{h}_{\mathrm{In}1}^{\mathrm{down}},\boldsymbol{h}_{\mathrm{In}2}^{\mathrm{down}},\cdots,\boldsymbol{h}_{\mathrm{In}N_{\mathrm{g}}}^{\mathrm{down}}]^{\mathrm{T}}$，设 $\boldsymbol{h}_{\mathrm{In}i}^{\mathrm{down}}=$

$[h_{\mathrm{In}i1}^{\mathrm{down}},h_{\mathrm{In}i2}^{\mathrm{down}},\cdots,h_{\mathrm{In}iN}^{\mathrm{down}}]^{\mathrm{T}}$，$i=1,2,\cdots,N_{\mathrm{g}}$，$u=1,2,\cdots,N$。

$$h_{\mathrm{In}iu}^{\mathrm{down}}=G_{\mathrm{n}ut}(\theta_{iu})G_{\mathrm{g}sir}(\varphi_{iu})\left(\frac{\lambda}{4\pi d_{\mathrm{n}ugi}}\right)^{2}(k_{\mathrm{n}ugi})^{2} \tag{2-27}$$

GEO 卫星系统对 NGEO 卫星用户的总同频干扰信号功率 $\boldsymbol{P}_{\mathrm{Ig}}^{\mathrm{down}}$ 为

$$\boldsymbol{P}_{\mathrm{Ig}}^{\mathrm{down}}=\boldsymbol{H}_{\mathrm{Ig}}^{\mathrm{down}}\boldsymbol{P}_{\mathrm{gt}} \tag{2-28}$$

其中，$\boldsymbol{P}_{\mathrm{Ig}}^{\mathrm{down}}=[P_{\mathrm{Ig}1}^{\mathrm{down}},P_{\mathrm{In}2}^{\mathrm{down}},\cdots,P_{\mathrm{In}N_{\mathrm{n}}}^{\mathrm{down}}]^{\mathrm{T}}$，$\boldsymbol{H}_{\mathrm{Ig}}^{\mathrm{down}}=[\boldsymbol{h}_{\mathrm{Ig}1}^{\mathrm{down}},\boldsymbol{h}_{\mathrm{Ig}2}^{\mathrm{down}},\cdots,\boldsymbol{h}_{\mathrm{Ig}N_{\mathrm{n}}}^{\mathrm{down}}]^{\mathrm{T}}$，$\boldsymbol{P}_{\mathrm{gt}}=P_{\mathrm{gt}}\cdot\boldsymbol{I}_{N_{\mathrm{g}}\times1}$，

$j=1,2,\cdots,N_{\mathrm{n}}$，$\boldsymbol{h}_{\mathrm{Ig}j}^{\mathrm{down}}=[h_{\mathrm{Ig}j1}^{\mathrm{down}},h_{\mathrm{Ig}j2}^{\mathrm{down}},\cdots,h_{\mathrm{Ig}jN_{\mathrm{n}}}^{\mathrm{down}}]^{\mathrm{T}}$。

$$h_{\mathrm{Ig}ji}^{\mathrm{down}}=G_{\mathrm{gt}}(\theta_{ij}')G_{\mathrm{n}sjr}(\varphi_{ij}')\left(\frac{\lambda}{4\pi d_{\mathrm{g}nj}}\right)^{2}(k_{\mathrm{g}nj})^{2} \tag{2-29}$$

根据上面的推导得出 NGEO 卫星用户的传输速率 $\boldsymbol{C}_{\mathrm{rn}}$ 为

$$\boldsymbol{C}_{\mathrm{rn}}=\boldsymbol{B}_{u\mathrm{down}}\log_{2}\left(1+\frac{\boldsymbol{P}_{\mathrm{n}}^{\mathrm{down}}}{\mathrm{K}\boldsymbol{T}_{\mathrm{nsr}}\boldsymbol{B}_{u\mathrm{down}}+\boldsymbol{P}_{\mathrm{Ig}}^{\mathrm{down}}}\right) \tag{2-30}$$

GEO 卫星地面站的传输速率 $\boldsymbol{C}_{\mathrm{rg}}$ 为

$$\boldsymbol{C}_{\mathrm{rg}}=\boldsymbol{B}_{u\mathrm{down}}\log_{2}\left(1+\frac{\boldsymbol{P}_{\mathrm{r}}^{\mathrm{down}}}{\mathrm{K}\boldsymbol{T}_{\mathrm{gsr}}\boldsymbol{B}_{u\mathrm{down}}+\boldsymbol{P}_{\mathrm{In}}^{\mathrm{down}}}\right) \tag{2-31}$$

其中，K 为玻尔兹曼常数，$\boldsymbol{T}_{\mathrm{nsr}}$、$\boldsymbol{T}_{\mathrm{gsr}}$ 是 NGEO 卫星用户和 GEO 卫星用户天线的接收噪声温度，$\boldsymbol{B}_{u\mathrm{down}}$ 为卫星用户链路下行信道带宽。

2.3.2.2 上行链路

用户链路上行链路与馈电链路上行链路不同的是，用户链路用户间会产生干扰，即 GEO 卫星系统地面小区基站和 NGEO 卫星系统用户之间，随着地面用户量的增加，

设置保护禁区的干扰抑制方案不再适用。

NGEO 卫星期望接收的信号功率 $\boldsymbol{P}_{\mathrm{n}}^{\mathrm{up}}$ 为

$$\boldsymbol{P}_{\mathrm{n}}^{\mathrm{up}} = \boldsymbol{H}_{\mathrm{n}}^{\mathrm{up}} \boldsymbol{P}_{\mathrm{nst}} \tag{2-32}$$

其中，$\boldsymbol{P}_{\mathrm{n}}^{\mathrm{up}} = [P_{\mathrm{n}1}^{\mathrm{up}}, P_{\mathrm{n}2}^{\mathrm{up}}, \cdots, P_{\mathrm{n}N}^{\mathrm{up}}]^{\mathrm{T}}$，$\boldsymbol{H}_{\mathrm{n}}^{\mathrm{up}} = [h_{\mathrm{n}1}^{\mathrm{up}}, h_{\mathrm{n}2}^{\mathrm{up}}, \cdots, h_{\mathrm{n}N}^{\mathrm{up}}]^{\mathrm{T}}$，$\boldsymbol{P}_{\mathrm{nst}} = [P_{\mathrm{ns}1\mathrm{t}}, P_{\mathrm{ns}2\mathrm{t}}, \cdots, P_{\mathrm{ns}N_{\mathrm{n}}\mathrm{t}}]$，
设 $\boldsymbol{h}_{\mathrm{n}u}^{\mathrm{down}} = [h_{\mathrm{n}u1}^{\mathrm{down}}, h_{\mathrm{n}u2}^{\mathrm{down}}, \cdots, h_{\mathrm{n}uN_{\mathrm{n}}}^{\mathrm{down}}]^{\mathrm{T}}$，$u = 1, 2, \cdots, N$，$j = 1, 2, \cdots, N_{\mathrm{n}}$。

$$h_{\mathrm{n}uj}^{\mathrm{down}} = G_{\mathrm{ns}j\mathrm{t}}(0) G_{\mathrm{n}u\mathrm{r}}(0) \left(\frac{\lambda}{4\pi d_{\mathrm{nn}j}}\right)^2 (k_{\mathrm{nn}j})^2 \tag{2-33}$$

NGEO 干扰卫星受到的干扰信号功率 $\boldsymbol{P}_{\mathrm{Ig}}^{\mathrm{up}}$ 为

$$\boldsymbol{P}_{\mathrm{Ig}}^{\mathrm{up}} = \boldsymbol{H}_{\mathrm{Ig}}^{\mathrm{up}} \boldsymbol{P}_{\mathrm{gst}} \tag{2-34}$$

其中，$\boldsymbol{P}_{\mathrm{Ig}}^{\mathrm{up}} = [P_{\mathrm{Ig}1}^{\mathrm{up}}, P_{\mathrm{Ig}2}^{\mathrm{up}}, \cdots, P_{\mathrm{Ig}N}^{\mathrm{up}}]^{\mathrm{T}}$，$\boldsymbol{H}_{\mathrm{Ig}}^{\mathrm{up}} = [h_{\mathrm{Ig}1}^{\mathrm{up}}, h_{\mathrm{Ig}2}^{\mathrm{up}}, \cdots, h_{\mathrm{Ig}N}^{\mathrm{up}}]^{\mathrm{T}}$，$\boldsymbol{P}_{\mathrm{gst}} = [P_{\mathrm{gs}1\mathrm{t}}, P_{\mathrm{gs}2\mathrm{t}}, \cdots, P_{\mathrm{gs}N_{\mathrm{g}}\mathrm{t}}]$，
设 $\boldsymbol{h}_{\mathrm{Ig}u}^{\mathrm{up}} = [h_{\mathrm{n}u1}^{\mathrm{up}}, h_{\mathrm{n}u2}^{\mathrm{up}}, \cdots, h_{\mathrm{n}uN_{\mathrm{g}}}^{\mathrm{up}}]^{\mathrm{T}}$，$u = 1, 2, \cdots, N$，$i = 1, 2, \cdots, N_{\mathrm{g}}$。

$$h_{\mathrm{Ig}ui}^{\mathrm{down}} = G_{\mathrm{gs}i\mathrm{t}}(\varphi_{iu}) G_{\mathrm{n}u\mathrm{r}}(\theta_{ui}) \left(\frac{\lambda}{4\pi d_{\mathrm{g}inu}}\right)^2 (k_{\mathrm{g}inu})^2 \tag{2-35}$$

在不考虑 NGEO 卫星系统内同频干扰的情况下，NGEO 卫星的传输速率为

$$C_{\mathrm{tn}} = \boldsymbol{B}_{\mathrm{uu}} \log_2 \left(1 + \frac{\boldsymbol{P}_{\mathrm{n}}^{\mathrm{up}}}{\mathrm{K}T_{\mathrm{nr}}\boldsymbol{B}_{\mathrm{uu}} + \boldsymbol{P}_{\mathrm{Ig}}^{\mathrm{up}}}\right) \tag{2-36}$$

其中，$\boldsymbol{T}_{\mathrm{nr}}$ 是 NGEO 卫星天线的接收噪声温度，$\boldsymbol{B}_{\mathrm{uu}}$ 为卫星用户链路上行信道带宽。

假设 NGEO 卫星用户与 GEO 卫星用户之间干扰增益为 $\boldsymbol{H}^{\mathrm{up}} = [h_1^{\mathrm{up}}, h_2^{\mathrm{up}}, \cdots, h_{N_{\mathrm{n}}}^{\mathrm{up}}]^{\mathrm{T}}$，
$\boldsymbol{h}_j^{\mathrm{up}} = [h_{j1}^{\mathrm{up}}, h_{j2}^{\mathrm{up}}, \cdots, h_{jN_{\mathrm{g}}}^{\mathrm{up}}]^{\mathrm{T}}$，GEO 卫星用户对 NGEO 卫星用户的干扰 $\boldsymbol{P}_{\mathrm{Ign}}^{\mathrm{up}}$ 为

$$\boldsymbol{P}_{\mathrm{Ign}}^{\mathrm{up}} = \boldsymbol{H}^{\mathrm{up}} \boldsymbol{P}_{\mathrm{gst}} \tag{2-37}$$

NGEO 卫星用户对 GEO 卫星用户的干扰 $\boldsymbol{P}_{\mathrm{Ing}}^{\mathrm{up}}$ 为

$$\boldsymbol{P}_{\mathrm{Ing}}^{\mathrm{up}} = (\boldsymbol{H}^{\mathrm{up}})^{\mathrm{T}} \boldsymbol{P}_{\mathrm{nst}} \tag{2-38}$$

| 2.4　天线增益 |

干扰计算的一个重要参数就是天线增益，受发射或接收信号波束指向偏离中心轴线角度影响，偏离中心轴线角度越大天线增益越小。对于常规圆形点波束，根据入射信号与波束中心轴线夹角近似得到波束增益为 G（单位为 dBi），表示为

$$G = G_0 \left(\frac{J_1(u)}{2u} + 36 \frac{J_3(u)}{u^3} \right)^2 \tag{2-39}$$

其中，G_0 为波束中心增益，$G_0 = \frac{\pi^2 D^2 \eta}{\lambda^2}$；$J$ 为贝塞尔函数，下角标代表阶数；$u = 2.07123 \sin\theta / \sin\theta_{3\text{dB}}$。其中，$\theta_{3\text{dB}}$ 为相对波束中心天线增益衰减 3 dB 处的偏离中心轴线角度，$\theta_{3\text{dB}} = 70\lambda / D$，$\theta$ 为入射信号偏离轴线角度；λ 为信号波长；D 为天线直径；η 为天线效率，一般取 0.5。

本书设置卫星系统天线相关参数见表 2-1，参数根据 ITU-R S.1325-3、中星 16 号和铱星系统进行设定。

表 2-1 卫星系统天线相关参数

对比项目	GEO 卫星	GEO 卫星地面站	NGEO 卫星	NGEO 卫星地面站
发射频率	19.6 GHz	29.1 GHz	19.6 GHz	29.1 GHz
发射天线口径	1.34 m	0.78 m	0.153 m	3 m
接收天线口径	0.56 m	0.97 m	0.15 m	3.15 m
发射天线 $\theta_{3\text{dB}}$	0.8°	0.93°	7°	0.24°
接收天线 $\theta_{3\text{dB}}$	1.3°	1.1°	4.9°	0.34°
发射天线 G_0	45.8 dBi	44.5 dBi	26.9 dBi	56.3 dBi
接收天线 G_0	41.5 dBi	43 dBi	30.1 dBi	53.2 dBi
噪声温度	575 K	275 K	1 295.4 K	731.4 K
带宽	100 MHz	100 MHz	10 MHz	10 MHz

根据表 2-1 可以得到不同位置信号到达卫星或地面站的天线增益，但实际卫星天线有圆波束也有椭圆波束，表 2-1 的天线增益与实际情况有差距，所以进行干扰分析时 ITU 有更准确的相关规定，在 ITU-R S.1325-3 中可以查到不同卫星和地面站的天线增益模式。

2.4.1　GEO 卫星天线增益

根据 ITU-R S.672-4[11]的规定，GEO 卫星馈送圆形单波束天线旁瓣方向图的幅度函数为

$$G(\theta) = \begin{cases} G_{\mathrm{m}} - 3\left(\dfrac{\theta}{\theta_0}\right)^2 & , \quad \theta_0 \leqslant \theta \leqslant a\theta_0 \\[2mm] G_{\mathrm{m}} + L_{\mathrm{s}} & , \quad a\theta_0 < \theta \leqslant b\theta_0 \\[2mm] G_{\mathrm{m}} + L_{\mathrm{s}} + 20 - 25\log(\theta/\theta_0) & , \quad b\theta_0 < \theta \leqslant \theta_1 \\[2mm] 0 & , \quad \theta_1 < \theta \end{cases} \qquad (2\text{-}40)$$

其中，G_{m} 为主瓣最大增益（dBi），θ_0 为 3 dB 波束宽度的一半，θ_1 为令式（2-40）第 3 个等式值为 0 dBi 的角度值，L_{s} 为近轴旁瓣相当于峰值增益所要求的大小（dB），a、b 的数值与 L_{s} 有关。a、b 的数值与 L_{s} 的关系见表 2-2[13]。

表 2-2　a、b 的数值与 L_{s} 的关系

L_{s}/dB	a	b
−10	1.83	6.32
−20	2.58	6.32
−25	2.88	6.32
−30	3.16	6.32

根据 ITU-R S.1325-3，当频带在 30/20 GHz 时，$L_{\mathrm{s}} = -10$ dB，由表 2-2 可以得到 GEO 卫星的发射天线增益为

$$G_{\mathrm{gt}}(\theta) = \begin{cases} 45.8 - 18.75\theta^2 & , \quad 0.4° \leqslant \theta \leqslant 0.73° \\ 35.8 & , \quad 0.73° < \theta \leqslant 2.53° \\ 45.85 - 25\log\theta & , \quad 2.53° < \theta \leqslant 68.2° \\ 0 & , \quad 68.2° < \theta \end{cases} \qquad (2\text{-}41)$$

GEO 卫星的接收天线增益为

$$G_{\mathrm{gr}}(\theta) = \begin{cases} 41.5 - 7.1\theta^2 & , \quad 0.65° \leqslant \theta \leqslant 1.2° \\ 31.5 & , \quad 1.2° < \theta \leqslant 4.1° \\ 46.8 - 25\log\theta & , \quad 4.1° < \theta \leqslant 74.6° \\ 0 & , \quad 74.6° < \theta \end{cases} \qquad (2\text{-}42)$$

根据式（2-41）和式（2-42）可以得到偏离波束主轴方向 θ 的 GEO 卫星发射天线增益和接收天线增益如图 2-7 所示。

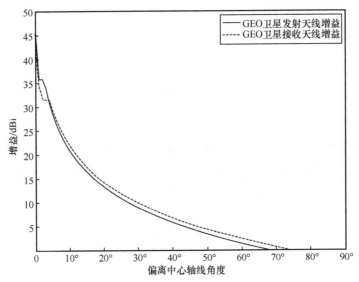

图 2-7　GEO 卫星发射天线增益和接收天线增益

2.4.2　NGEO 卫星天线增益

根据标准 ITU-R S.1528[12]提供的参考模式，当 $D/\lambda<35$ 时，偏离波束主轴方向 θ 的 NGEO 卫星天线增益为

$$G(\theta)=\begin{cases}G_{\mathrm{m}}-3\left(\theta/\theta_{\mathrm{b}}\right)^2 & ,\ \theta_{\mathrm{b}}<\theta\leqslant Y\\ G_{\mathrm{m}}+L_{\mathrm{s}}-25\log(\theta/Y) & ,\ Y<\theta\leqslant Z\\ L_{\mathrm{F}} & ,\ Z<\theta\leqslant 180^{\circ}\end{cases} \tag{2-43}$$

其中，G_{m} 为主瓣最大增益（dBi）；θ_{b} 为 3 dB 波束宽度的一半，$\theta_{\mathrm{b}}=\sqrt{1\,200}/(D/\lambda)$；$L_{\mathrm{s}}$ 为近轴旁瓣相当于峰值增益所要求的大小（dB）；L_{F} 为远旁瓣电平（dBi），对于理性模式值为 0 dBi；$Y=\theta_{\mathrm{b}}(-L_{\mathrm{s}}/3)^{1/2}$，$Z=Y\times 10^{0.04(G_{\mathrm{m}}+L_{\mathrm{s}}-L_{\mathrm{F}})}$。

对于 LEO 卫星设置 $L_{\mathrm{s}}=-6.75$ dB，$L_{\mathrm{F}}=5$ dBi，所以对于 NGEO 卫星发射天线的天线增益为

$$G_{\mathrm{nt}}(\theta)=\begin{cases}26.9-0.245\theta^2 & ,\ 3.5^{\circ}<\theta\leqslant 5.25^{\circ}\\ 38.15-25\log\theta & ,\ 5.25^{\circ}<\theta\leqslant 21.2^{\circ}\\ 5 & ,\ 21.2^{\circ}<\theta\leqslant 180^{\circ}\end{cases} \tag{2-44}$$

NGEO 卫星接收天线的天线增益为

$$G_{nr}(\theta) = \begin{cases} 30.1 - 0.5\theta^2 & , \ 2.45° < \theta \leqslant 3.68° \\ 37.5 - 25\log\theta & , \ 3.68° < \theta \leqslant 20° \\ 5 & , \ 20° < \theta \leqslant 180° \end{cases} \qquad （2\text{-}45）$$

根据式（2-44）和式（2-45）可以得到偏离波束主轴方向 θ 的 NGEO 卫星发射天线增益和接收天线增益如图 2-8 所示。

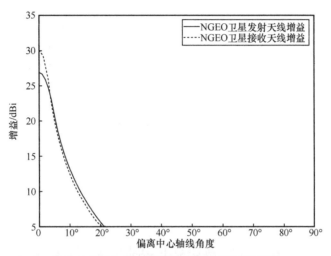

图 2-8　NGEO 卫星发射天线增益和接收天线增益

2.4.3　地面站天线增益

根据 ITU-R S.1428[13] 的规定，在 10.7～30 GHz 频段之间，当 $25 < D/\lambda \leqslant 100$，地面站天线辐射函数为

$$G(\theta) = \begin{cases} G_{\max} - 2.5 \times 10^{-3}\left(\dfrac{D}{\lambda}\theta\right)^2 & , \ 0 < \theta < \theta_m \\ G_1 & , \ \theta_m \leqslant \theta < 95\lambda/D \\ 29 - 25\log\theta & , \ 95\lambda/D \leqslant \theta < 33.1° \\ -9 & , \ 33.1° \leqslant \theta < 80° \\ -4 & , \ 80° \leqslant \theta < 120° \\ -9 & , \ 120° \leqslant \theta \leqslant 180° \end{cases} \qquad （2\text{-}46）$$

其中，$G_{\max} = 20\log\left(\dfrac{D}{\lambda}\right) + 7.7$，$G_1 = 29 - 25\log\left(95\dfrac{\lambda}{D}\right)$，$\theta_m = \dfrac{20\lambda}{D}\sqrt{G_{\max} - G_1}$。

当 $D/\lambda > 100$ 时，地面站天线辐射函数为

$$G(\theta) = \begin{cases} G_{max} - 2.5 \times 10^{-3}\left(\dfrac{D}{\lambda}\theta\right)^2 & , \quad 0 < \theta < \theta_m \\ G_1 & , \quad \theta_m \leqslant \theta < \theta_r \\ 29 - 25\log\theta & , \quad \theta_r \leqslant \theta < 10° \\ 34 - 30\log\theta & , \quad 10° \leqslant \theta < 34.1° \\ -12 & , \quad 34.1° \leqslant \theta < 80° \\ -7 & , \quad 80° \leqslant \theta < 120° \\ -12 & , \quad 120° \leqslant \theta \leqslant 180° \end{cases} \tag{2-47}$$

其中，$G_{max} = 20\log\left(\dfrac{D}{\lambda}\right) + 8.4$，$G_1 = -1 + 15\log\left(\dfrac{D}{\lambda}\right)$，$\theta_m = \dfrac{20\lambda}{D}\sqrt{G_{max} - G_1}$，$\theta_r = 15.85\left(\dfrac{D}{\lambda}\right)^{-0.6}$。

根据表 2-1 可以得到 GEO 卫星地面站发射天线的 D/λ 为 75.3，接收天线的 D/λ 为 63.6；NGEO 卫星地面站发射天线的 D/λ 为 291.7，接收天线的 D/λ 为 205.8。再根据式（2-46）和式（2-47）可以得到 GEO 卫星地面站发射天线增益为

$$G_{gst}(\theta) = \begin{cases} 45.27 - 14.28\theta^2 & , \quad 0 < \theta < 1.15° \\ 26.5 & , \quad 1.15° \leqslant \theta < 1.26° \\ 29 - 25\log\theta & , \quad 1.26° \leqslant \theta < 33.01° \\ -9 & , \quad 33.01° \leqslant \theta < 80° \\ -4 & , \quad 80° \leqslant \theta < 120° \\ -9 & , \quad 120° \leqslant \theta \leqslant 180° \end{cases} \tag{2-48}$$

GEO 卫星地面站接收天线增益为

$$G_{gsr}(\theta) = \begin{cases} 43.77 - 10.1\theta^2 & , \quad 0 < \theta < 1.38° \\ 24.64 & , \quad 1.38° \leqslant \theta < 1.5° \\ 29 - 25\log\theta & , \quad 1.5° \leqslant \theta < 33.01° \\ -9 & , \quad 33.01° \leqslant \theta < 80° \\ -4 & , \quad 80° \leqslant \theta < 120° \\ -9 & , \quad 120° \leqslant \theta \leqslant 180° \end{cases} \tag{2-49}$$

NGEO 卫星地面站发射天线增益为

$$G_{nst}(\theta) = \begin{cases} 57.77 - 216.1\theta^2 & , \ 0 < \theta < 0.32° \\ 36 & , \ 0.32° \leqslant \theta < 0.52° \\ 29 - 25\log\theta & , \ 0.52° \leqslant \theta < 10° \\ 34 - 30\log\theta & , \ 10° \leqslant \theta < 34.1° \\ -12 & , \ 34.1° \leqslant \theta < 80° \\ -7 & , \ 80° \leqslant \theta < 120° \\ -12 & , \ 120° \leqslant \theta \leqslant 180° \end{cases} \quad (2\text{-}50)$$

NGEO 卫星地面站接收天线增益为

$$G_{nsr}(\theta) = \begin{cases} 54.67 - 106\theta^2 & , \ 0 < \theta < 0.45° \\ 33.7 & , \ 0.45° \leqslant \theta < 0.65° \\ 29 - 25\log\theta & , \ 0.65° \leqslant \theta < 10° \\ 34 - 30\log\theta & , \ 10° \leqslant \theta < 34.1° \\ -12 & , \ 34.1° \leqslant \theta < 80° \\ -7 & , \ 80° \leqslant \theta < 120° \\ -12 & , \ 120° \leqslant \theta \leqslant 180° \end{cases} \quad (2\text{-}51)$$

根据式（2-48）～式（2-51），可以得到，GEO 卫星地面站发射天线增益和接收天线增益如图 2-9 所示，NGEO 卫星地面站发射天线增益和接收天线增益如图 2-10 所示，可以看出地面站收发天线的增益曲线几乎重合。

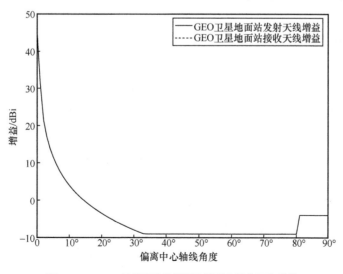

图 2-9 GEO 卫星地面站发射天线增益和接收天线增益

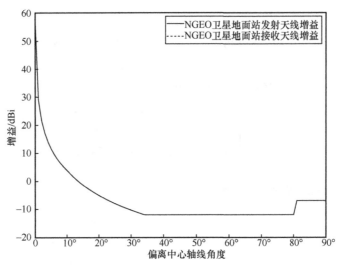

图 2-10　NGEO 卫星地面站发射天线增益和接收天线增益

|2.5　干扰场景仿真及分析|

通过 STK 对干扰场景进行仿真，首先根据轨道参数建立 GEO 卫星系统和 NGEO 卫星系统，对每颗卫星设置波束覆盖，然后建立卫星和地面站或地面用户终端之间的通信链路，进行卫星系统之间的干扰分析。

2.5.1　卫星系统建立

通过 STK 构建 GEO 卫星星座和 NGEO 卫星星座，分析它们之间同频干扰情况。本书通过 MATLAB 控制 STK 生成卫星系统，其中 GEO 卫星依据中星 16 号、NGEO 卫星依据铱星系统进行仿真。GEO 卫星轨道高度为 35 786 km，轨道位置为 110.5°E，设置 26 个用户波束和 3 个馈电波束，半波束宽度为 0.4°[14]。GEO 卫星有 1 个运营中心和 3 个信关站，分别位于北京、怀来、成都和喀什。

NGEO 卫星系统参考铱星系统参数建立，轨道高度为 780 km，有 66 颗卫星，6 个不同近地极地轨道平面，每个轨道平面上均匀分布 11 颗卫星，同向旋转面相隔 31.6°，反向旋转面相隔 22°[15]。NGEO 卫星系统每颗卫星有 48 个点波束，系统根据参数通过 Walker 星座建立。

在 STK 仿真中设置通信信道模型，雨衰模型根据 ITU-R P.618-5 设置，表面温度为 20℃，大气吸收模型根据 ITU-R P.676-3 设置。

2.5.2　馈电链路干扰仿真

通过 STK 构建 GEO 卫星星座和 NGEO 卫星星座，并建立地面站和卫星的通信链路后，分析它们之间的同频干扰情况。

2.5.2.1　单个干扰源馈电链路干扰仿真

为了简化问题，首先对单颗 NGEO 卫星和单颗 GEO 卫星的干扰场景进行干扰分析。当 NGEO 卫星掠过 GEO 卫星地面站上空，与 GEO 卫星呈一定夹角时，NGEO 卫星信号会发射到 GEO 卫星地面站，产生干扰。仿真时间假设为 2020 年 10 月 13 日 4:00—14 日 4:00，仿真间隔为 1 s。

先分析单颗 NGEO 卫星对 GEO 卫星地面站的干扰，由于 NGEO 卫星周期比 GEO 卫星短，所以干扰时间不是持续性的。NGEO 卫星累计干扰时间为 4 304 s，约占 GEO 卫星周期的 5%，一共 6 次干扰，干扰最长持续时间约为 932 s，单颗 NGEO 卫星对 GEO 卫星地面站的干扰时间如图 2-11 所示。NGEO 卫星和其地面站的通信时间也不是连续的，如图 2-12 所示。可以看出二者时间近似，这是由于二者地理位置相近。

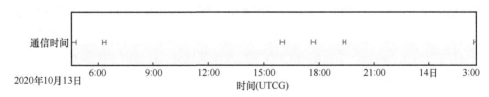

图 2-11　单颗 NGEO 卫星对 GEO 卫星地面站的干扰时间

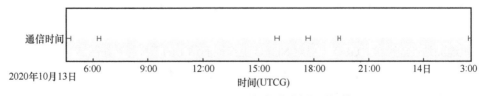

图 2-12　单颗 NGEO 卫星与其地面站的通信时间

GEO 卫星的仿真参数按照表 2-1 设置，地面站位置设置在 117°E、40°N，调制方式采用 BPSK，等效全向辐射功率（EIRP）为 60 dBW，地面站 G/T 值设置为 20 dB/K。

NGEO 卫星的仿真参数也按照表 2-1 设置，地面站位置为 114.5°E、41.6°N（地面站 1），调制方式采用 BPSK，EIRP 为 40 dBW，地面站 G/T 值设置为 20 dB/K。根据上面参数得到干扰链路的性能参数，单颗 NGEO 卫星对 GEO 卫星地面站第一次干扰时间内的干扰信息如图 2-13 所示。

```
Facility/zhongxing_station/Sensor/Sensor4/Receiver/Receiver2 Link Information
-------------------------------------------------------------------------------
Time/UTCG        Range/km      Prop Loss/dB   Rcvd. Iso. Power/dBW (C/N)/dB  (C/(N+I))/dB  BER        BER+I
2020/10/13 4:32  38229.0072    217.8478       -157.848              10.7514  10.738        2.67E-12   2.88E-12
2020/10/13 4:33  38229.0063    217.8478       -157.848              10.7514  8.4155        2.67E-12   6.82E-08
2020/10/13 4:34  38229.0052    217.8478       -157.848              10.7514  2.8033        2.67E-12   2.87E-03
2020/10/13 4:35  38229.0039    217.8478       -157.848              10.7514  -2.0612       2.67E-12   5.73E-02
2020/10/13 4:36  38229.0025    217.8478       -157.848              10.7514  -6.1662       2.67E-12   1.63E-01
2020/10/13 4:37  38229.0009    217.8478       -157.848              10.7514  -9.8523       2.67E-12   2.60E-01
2020/10/13 4:38  38228.9991    217.8478       -157.848              10.7514  -12.9457      2.67E-12   3.26E-01


Facility/zhongxing_station/Sensor/Sensor4/Receiver/Receiver2 Interference Information
-------------------------------------------------------------------------------
Time/UTCG        Range/km      Rcvr Loss/dB   Rcvd. Iso. Power/dBW (C/I)/dB
2020/10/13 4:32  3134.74336    233.7049       -193.724             35.8758
2020/10/13 4:33  2741.28688    210.0537       -170.072             12.2245
2020/10/13 4:34  2350.94979    201.392        -161.41              3.5626
2020/10/13 4:35  1967.58612    196.0021       -156.02              -1.8278
2020/10/13 4:36  1598.28246    191.7538       -151.771             -6.077
2020/10/13 4:37  1257.59755    188.0184       -148.033             -9.8143
2020/10/13 4:38  977.981656    184.9097       -144.921             -12.927
```

图 2-13　单颗 NGEO 卫星对 GEO 卫星地面站第一次干扰时间内的干扰信息

由 STK 仿真可以得到 GEO 卫星有用信号到达 GEO 卫星地面站的功率为 −157.8 dBW，这个值为 EIRP 与链路损耗的差值。同理可以根据 NGEO 干扰信号的 EIRP 和链路损耗，得到 GEO 卫星地面站的干扰信号功率。信干比为有用信号与干扰信号的比。还可以看出，NGEO 卫星距离 GEO 卫星地面站越近，造成的干扰越大，所以得到的理论值与仿真值相等。

NGEO 卫星对 GEO 卫星地面站造成的干扰严重影响了 GEO 卫星地面站接收端的误码率性能，所以需要抗干扰技术来缓解 NGEO 卫星对 GEO 卫星系统的干扰。GEO 卫星也会对 NGEO 卫星地面站造成干扰，截取 NGEO 卫星地面站通信时长第一段，得到 NGEO 卫星地面站性能参数。GEO 卫星对 NGEO 卫星地面站 1 的干扰影响如图 2-14 所示。

如果将 NGEO 卫星地面站位置设置的离 GEO 卫星地面站更远，则 NGEO 卫星地面站受 GEO 卫星的干扰更小；将 NGEO 卫星地面站位置改设为 113°E、42°N（地面站 2），则 NGEO 卫星地面站性能如图 2-15 所示。从图 2-15 中可以看出同时段 NGEO 卫星地面站性能有一定的提升，但是不是所有的性能都会提升，所以需要通过将 NGEO 卫星地面站设置在合理的位置以减小 GEO 卫星的干扰。ITU-R S.1595[16]中有具体说明。

Facility/yixing_Station/Sensor/Sensor3/Receiver/Receiver1 Link Information

----

Time/UTCG	(C/N)/dB	(C/(N+I))/dB	(E_b/N_o)/dB	($E_b/(N_o+I_o)$)/dB	BER	BER+I	(C/I)/dB
2020/10/13 4:32	-5.0691	-17.5054	-2.0588	-14.4951	1.32E-01	3.95E-01	-17.2502
2020/10/13 4:33	6.3913	-6.045	9.4016	-3.0347	1.49E-05	1.59E-01	-5.7898
2020/10/13 4:34	12.2416	-0.1948	15.2519	2.8155	1.34E-16	2.53E-02	0.0604
2020/10/13 4:35	16.4766	4.0402	19.4869	7.0505	1.00E-30	7.25E-04	4.2954
2020/10/13 4:36	20.1103	7.674	23.1206	10.6843	1.00E-30	6.53E-07	7.9292
2020/10/13 4:37	23.3826	10.9463	26.3929	13.9566	1.00E-30	8.79E-13	11.2015
2020/10/13 4:38	25.7949	13.3585	28.8052	16.3688	1.00E-30	6.38E-21	13.6137

图 2-14　GEO 卫星对 NGEO 卫星地面站 1 的干扰影响

Facility/yixing_Station/Sensor/Sensor3/Receiver/Receiver1 Link Information

----

Time/UTCG	(C/N)/dB	(C/(N+I))/dB	(E_b/N_o)/dB	($E_b/(N_o+I_o)$)/dB	BER	BER+I	(C/I)/dB
2020/10/13 4:32	-0.7015	-13.8784	2.3088	-10.8681	0.032531	3.43E-01	-13.6643
2020/10/13 4:33	8.7451	-4.4319	11.7554	-1.4216	2.2034E-08	1.15E-01	-4.2177
2020/10/13 4:34	13.906	0.7291	16.9163	3.7394	1.7751E-23	1.48E-02	0.9433
2020/10/13 4:35	17.7778	4.6009	20.7881	7.6112	1E-30	3.41E-04	4.815
2020/10/13 4:36	21.1592	7.9822	24.1695	10.9925	1E-30	2.67E-07	8.1964
2020/10/13 4:37	24.1892	11.0122	27.1995	14.0225	1E-30	5.96E-13	11.2264
2020/10/13 4:38	26.3303	13.1533	29.3406	16.1636	1E-30	4.83E-20	13.3675

图 2-15　NGEO 卫星地面站性能

如图 2-14 和图 2-15 所示，这个标准主要分析了下行链路的主要干扰，那么上行链路的干扰主要是 GEO 卫星地面站对 NGEO 卫星的干扰。设置地面站调制方式采用 BPSK，EIRP 为 50 dBW，G/T 值设置为 20 dB/K。NGEO 卫星地面站调制方式采用 BPSK，EIRP 为 40 dBW，G/T 值设置为 15 dB/K。对于地面站 1 和地面站 2，根据仿真得到第一段时间内 GEO 卫星地面站对 NGEO 卫星的干扰影响分别如图 2-16 和图 2-17 所示。可以看出，远离 GEO 卫星地面站 2 的 C/I 性能更优，可见选择合适的 NGEO 卫星地面站位置可以减少 GEO 卫星的干扰。NGEO 卫星地面站位置如何选择不在本书干扰抑制策略研究中，后续干扰抑制技术分析仅针对下行链路中 NGEO 卫星对 GEO 卫星地面站或用户这个角度。

Facility/yixing_Station/Sensor/Sensor3/Receiver/Receiver1 Link Information

----

Time/UTCG	(C/N)/dB	(C/(N+I))/dB	(E_b/N_o)/dB	($E_b/(N_o+I_o)$)/dB	BER	BER+I	(C/I)/dB
2020/10/13 4:32	9.1882	1.2209	12.1985	4.2312	4.20E-09	1.07E-02	1.9765
2020/10/13 4:33	16.1365	-5.2322	19.1468	-2.2219	1.00E-30	1.37E-01	-5.2004
2020/10/13 4:34	20.03	-6.8107	23.0403	-3.8004	1.00E-30	1.81E-01	-6.8017
2020/10/13 4:35	23.1249	-7.4389	26.1352	-4.4286	1.00E-30	1.98E-01	-7.4351
2020/10/13 4:36	26.0049	-7.7512	29.0152	-4.7409	1.00E-30	2.06E-01	-7.7494
2020/10/13 4:37	28.789	-7.9958	31.7993	-4.9855	1.00E-30	2.13E-01	-7.9948
2020/10/13 4:38	31.0336	-8.4912	34.0439	-5.4809	1.00E-30	2.26E-01	-8.4908

图 2-16　GEO 卫星地面站对 NGEO 卫星（地面站 1）的干扰影响

Facility/yixing/Sensor/Sensor7/Receiver/Receiver5 Link Information

Time/UTCG	(C/N)/dB	$(C/(N+I))$/dB	(E_b/N_o)/dB	$(E_b/(N_o+I_o))$/dB	BER	BER+I	(C/I)/dB
2020/10/13 4:32	11.7993	3.8322	14.8096	6.8425	3.6173E-15	9.38E-04	4.5878
2020/10/13 4:33	17.5667	-3.8016	20.577	-0.7913	1.00E-30	9.83E-02	-3.7698
2020/10/13 4:34	21.0564	-5.7839	24.0667	-2.7736	1.00E-30	1.52E-01	-5.7749
2020/10/13 4:35	23.9372	-6.6258	26.9475	-3.6155	1.00E-30	1.75E-01	-6.622
2020/10/13 4:36	26.661	-7.0939	29.6713	-4.0836	1.00E-30	1.88E-01	-7.092
2020/10/13 4:37	29.2695	-7.5131	32.2798	-4.5028	1.00E-30	2.00E-01	-7.5122
2020/10/13 4:38	31.2813	-8.2405	34.2916	-5.2302	1.00E-30	2.19E-01	-8.24

图 2-17　GEO 卫星地面站对 NGEO 卫星（地面站 2）的干扰影响

2.5.2.2　多个干扰源馈电链路干扰仿真

再分析 NGEO 卫星系统对 GEO 卫星地面站的整体干扰，假设根据表 2-1 相关参数搭建 NGEO 卫星星座，每颗卫星一个波束，每颗卫星的 EIRP 为 27.5 dBW，其地面站位置设置为地面站 2 的位置，G/T 值为 20 dB/K。GEO 卫星及其地面站的设置与第 2.4.2.2 小节一样，但是 GEO 卫星地面站的 G/T 值改为 24 dB/K。虽然单星造成的干扰是短暂的，但是 NGEO 卫星系统对 GEO 卫星系统造成干扰的时间是持续的，而且不同时刻对 GEO 卫星地面站产生干扰的卫星数量也不同，最多 4 颗，最少 1 颗，如图 2-18 所示。

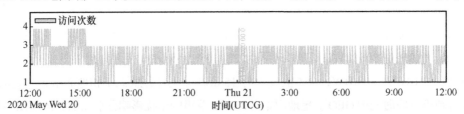

图 2-18　GEO 卫星地面站接收到的来自 NGEO 卫星系统的干扰卫星数量

每个时刻具体哪几颗 NGEO 卫星对 GEO 卫星地面站产生干扰也可通过 STK 仿真得到，为后面功率控制仿真分析做准备。NGEO 卫星星座对 GEO 卫星地面站的干扰影响如图 2-19 所示，可以看出干扰后的误码率增大会影响 GEO 卫星正常通信。这里的干扰强度是该时刻所有 NGEO 卫星干扰信号强度的和，仿真结果符合式（2-3）。

Facility/Station1/Sensor/Sens1/Receiver/Rec1 Link Information

Time/UTCG	(C/N)/dB	$(C/(N+I))$/dB	(E_b/N_o)/dB	$(E_b/(N_o+I_o))$/dB	BER	BER+I	(C/I)/dB
2020/5/20 12:00	20.7548	8.1894	23.7651	11.1997	1.00E-30	1.41E-07	8.4369
2020/5/20 12:01	20.7548	7.2627	23.7651	10.273	1.00E-30	1.97E-06	7.4615
2020/5/20 12:02	20.7548	6.4396	23.7651	9.4499	1.00E-30	1.35E-05	6.6035
2020/5/20 12:03	20.7548	6.4059	23.7651	9.4162	1.00E-30	1.45E-05	6.5685
2020/5/20 12:04	20.7548	6.799	23.7651	9.8093	1.00E-30	6.07E-06	6.9773
2020/5/20 12:05	20.7548	7.1689	23.7651	10.1792	1.00E-30	2.49E-06	7.3634
2020/5/20 12:06	20.7548	7.2526	23.7651	10.2629	1.00E-30	2.02E-06	7.4509

图 2-19　NGEO 卫星星座对 GEO 卫星地面站的干扰影响

根据 STK 仿真可以得到 GEO 地面站 $C/(N+I)$ 值的累积分布函数（CDF），如图 2-20 所示。通过第 2.4 节的分析，后续仅针对下行链路中 NGEO 卫星系统对 GEO 卫星地面站或其用户终端的干扰进行分析。

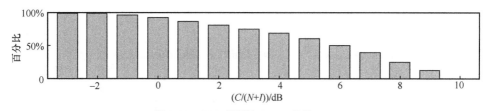

图 2-20　GEO 地面站 $C/(N+I)$ 值的 CDF

2.5.3　用户链路干扰仿真

首先，在 GEO 卫星覆盖区域设置 2 个 GEO 卫星地面站，4 个 NGEO 卫星地面站。卫星地面站相关参数见表 2-3，通信频点为 29.1 GHz，根据表 2-1 设置天线参数。其中，地面站位置是随机选取的，纬度范围为 38°N~41°N，经度范围为 115.5°E~118.5°E。卫星轨道参数见表 2-1，每个 NGEO 卫星地面站对应一颗 NGEO 卫星，每颗 NGEO 卫星由 48 个波束简化为 1 个波束，波束半波角增大为 22°。

表 2-3　卫星地面站相关参数

卫星地面站	纬度	经度	$(G/T)/(dB/K)$
GEO 卫星地面站 1	39.5°N	116.5°E	20
GEO 卫星地面站 2	40°N	117°E	20
GEO 卫星地面站 3	40°N	118.5°E	20
NGEO 卫星地面站 4	41°N	118°E	18
NGEO 卫星地面站 5	39°N	115.5°E	18
NGEO 卫星地面站 6	38°N	115.5°E	18

利用 STK 进行仿真分析，可以得到 GEO 卫星地面站 1、GEO 卫星地面站 2 和 GEO 卫星地面站 3 受到 NGEO 卫星干扰数量类似图 2-18，这里就不重复展示了。然后分别得到 GEO 卫星地面站 1、GEO 卫星地面站 2 和 GEO 卫星地面站 3 的性能指标。仅展

示前两个卫星地面站的性能指标如图 2-21 和图 2-22 所示。可以看出，每个 GEO 卫星地面站的干扰强度是该时刻该地面站所有 NGEO 卫星干扰信号强度的和，仿真结果符合式（2-14）；并且 NGEO 卫星系统对二者的影响使其误码率升高，不同位置受到的干扰也不同。

Facility/Station1/Sensor/Sens1/Receiver/Rec1 Link Information
----

Time/UTCG	Range/km	Prop Loss/dB	Rcvd.Iso.Power/dBW	(C/N)/dB	(C/(N+I))/dB	BER	BER+I	(C/I)/dB
2020/5/20 12:00	37485.9108	224.3272	-164.327	8.2513	6.6639	1.16E-07	8.26E-06	11.8043
2020/5/20 12:01	37485.9173	224.3272	-164.327	8.2513	5.8687	1.16E-07	4.24E-05	9.6131
2020/5/20 12:02	37485.9236	224.3272	-164.327	8.2513	5.2925	1.16E-07	1.17E-04	8.3549
2020/5/20 12:03	37485.9297	224.3273	-164.327	8.2513	5.4246	1.16E-07	9.40E-05	8.6266
2020/5/20 12:04	37485.9357	224.3273	-164.327	8.2513	6.0335	1.16E-07	3.09E-05	10.014

Facility/Station/Sensor/Sens1/Receiver/Rec1 Interference Information
----

Time/UTCG	Range/km	Pcvr Loss/dB	Rcvd.Iso.Power/dBW	(C/I)/dB
2020/5/20 12:00	1772.83165	204.5726	-177.073	12.7454
2020/5/20 12:00	2133.247688	210.7349	-183.235	18.9077
2020/5/20 12:01	1594.998837	201.631	-174.131	9.8038
2020/5/20 12:01	2357.379127	215.1103	-187.61	23.2831
2020/5/20 12:02	1511.041339	200.2531	-172.753	8.4259
2020/5/20 12:02	2592.960601	220.9029	-193.403	29.0756
2020/5/20 12:02	2627.702274	221.2994	-193.799	29.4722
2020/5/20 12:03	1536.556945	200.6435	-173.144	8.8162
2020/5/20 12:03	2296.541186	214.147	-186.647	22.3198
2020/5/20 12:04	1666.258475	202.7208	-175.221	10.8935
2020/5/20 12:04	2040.379539	209.2089	-181.709	17.3816

图 2-21　GEO 卫星地面站 1 的性能指标

Facility/Station2/Sensor/Sens2/Receiver/Rec2 Link Information
----

Time/UTCG	Range/km	Prop Loss/dB	Rcvd.Iso.Power/dBW	(C/N)/dB	(C/(N+I))/dB	BER	BER+I	(C/I)/dB
2020/5/20 12:00	37530.8749	224.337	-164.337	8.2415	6.7568	1.20E-07	6.69E-06	12.1395
2020/5/20 12:01	37530.8813	224.337	-164.337	8.2415	6.0879	1.20E-07	2.78E-05	10.1664
2020/5/20 12:02	37530.8876	224.337	-164.337	8.2415	5.4817	1.20E-07	8.52E-05	8.7578
2020/5/20 12:03	37530.8938	224.3371	-164.337	8.2415	5.4765	1.20E-07	8.59E-05	8.7468
2020/5/20 12:04	37530.8997	224.3371	-164.337	8.2415	5.9515	1.20E-07	3.62E-05	9.8257

Facility/Station2/Sensor/Sens2/Receiver/Rec2 Interference Information
----

Time/UTCG	Range/km	Rcvr Loss/dB	Rcvd.Iso.Power/dBW	(C/I)/dB
2020/5/20 12:00	1832.248593	205.4485	-177.949	13.6115
2020/5/20 12:00	2066.801592	209.3903	-181.89	17.5532
2020/5/20 12:01	1644.230499	202.3172	-174.817	10.4802
2020/5/20 12:01	2288.628983	213.5707	-186.071	21.7337
2020/5/20 12:02	1545.067944	200.6917	-173.192	8.8547
2020/5/20 12:02	2603.073204	221.0356	-193.536	29.1985
2020/5/20 12:02	2558.51218	219.45	-191.95	27.613
2020/5/20 12:03	1552.083197	200.7835	-173.283	8.9464
2020/5/20 12:03	2298.513492	214.0588	-186.559	22.2217
2020/5/20 12:04	1663.728863	202.565	-175.065	10.728
2020/5/20 12:04	2031.874493	208.9309	-181.431	17.0938

图 2-22　GEO 卫星地面站 2 的性能指标

其中，GEO 卫星地面站 1 的 $C/(N+I)$ 的 CDF 如图 2-23 所示，可以看出相比图 2-20 的值有所减小，大约减小了 2 dB。GEO 卫星地面站 2 的 $C/(N+I)$ 的 CDF 图类似，这里不再说明。由此可见，可以通过 STK 可直接分析出系统间的干扰情况。

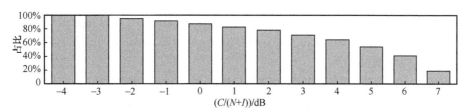

图 2-23　GEO 卫星地面站 1 的 $C/(N+I)$ 的 CDF

2.6　本章小结

　　本章首先对 NGEO 卫星系统和 GEO 卫星系统之间的干扰建立数学模型，从馈电链路和用户链路两个角度考虑，每个角度再分为上行链路和下行链路进行具体场景分析。为了后续干扰计算又根据 ITU 规定给出了卫星和地面站的天线增益模型；然后通过 STK 建立 GEO 和 NGEO 卫星系统模型，设置地面站，构建通信和干扰模型；根据 STK 仿真得到干扰仿真结果，如每个时刻干扰的卫星数和地面站的性能指标。通过分析可以看出，STK 仿真结果符合构建的数学模型。

参考文献

[1]　林卫民. 信息化战争与卫星通信[M]. 北京: 解放军出版社, 2005.

[2]　洪沿. 关于卫星通信干扰技术的研究[J]. 科技风, 2019(35): 6.

[3]　王海涛, 仇耀华, 梁银川, 等. 卫星应用技术[M]. 北京: 北京理工大学出版社, 2018.

[4]　徐雷, 尤启迪, 石云. 卫星通信技术与系统[M]. 哈尔滨: 哈尔滨工业大学出版社, 2019.

[5]　GOLD R. Optimal binary sequences for spread spectrum multiplexing (Corresp.)[J]. IEEE Transactions on Information Theory, 1967, 13(4): 619-621.

[6]　KARPE R V, KULKARNI S. Software defined radio based global positioning system jamming and spoofing for vulnerability analysis[C]//Proceedings of 2020 International Conference on Electronics and Sustainable Communication Systems (ICESC). Piscataway: IEEE Press, 2020: 881-888.

[7]　沈家瑞. 通信对抗中的干扰识别技术研究[D]. 成都: 电子科技大学, 2011.

[8] 梁金弟, 程郁凡, 杜越, 等. 联合多维特征的干扰识别技术研究[J]. 信号处理, 2017, 33(12): 1609-1615.

[9] International Telecommunication Union. Use of appendix 10 of the radio regulations to convey information related to emissions from both GSO and non-GSO space stations including geolocation information[R]. 2010.

[10] 况鸿凤. 低轨大星座系统路由策略研究[D]. 成都: 电子科技大学, 2018.

[11] International Telecommunication Union. Satellite antenna radiation pattern for use as a design objective in the fixed-satellite service employing geostationary satellites[R]. 1997.

[12] International Telecommunication Union. Satellite antenna radiation patterns for non-geostationary orbit satellite antennas operating in the fixed-satellite service below 30 GHz[R]. 2001.

[13] International Telecommunication Union. Reference FSS earth-station radiation patterns for use in interference assessment involving non-GSO satellites in frequency bands between 10.7 GHz and 30 GHz[R]. 2001.

[14] 古月. 实践十三号/中星 16 号卫星[J]. 卫星应用, 2017(4): 74.

[15] BRUNT P. Iridium-overview and status[J]. European Physical Journal Plus, 1995, 372(372): 19.

[16] International Telecommunication Union. Interference mitigation techniques to facilitate coordination between non-geostationary fixed-satellite service systems in highly elliptical orbit and non-geostationary fixed-satellite service systems in low and medium earth orbit[R]. 2002.

第 3 章

卫星通信系统自适应功率控制

分析了卫星系统的干扰后，需要针对干扰进行抗干扰策略研究，常见的针对卫星系统的抗干扰技术有设置保护禁区、智能天线技术和认知无线电技术等。本章选择通过控制 NGEO 卫星系统来减小对 GEO 卫星系统的干扰，认知无线电技术中的自适应功率控制技术是本章的研究重点。

| 3.1 NGEO 卫星功率控制技术 |

自适应功率控制技术的划分方式有两种，一种是分为集中式和分布式，另一种是分为开环、闭环和双环混合功率控制[1]。本章在此基础上，将集中式和分布式功率控制方式应用到系统间干扰的场景中，并进行算法优化。

3.1.1 集中式功率控制

集中式功率控制早在 1992 年就由 ZANDER J 提出[2]，通过最大化通信概率，集中控制用户分配的功率，使每个用户的信干比（Signal Interference Ratio, SIR）相等。虽然集中式功率控制对于资源的分配更精确，但复杂度更高，需要知道每条链路的损耗，通过中心控制器处理，这在现实中很难实现。

3.1.1.1 地面无线系统集中式功率控制

针对地面小区的无线通信，传统的集中式功率控制是指基站接收到一定范围内的用户信息，通过接收的功率信息得到每个用户的链路损失，基于 SIR 准则对用户功率进行整体优化，使不同用户到达基站的 SIR[3]相同，地面无线系统集中式功率控制如图 3-1 所示。

图 3-1　地面无线系统集中式功率控制

对于下行集中式功率控制，假设基站数为 N，第 i 个基站的发射功率为 P_i，基站总发射功率为 $\boldsymbol{P}=\left[P_1,P_2,\cdots,P_N\right]^{\mathrm{T}}$，第 i 个基站和第 j 个用户的链路增益为 G_{ij}，则第 i 个基站发送的有用信号到达第 j 个用户的功率为

$$S_{ij}=G_{ij}P_i \tag{3-1}$$

第 j 个用户的信干比为

$$\mathrm{SIR}_j=\frac{G_{ij}P_i}{\sum_{u=1}^{N}G_{uj}P_u-G_{ij}P_i} \tag{3-2}$$

只有当每个用户的信干比相等时才能满足 SIR 最大，因此，为了保证 SIR 最大，式（3-2）中不同用户的功率可合并为

$$\left(\frac{1+\mathrm{SIR}}{\mathrm{SIR}}\right)\boldsymbol{P}=\boldsymbol{GP} \tag{3-3}$$

其中，假设 1 个基站对应 1 个用户，则有

$$\boldsymbol{G}=\left\{\frac{G_{ij}}{G_{ii}}\right\}_{N\times N} \tag{3-4}$$

然后求 $\boldsymbol{G}$ 的最大特征值 λ_* 和对应的特征向量 $\boldsymbol{P}$，其中

$$\mathrm{SIR}=\frac{1}{\lambda_*-1} \tag{3-5}$$

上行集中式功率控制类似于下行集中式功率控制，把用户和基站的角度交换即可，这里不再赘述。

3.1.1.2　卫星系统集中式功率控制

针对 NGEO 卫星的集中式功率控制通过控制中心完成，控制中心根据预估的数据对卫星发送功率控制命令。根据干扰建模，控制中心需要知道 NGEO 卫星及其用户的位置、GEO 卫星及其用户的位置、各自天线增益、信道预估模型、NGEO 卫星系统的通信要求和 GEO 卫星系统的干扰阈值，才能够对 NGEO 卫星系统进行功率控制。而在用户位置固定且数量少的情况下，NGEO 卫星系统集中式功率控制适合馈电链路。

与地面无线系统集中式功率控制不同的是，卫星系统干扰来自其他系统，不能通过反馈命令控制干扰系统，因此式（3-3）不再适用，根据式（2-22）和式（2-26）可得 GEO 卫星第 i 个用户的 SIR 为

$$SIR_{gsi} = \frac{h_{gi}^{down} P_{gt}}{h_{Ini}^{down} P_{nt}} \tag{3-6}$$

设 $E_d = [E_{d1}, E_{d2}, \cdots, E_{dN}]^T$，$R_d = [R_{d1}, R_{d2}, \cdots, R_{dN_g}]^T$，$R_{di} = [R_{di1}, R_{di2}, \cdots, R_{diN}]^T$，$i \in [1, 2, \cdots, N_g]$，$j \in [1, 2, \cdots, N]$，其中

$$E_{dj} = \frac{P_{njt}}{P_{gt}} \tag{3-7}$$

$$R_{dij} = \frac{h_{Inij}^{down}}{h_{gi}^{down}} \tag{3-8}$$

假设每个 GEO 卫星用户的信干比阈值均为 SIR_{gd}，则式（3-6）可合并为

$$R_d E_d = \frac{1}{SIR_{gd}} I_{N_g \times 1} \tag{3-9}$$

可以得到，通过集中式功率控制后的 NGEO 卫星系统干扰卫星的归一化功率为

$$E_d = \frac{1}{SIR_{gd}} I_{N_g \times 1} R_d^{-1} \tag{3-10}$$

控制对 GEO 卫星用户干扰的同时，也需要保证 NGEO 卫星系统自身的通信质量，在不考虑系统内部干扰的情况下，设置 NGEO 卫星系统每个用户的信干比阈值为 SIR_{nd}，则根据式（2-24）和式（2-28），NGEO 卫星系统需要满足

$$\frac{H_n^{down} \cdot P_{nt}}{H_{Ig}^{down} \cdot P_{gt}} \leqslant SIR_{nd} I_{N_n \times 1} \tag{3-11}$$

不满足条件的可关闭通信，然后进行迭代，最终得到 NGEO 卫星的功率。卫星系统集中式功率控制流程如图 3-2 所示。

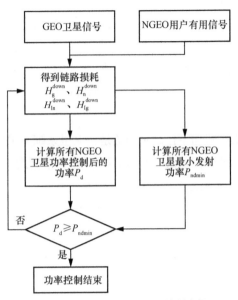

图 3-2　卫星系统集中式功率控制流程

链路损耗矩阵可分别根据式（2-23）、式（2-25）、式（2-27）和式（2-29）得到，需要的数据参数为 GEO 卫星用户、NGEO 卫星用户、GEO 卫星和 NGEO 卫星的位置。在图 3-2 中，NGEO 卫星通过 GEO 卫星的信号得到 GEO 卫星及其用户的位置信息，进而求出链路损耗矩阵。得到系数矩阵 $\boldsymbol{R}_d$ 后，再通过式（3-10）得到每个 NGEO 干扰卫星的发射功率。需要注意的是，图 3-2 的集中式功率控制流程结束条件是所有 NGEO 卫星发射功率都大于或等于阈值。只要有一颗 NGEO 干扰卫星不符合该条件，就需要设置不符合条件的 NGEO 卫星发射功率为 0 W，再进行循环，直到所有 NGEO 卫星都满足条件，循环结束。

对于上行链路，NGEO 卫星用户会对 GEO 卫星用户产生干扰，进而对 GEO 卫星产生干扰，这两种干扰由于链路损耗大，此处不予讨论。

3.1.2　分布式功率控制

分布式功率控制是由集中式功率控制演变而来的，最早于 1993 年由 FOSCHINI G J 提出[4]，较集中式功率控制更容易实现，此后针对功率控制的研究多为分布式。分布式功率控制可分为 3 种：开环、闭环和混合双环功率控制。开环功率控制是指发射端根据接收到的信号分析链路损耗，从而改变发射功率，如果信道不对称，该种方法则不适用。闭环功率控制是指接收端根据接收到的信号产生对发射端的功率控制指令，通过接收端反馈给发射端来实现功率控制，但这种方法存在时延。

3.1.2.1　地面无线系统分布式功率控制

　　地面无线系统的分布式功率控制多针对上行链路，做出这种选择的原因是下行链路多采用分布式天线系统（DAS）。分布式天线系统如图 3-3 所示，在下行链路中远近效应和多址干扰问题不需要考虑。分布式功率控制基于信干噪比（SINR）准则，采用迭代的方法得到用户自身发射功率，具体如下。

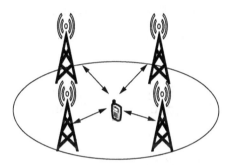

图 3-3　分布式天线系统

　　假设用户数为 N，第 i 个用户的发射功率为 P_i，N 个用户的发射功率向量为 $\boldsymbol{P}=[P_1,P_2,\cdots,P_N]^\mathrm{T}$，第 i 个用户和第 j 个基站的链路增益为 G_{ij}，根据式（3-2）可以得到第 j 个基站对于第 i 个用户的信干噪比为

$$\mathrm{SINR}_{ij}=\frac{G_{ij}P_i}{\displaystyle\sum_{u=1,u\neq j}^{N}G_{uj}P_u+n_j} \tag{3-12}$$

其中，n_j 为第 j 个基站处的噪声功率。

　　假设每个用户的目标信干噪比均为 SINR_u，定义用户链路损耗矩阵为 $\boldsymbol{H}=\{H_{ij}\}$。当 $i=j$ 时，$H_{ii}=0$；当 $i\neq j$ 时，$H_{ij}=\dfrac{\mathrm{SINR}_uG_{ij}}{G_{ii}}$。噪声向量为 $\boldsymbol{\eta}=\{\eta_j\}$，其中 $\eta_j=\dfrac{\mathrm{SINR}_un_j}{G_{ii}}$，则式（3-12）可以合并为 $(\boldsymbol{I}-\boldsymbol{H})\boldsymbol{P}=\boldsymbol{\eta}$。

　　设 $\boldsymbol{H}=\mathrm{SINR}_u\boldsymbol{A}$，当忽略噪声向量时，可以将 $(\boldsymbol{I}-\boldsymbol{H})\boldsymbol{P}=\boldsymbol{\eta}$ 转化为

$$\boldsymbol{AP}=\frac{1}{\mathrm{SINR}_u}\boldsymbol{P} \tag{3-13}$$

则可以得到，SINR_u 为 $\boldsymbol{A}$ 最大特征值的倒数，$\boldsymbol{P}$ 为该特征值对应的特征向量。集中式功率控制式（3-3）也可以转化为式（3-13），$\boldsymbol{A}$ 与 $\boldsymbol{G}$ 不同的是，对角线元素设置为 0。与集中式功率控制不同的是，分布式功率控制不需要知道全部的链路损耗，通过部分信息和迭代就能得到式（3-13）的最终解。一般采用的迭代算法如下[5]

$$\boldsymbol{P}^{(k+1)} = \boldsymbol{M}^{-1}\boldsymbol{N}\boldsymbol{P}^{(k)} + \boldsymbol{M}^{-1}\boldsymbol{\eta}, k = 0,1,\cdots \tag{3-14}$$

选择合适的 $\boldsymbol{M}$ 和 $\boldsymbol{N}$，可以使式（3-14）的迭代收敛为

$$\lim_{k \to \infty} \boldsymbol{P}^{(k)} = \boldsymbol{P}^* = (\boldsymbol{I} - \boldsymbol{H})^{-1}\boldsymbol{\eta} \tag{3-15}$$

选取 $\boldsymbol{M}=\boldsymbol{I}$，$\boldsymbol{N}=\boldsymbol{H}$ 可以满足，则式（3-14）可以更新为

$$\boldsymbol{P}^{(k+1)} = \boldsymbol{H}\boldsymbol{P}^{(k)} + \boldsymbol{\eta}, k = 0,1,\cdots \tag{3-16}$$

其中，第 i 个用户

$$P_i^{(k+1)} = \mathrm{SINR}_u\left(\sum_{u=1,u\neq j}^{N} \frac{G_{uj}}{G_{ii}} \cdot P_u^{(k)} + \frac{n_j}{G_{ii}}\right) = \frac{\mathrm{SINR}_u}{\mathrm{SINR}_i^k} P_i^{(k)}, k = 0,1,\cdots \tag{3-17}$$

根据式（3-17）可以看出，分布式功率控制只需要知道自身的信干噪比 SINR_i^k，就可以通过迭代求出所需发射功率 $P_i^{(k)}$。

3.1.2.2　卫星系统分布式功率控制

卫星系统下行链路的分布式功率控制有两种方式。一种是开环功率控制，首先 NGEO 卫星根据接收到的 GEO 卫星信号，得到 GEO 卫星及其用户的位置信息。再通过计算得到干扰链路损耗 $\boldsymbol{H}$，利用式（3-16）迭代得到发射功率；如果发射功率大于或等于最小值，则得到功率控制结果；如果发射功率小于最小值，表示对 GEO 卫星地面站的干扰过大，需关闭通信或换作其他卫星完成通信。卫星系统分布式开环功率控制流程如图 3-4 所示。

另一种是闭环功率控制，首先 NGEO 卫星将收到的 GEO 卫星信号和有用信号发送给 NGEO 卫星用户；NGEO 卫星用户通过接收到的 NGEO 卫星信号，得到 NGEO 卫星的位置和 GEO 卫星及其用户的位置信息。再通过计算预估出 NGEO 卫星对 GEO 用户的干扰，利用式（3-16）迭代得到 NGEO 卫星改变后的功率，最后通过命令将功率控制后的发射功率反馈给 NGEO 卫星。卫星系统分布式闭环功率控制流程如图 3-5 所示。

前者是在星上处理，无时延；后者是在用户端处理，有时延，但链路损耗估计更精确。这两种方法都需要知道 GEO 卫星和其用户的位置及其链路损耗，而且 NGEO 卫星或其地面站接收到的信号已经去除了来自 GEO 卫星的干扰。

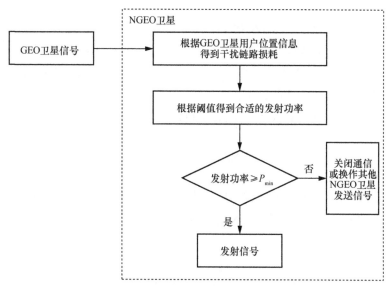

图 3-4 卫星系统分布式开环功率控制流程

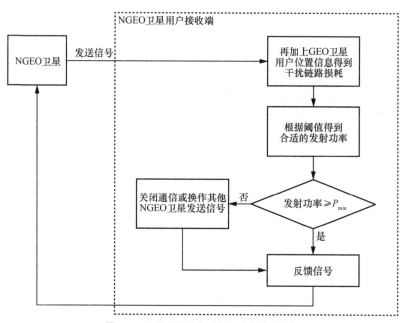

图 3-5 卫星系统分布式闭环功率控制流程

如果 NGEO 卫星系统与 GEO 卫星系统合作，当 GEO 卫星地面站受到 NGEO 卫星的干扰大于阈值，影响自身通信时，通过功率控制计算得到 NGEO 卫星的发射功率，将发射功率编写进信令反馈给 NGEO 卫星。NGEO 卫星收到信令后将其与自己发射功率最小值相比较，如果功率控制后的功率比最小值小则关闭该信道通信或调度其他 NGEO 卫星完成通信任务；如果功率控制后的功率比最小值大于或等于最小值则完成功率控制。这种合作式功率控制虽然比分布式闭环功率控制时延小，但是需要两个卫星系统合作才可以完成。

类比地面无线系统分布式功率控制，GEO 卫星第 i 个用户的 SINR_{gsi} 为

$$\text{SINR}_{gsi} = \frac{h_{gi}^{\text{down}} P_{gt}}{h_{1ni}^{\text{down}} P_{nt} + n_i} \tag{3-18}$$

假设 GEO 卫星对每个用户的发射功率相同，均为 P_{gt}，根据分布式功率控制准则，GEO 卫星用户的信干噪比阈值为 SINR_{gd}，则式（3-18）可转换为第 j 颗 NGEO 卫星发射功率控制后功率

$$P_{njti} = -\sum_{\substack{u=1 \\ u \neq j}}^{N} \frac{h_{1niu}^{\text{down}}}{h_{1nij}^{\text{down}}} P_{nut} + \frac{h_{gi}^{\text{down}} P_{gt} + n_i \text{SINR}_{gd}}{\text{SINR}_{gd} h_{1nij}^{\text{down}}} \tag{3-19}$$

设对 GEO 卫星第 i 个用户的 NGEO 卫星控制功率为 $\boldsymbol{P}_{nti} = \left[P_{n1ti}, P_{n2ti}, \cdots, P_{nNti} \right]^{\text{T}}$。$\boldsymbol{H}_i = \{ H_{mn} \}$，当 $m=n$ 时，$H_{mn} = 0$；当 $m \neq n$ 时，$H_{mn} = \dfrac{h_{1nin}^{\text{down}}}{h_{1nim}^{\text{down}}}$，其中 $m, n = 1, 2, \cdots, N$。

噪声向量为 $\boldsymbol{\eta}_i = \{ \eta_m \}$，其中 $\eta_m = \dfrac{\left(n_i \text{SINR}_{gd} + h_{gi}^{\text{down}} P_{gt} \right)}{\text{SINR}_{gd} h_{1nim}^{\text{down}}}$，则式（3-19）可以合并为

$$\boldsymbol{P}_{nti} = -\boldsymbol{H}_i \boldsymbol{P}_{nti} + \boldsymbol{\eta}_i \tag{3-20}$$

根据式（3-14）的迭代方程，选取 $\boldsymbol{M} = -\boldsymbol{I}$，$\boldsymbol{N} = \boldsymbol{H}_i$，则可以得到迭代方程

$$\boldsymbol{P}_{nti}^{(k+1)} = -\boldsymbol{H}_i \boldsymbol{P}_{nti}^{(k)} + \boldsymbol{\eta}_i, k = 0, 1, \cdots \tag{3-21}$$

与地面无线系统分布式功率控制不同的是，NGEO 卫星不仅需要知道自己的功率还需要知道其他干扰卫星的干扰链路损耗；此外根据式（3-21），每颗 NGEO 卫星除了需要掌握自身的干扰信息，还需要掌握其他干扰卫星的功率和系数 $\boldsymbol{H}_i$，因此实施 NGEO 卫星系统的联合功率控制是必要的。卫星系统间干扰分布式功率控制流程如图 3-6 所示。

卫星系统间干扰的分布式功率控制算法的实现流程与集中式功率控制算法流程类似，区别在于 NGEO 卫星发射功率求解过程。分布式功率控制通过式（3-19）迭代得到每颗 NGEO 卫星发射功率，而集中式功率控制通过矩阵直接求解所有 NGEO 卫星的发射功率，所以集中式功率控制需要总体控制中心才能完成。

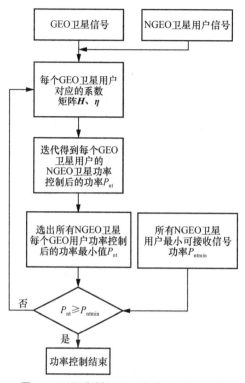

图 3-6　卫星系统间干扰分布式功率控制流程

3.1.3　自适应功率控制

上述集中式功率控制和分布式功率控制分别以信干比和信干噪比平衡为准则，而且两种方式都需要知道 GEO 卫星系统和本系统对 GEO 卫星系统造成干扰的其他 NGEO 卫星的相关信息，复杂度高，不是需要矩阵求逆就是需要迭代。另一种方式以功率平衡为准则[6]，这里的平衡不是指有用信号到达接收端的干扰功率平衡，而是指干扰信号到达接收端的干扰功率平衡。阈值设置为最大干扰功率，应用到卫星系统间干扰抑制被称作自适应功率控制。在不考虑信道增益的情况下，下面将针对卫星系统间下行链路从单目标到多目标自适应功率控制进行分析。

3.1.4　单干扰源自适应功率控制

针对单颗 NGEO 干扰卫星的下行馈电链路干扰情况，根据式（2-28）和式（2-29），

得到 NGEO 卫星地面站接收的期望信号功率为

$$C = P_{\text{nt}} G_{\text{nt}}(\theta_1) G_{\text{nsr}}(\varphi_1) \left(\frac{\lambda}{4\pi d_{\text{nn}}} \right)^2 \tag{3-22}$$

其中，P_{nt} 为 NGEO 卫星发射功率，$G_{\text{nt}}(\cdot)$ 为 NGEO 卫星天线增益，θ_1 为 NGEO 卫星干扰信号与 NGEO 卫星有用信号路径之间的夹角，$G_{\text{nsr}}(\cdot)$ 为 NGEO 卫星地面站天线增益，d_{nn} 为 NGEO 卫星有用信号路径距离，φ_1 为 GEO 卫星地面站接收到的有用信号和干扰信号路径之间的夹角，λ 为载波波长。

GEO 卫星地面站的干扰信号功率为

$$I_{\text{geo}} = P_{\text{nt}} G_{\text{nt}}(\theta_1) G_{\text{gsr}}(\varphi_1) \left(\frac{\lambda}{4\pi d_{\text{ng}}} \right)^2 \tag{3-23}$$

其中，G_{gsr} 为 GEO 卫星地面站天线增益，d_{ng} 为 GEO 卫星地面站干扰信号路径距离。

卫星系统间干扰下行馈电链路自适应功率控制方案为

$$\max P_{\text{nt}} \tag{3-24}$$

$$\text{subject to } I_{\text{geo}} \leqslant I_{\text{th}} \tag{3-25}$$

$$C \geqslant C_0 \tag{3-26}$$

其中，I_{th} 是 GEO 卫星地面站对于 NGEO 卫星干扰信号能承受的干扰阈值，I_{geo} 是 NGEO 卫星对 GEO 卫星地面站的下行同频干扰，C_0 是 NGEO 卫星接收端能解调的最小有用信号功率，虽然一般设置的阈值为最小信噪比，但通过预估噪声功率也可以得到 C_0。自适应功率控制是在保证自身通信条件的情况下，找到低于干扰阈值的功率最小值。可以看出，在满足式（3-26）的条件下，式（3-24）的可行解为

$$P_{\text{ntmax}} = \frac{I_{\text{geo}}}{G_{\text{nt}}(\theta_1) G_{\text{gsr}}(\varphi_1) \left(\dfrac{\lambda}{4\pi d_{\text{ng}}} \right)^2} \tag{3-27}$$

3.1.5 多干扰源自适应功率控制

当 NGEO 干扰卫星有 N 颗，GEO 卫星地面站有 N 个干扰时，GEO 卫星地面站干扰信号功率为

$$I_{\text{geo}} = \sum_{i=1}^{N} P_{\text{nt}}^i G_{\text{nt}}(\theta_1^i) G_{\text{gsr}}(\varphi_1^i) \left(\frac{\lambda}{4\pi d_{\text{ng}}^i} \right)^2 \tag{3-28}$$

第 i 颗 NGEO 卫星干扰源到达 GEO 卫星地面接收端的信号功率为

$$C_i = P_{nt}^i G_{nt}(0) G_{nsr}(0) \left(\frac{\lambda}{4\pi d_{nn}^i} \right)^2 \tag{3-29}$$

设 $\boldsymbol{C} = [C_1, C_2, \cdots, C_N]^T$，$\boldsymbol{C}_0 = \{C_0\}_{N\times 1}$，NGEO 干扰信号下行链路自适应功率控制方案为

$$\max \boldsymbol{P}_{nt} \tag{3-30}$$

$$\text{subject to } I_{geo} \leqslant I_{th} \tag{3-31}$$

$$\boldsymbol{C} \geqslant \boldsymbol{C}_0 \tag{3-32}$$

式（3-30）在满足式（3-32）的情况下，根据功率平衡的准则，最优解为 $\boldsymbol{P}_{ntmax} = [P_{ntmax}^1, P_{ntmax}^2, \cdots, P_{ntmax}^N]^T$，其中，

$$P_{ntmax}^i = \frac{\dfrac{I_{th}}{N}}{G_{nt}\left(\theta_1^i\right) G_{gsr}\left(\varphi_1^i\right) \left(\dfrac{\lambda}{4\pi d_{ng}^i} \right)^2}, i = 1, 2, \cdots, N \tag{3-33}$$

多干扰源自适应功率控制流程如图 3-7 所示。

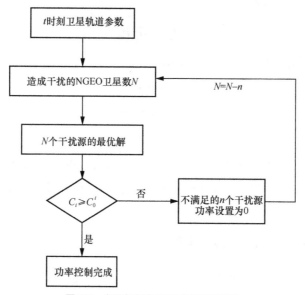

图 3-7　多干扰源自适应功率控制流程

这种方式下，NGEO 卫星需要知道自身对 GEO 卫星地面站的干扰的同时，还需要

知道所有造成干扰的 NGEO 卫星数，有不符合条件的要联合所有 NGEO 干扰卫星重新确定干扰卫星数，所以这种方式属于集中式功率控制。如果为了简化算法，可设置 N 为常数，不需要提前判定。

若不整合所有 NGEO 卫星，则可以让每颗 NGEO 卫星引入第 3.1.4 小节算法，不将资源最大化，单独考虑每颗 NGEO 卫星对 GEO 卫星用户的干扰，这种方法属于分布式功率控制。

3.1.6　多用户自适应功率控制

当 GEO 卫星的用户数为 M 时，需要更新式（3-31），增加约束方程，设第 j 个 GEO 卫星用户收到的干扰功率为

$$I_{\text{geo}j} = \sum_{i=1}^{N} P_{\text{nt}}^i G_{\text{nt}}(\theta_j^i) G_{\text{gsr}}(\varphi_j^i) \left(\frac{\lambda}{4\pi d_{\text{ng}}^{ij}} \right)^2 \tag{3-34}$$

设 $\boldsymbol{I}_{\text{geo}} = \left[I_{\text{geo}1}, I_{\text{geo}2}, \cdots, I_{\text{geo}M} \right]^{\text{T}}$，$\boldsymbol{G}_{\text{nt}} = \left\{ G_{ji} \right\}$，$\boldsymbol{P}_{\text{nt}} = [P_{\text{nt}}^1, P_{\text{nt}}^2, \cdots, P_{\text{nt}}^N]^{\text{T}}$，其中 $G_{ji} = G_{\text{nt}}(\theta_j^i) G_{\text{gsr}}(\varphi_j^i) \left(\frac{\lambda}{4\pi d_{\text{ng}}^{ij}} \right)^2$，$i = 1, 2, \cdots, N$，$j = 1, 2, \cdots, M$，则

$$\boldsymbol{I}_{\text{geo}} = \boldsymbol{G}_{\text{nt}} \boldsymbol{P}_{\text{nt}}$$

NGEO 下行链路自适应功率控制方案为

$$\max \boldsymbol{P}_{\text{nt}} \tag{3-35}$$

$$\text{subject to } \boldsymbol{I}_{\text{geo}} \leqslant \boldsymbol{I}_{\text{th}} \tag{3-36}$$

$$C \geqslant C_0 \tag{3-37}$$

根据文献[7]，式（3-35）属于多目标优化问题（Multi-objective Optimization Problem, MOP），该问题通常会根据线性规划的 Pareto 边界和区域求解，通过图形无法用算法得到结果，所以需要数值计算出多目标问题的最优解。

3.1.6.1　基于集中式的自适应功率控制

一种方法类似卫星系统间干扰集中式功率控制。首先计算出每个 GEO 卫星用户对应的 NGEO 卫星功率最优解 $[\boldsymbol{P}_{\text{ntmax}}^1, \boldsymbol{P}_{\text{ntmax}}^2, \cdots, \boldsymbol{P}_{\text{ntmax}}^M]^{\text{T}}$，然后选出每颗 NGEO 卫星不同 GEO 卫星对应最优解中的最小值，得到最终全局最优解。这种方法优化求解第 i 颗 NGEO 卫星的自适应功率控制后的功率为

$$P_{\mathrm{nt}}^i = \frac{I_{\mathrm{th}}}{NG_{j_m i}} \qquad (3\text{-}38)$$

其中，j_m 是第 i 颗 NGEO 卫星造成干扰最大的 GEO 卫星用户，也就是 $\left[G_{1i}, G_{2i}, \cdots, G_{Mi}\right]^{\mathrm{T}}$ 中最大值对应的用户，即

$$G_{j_m i} = \max \left[\boldsymbol{G}_{\mathrm{ng}}\right]_i \qquad (3\text{-}39)$$

可见基于集中式的自适应功率控制算法流程为：

（1）构建 t 时刻的系数矩阵 $\boldsymbol{G}_{\mathrm{ng}}(t)$；

（2）找到每颗 NGEO 卫星造成干扰最大的 GEO 卫星用户对应的链路损耗系数；

（3）得到每颗 NGEO 卫星功率控制后的功率；

（4）比较 NGEO 卫星功率控制后的功率是否满足式（3-37）；

（5）不满足式（3-37）的 NGEO 卫星功率设为 0 W，更新 NGEO 卫星干扰数 N，回到步骤（2）；

（6）直到满足式（3-37），得到最终 NGEO 卫星功率控制后的功率。

3.1.6.2　基于分布式的自适应功率控制

另一种方法类似卫星系统间干扰分布式功率控制，其中 NGEO 卫星的自适应功率控制后的功率通过迭代得到。根据文献[8]，在已知所有干扰链路损耗的情况下，第 i 颗 NGEO 卫星分布式功率控制的迭代公式为

$$P_i(k) = P_i(k-1) + \frac{\alpha}{G_{j_m i}}\left(I_{\mathrm{th}} - m_i(k-1)\right) \qquad (3\text{-}40)$$

其中，$m_i(k-1)$ 是第 j_m 个 GEO 卫星用户接收的所有干扰之和，α 是控制迭代收敛的参数。

$$m_i(k) = \sum_{u=1}^{N} G_{j_m u} P_{\mathrm{nt}}^u(k) \qquad (3\text{-}41)$$

为了迭代收敛，根据推导，参数 α 需满足

$$\alpha < \frac{2}{l_{\max}} \qquad (3\text{-}42)$$

其中，$l_{\max}$ 是矩阵 $\left\{G_{ji} / G_{j_m i}\right\}$ 最大特征值。因此基于分布式的自适应功率控制算法流程为：

（1）设置 NGEO 卫星初始功率值；

（2）找到每颗 NGEO 卫星造成干扰最大的 GEO 卫星用户 j_m；

（3）得到第 j_m 个 GEO 卫星用户的所有干扰功率；

（4）得到迭代后的 NGEO 卫星功率；

（5）比较 NGEO 卫星功率控制后的功率是否满足式（3-37）；

（6）不满足式（3-37）的 NGEO 卫星功率设为 0 W，满足式（3-37）的保留，回到步骤（3）；

（7）迭代结束，得到最终 NGEO 卫星功率控制后的功率。

不过这种方法需要知道第 i 颗 NGEO 卫星干扰最大的 GEO 卫星用户的干扰功率。如果两个系统非合作，则需要 NGEO 卫星根据 GEO 卫星用户位置进行估算；如果两个系统合作，则需要第 i 颗 NGEO 卫星干扰最大的 GEO 卫星用户对第 i 颗 NGEO 卫星进行反馈。

分布式自适应功率控制相比集中式自适应功率控制，复杂度高，需要迭代求解 NGEO 卫星功率，但不用知道造成每个 GEO 卫星用户干扰的总 NGEO 卫星数，也不用整合 NGEO 卫星系统。分布式自适应功率控制与简化后的集中式自适应功率控制相比，用迭代代替求逆矩阵，复杂度更低，但精确性更差。

3.1.7　算法仿真及分析

算法仿真场景基于第 2 章建立的干扰下行链路仿真模型，分为馈电链路和用户链路两种情况。相关仿真参数可由 STK 导出，如 NGEO 卫星的实时位置、对 GEO 卫星用户造成干扰的 NGEO 卫星具体是哪些等。有了仿真数据，假设有 NGEO 卫星总体控制中心，根据自适应功率控制算法，进行仿真分析。

3.1.7.1　馈电链路自适应功率控制

针对馈电链路，采用基于功率平衡准则的自适应功率控制技术即可，基于第 3.1.4 小节和第 3.1.5 小节的算法进行仿真分析。

（1）单干扰源的自适应功率控制

根据第 3.1.4 小节对单个干扰源采用自适应功率控制算法进行仿真，假设 NGEO 卫星及其地面站和 GEO 卫星及其地面站四者共面，卫星和地面站天线根据第 2.4 节相关参数设置，NGEO 卫星初始发射功率为 13 dBW，可以得到 GEO 卫星地面站干扰强度随夹角的变化如图 3-8 所示。当两颗卫星共线时干扰最大，设置的干扰阈值越大，卫星间的角度越小，NGEO 卫星信号辐射区域中对 GEO 卫星地面站造成干扰的范围越小，也就是 NGEO 卫星需要功率控制的时间越少。当干扰阈值 I_{th} = −98 dBW 时，夹角范围为 [−0.55°, 0.55°]；当干扰阈值 I_{th} = −105 dBW 时，夹角范围为 [−1°, 1°]。

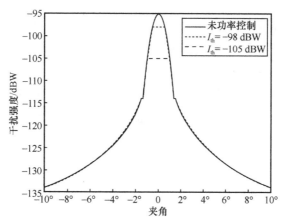

图 3-8　GEO 卫星地面站干扰强度随夹角的变化

对单颗 NGEO 卫星进行自适应功率控制得到如图 3-8 所示的结果。当干扰强度大于阈值时，通过降低 NGEO 卫星发射功率减小干扰，干扰越大，NGEO 卫星发射功率下降越大。可以看出，干扰阈值设置得越小，干扰强度下降越大，NGEO 卫星发射功率下降也就越大。

如果假设 NGEO 卫星地面站距离 GEO 卫星地面站 50 km，以及 NGEO 卫星及其地面站和 GEO 卫星及其地面站四者共面。根据第 2.4.3 小节，GEO 卫星地面站的最小仰角为 14°，则可以得到 GEO 卫星地面站干扰强度随 NGEO 卫星到 GEO 卫星地面站距离的变化情况如图 3-9 所示。可以看出，干扰强度随 NGEO 卫星到 GEO 卫星地面站距离的增大先增大后减小。这是因为，当 NGEO 卫星到 GEO 卫星地面站的距离约为 815 km 时，NGEO 卫星处于 GEO 卫星和 GEO 卫星地面站连线上，NGEO 卫星和 GEO 卫星有用信号夹角为 0°。根据图 3-8 可知，此时 NGEO 卫星对 GEO 卫星地面站造成的干扰最大。经过自适应功率控制后的干扰强度明显减小，阈值越小，干扰强度下降越大。

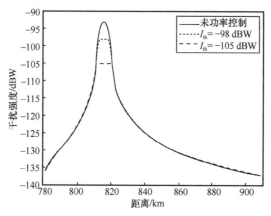

图 3-9　GEO 卫星地面站干扰强度随 NGEO 卫星到 GEO 卫星地面站距离的变化情况

由于自适应功率控制，NGEO 卫星的发射功率会相对减小，NGEO 卫星功率控制前后发射功率变化如图 3-10 所示。NGEO 卫星在对 GEO 卫星地面站造成干扰时，会减小自身功率以保证 GEO 卫星地面站的通信，但是如果 NGEO 卫星的发射功率过小则会暂停通信。由图 3-10 可以看出，当干扰阈值设置为-105 dBW 时，NGEO 卫星发射功率最大下降到接近 0 dBW 而不能保证自身通信，所以干扰阈值不能设置过小。另外，以上均假设为在 NGEO 卫星发射功率阈值以内的情况。

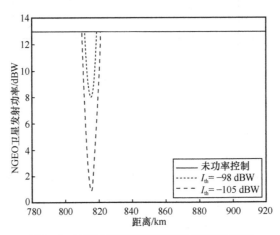

图 3-10　NGEO 卫星功率控制前后发射功率变化

（2）多干扰源的自适应功率控制

设置 NGEO 卫星地面站坐标为 41°N、115°E，GEO 卫星地面站坐标为 40°N、117°E。第 2.5 节通过 STK 软件进行粗略的通信质量仿真，因为关于发射端和接收端的天线设计与第 2.4 节的仿真参数有出入，所以为了精确估计干扰值，可以通过 STK 导出 GEO 卫星和 NGEO 卫星每个时刻的坐标和每个时刻干扰 GEO 卫星地面站具体的 NGEO 卫星数，从而计算得到干扰的理论值。

由于这里不考虑信道增益，如果按照表 2-1 的相关天线增益参数进行仿真，整体接收端接收到的信号功率值偏大，因此卫星发射功率和天线增益仿真参数参照表 3-1 进行设置，其他参数仍然按照表 2-1 进行设置。其中，NGEO 卫星地面站天线增益设置比 GEO 卫星地面站天线增益大，因为这里仅考虑下行链路干扰场景。由于 NGEO 卫星地面站的天线增益不影响对 GEO 卫星系统的干扰大小，为了保证 NGEO 卫星地面站平均信噪比在实际水平，设置 NGEO 卫星地面站天线增益为 45 dBi。

表 3-1　仿真参数

对比卫星系统	卫星发射功率/dBW	卫星天线增益/dBi	地面站天线增益/dBi
GEO 卫星系统	14	25	30
NGEO 卫星系统	12	25	45

根据表 3-1 和式（2-15），可以得到 24 h 内 NGEO 卫星系统对 GEO 卫星地面站的干扰值，GEO 卫星地面站受到的总干扰如图 3-11 所示，可以看出 GEO 卫星地面站受到的干扰最大约为−132 dBW，最小约为−166 dBW。根据式（2-14）可以得到 NGEO 卫星信号到达接收端的总功率，NGEO 卫星地面站接收的有用信号总功率如图 3-12 所示。NGEO 卫星地面站接收的有用信号总功率最大约为−94 dBW，最小为−100 dBW。基于以上结果，设置干扰阈值为−153 dBW，单颗 NGEO 卫星通信阈值为−116 dBW。

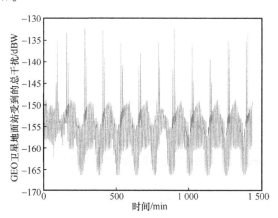

图 3-11　GEO 卫星地面站受到的总干扰

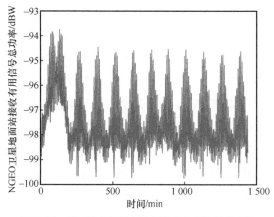

图 3-12　NGEO 卫星地面站接收的有用信号总功率

每个时刻，对 GEO 卫星地面站造成干扰的 NGEO 卫星组合不同，在干扰时刻选择产生干扰的 NGEO 卫星进行功率控制。文献[8]仅考虑单一 NGEO 卫星对 GEO 卫星地面站造成干扰的情况，当有多颗 NGEO 干扰卫星时，采用多干扰源分布式自适应功率控制，也就是每颗造成干扰的 NGEO 卫星独自进行自适应功率控制。根据第 3.1.5 小节，多干扰源集中式自适应功率控制由已知信息对 NGEO 卫星系统进行联合控制。分别设置干扰阈值为−155 dBW、−158 dBW 和 −152 dBW，得到 NGEO 卫星地面站功率控制前后信噪比变化如图 3-13 所示。

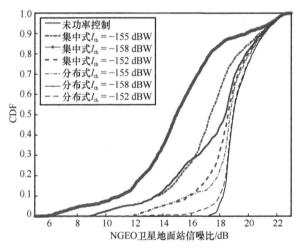

图 3-13　NGEO 卫星地面站功率控制前后信噪比变化

　　由图 3-13 可以看出，造成干扰的 NGEO 卫星由于功率控制，信噪比性能有所下降，而集中式功率控制导致的信噪比下降程度比分布式功率控制导致的信噪比下降程度大。当干扰阈值为−158 dBW 时，集中式功率控制导致 NGEO 卫星地面站信噪比下降程度与分布式功率控制导致的信噪比下降程度最多相差 3 dB，而且由图 3-13 从右到左的曲线越来越稀疏，可以看出二者的差值会随着干扰阈值的减小而增大。值得注意的是，这里的分布式功率控制，用户数只有一个，不需要迭代，只需要分别对产生干扰的 NGEO 卫星进行自适应功率控制，由于其他造成干扰的 NGEO 卫星信息未知，均假设干扰源数最大为 4 个。

　　对于 GEO 卫星地面站载干比，自适应功率控制会使其增大，GEO 卫星地面站功率控制前后载干比变化如图 3-14 所示，可以看出，集中式功率控制导致的载干比增大程度比分布式功率控制导致的载干比增大程度大。当干扰阈值为−158 dBW 时，集中式功率控制对 GEO 卫星地面站载干比的提高程度与分布式功率控制载干比的提高程度最多相差约 3 dB。二者的差值会随着干扰阈值的减小而增大，但没有 NGEO 卫星地面站信噪比减小得快。

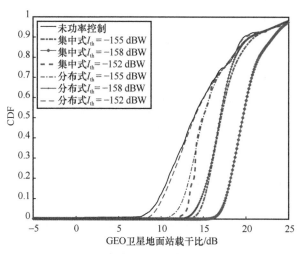

图 3-14　GEO 卫星地面站功率控制前后载干比变化

综上，集中式功率控制在 GEO 卫星性能提升方面更优，而且比分布式功率控制精确度更高，但同时需要损耗更多的 NGEO 卫星系统性能，而且需要控制中心进行指令操作。

3.1.7.2　用户链路自适应功率控制

用户链路的地面站位置参数参照表 2-3 设置，每个地面站和卫星仿真参数参照表 3-1 设置，仿真时长依然设置为 24 h。根据 STK 可以确定 3 个 GEO 卫星地面站受到的干扰具体来自哪几颗 NGEO 卫星，通过式（2-26）可以得到每个地面站每个时刻的干扰功率，3 个 GEO 卫星地面站受到的干扰功率如图 3-15 所示。图 3-15 中干扰功率相对来说比较集中，最大可到约−124 dBW，最小约为−175 dBW。基于上面的干扰区间，选择干扰阈值为−155 dBW。

NGEO 卫星地面站的有用信号功率可以通过式（2-24）得到，3 个 NGEO 卫星地面站接收的有用信号平均功率如图 3-16 所示。可以看出 3 个 NGEO 卫星地面站接收的有用信号平均功率最小约为−102 dBW。根据仿真，3 个 NGEO 卫星地面站接收的有用信号最小功率为−109 dBW。根据文献[8]，假设 NGEO 卫星地面站最小信噪比为 12 dB，由表 2-1，可以得到噪声功率为−130 dBW，因此设置 NGEO 卫星地面站最小接收信号功率为−118 dBW。

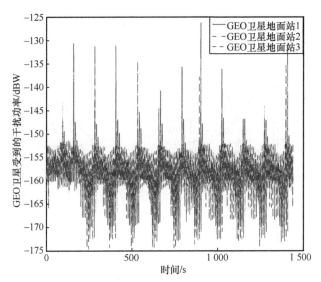

图 3-15 3 个 GEO 卫星地面站受到的干扰功率

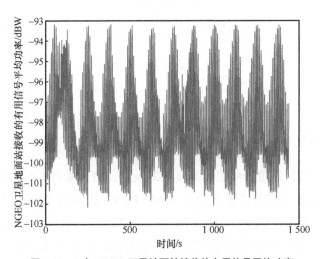

图 3-16 3 个 NGEO 卫星地面站接收的有用信号平均功率

功率控制的初始条件是构造系数矩阵 $\boldsymbol{G}_{\mathrm{ng}}$，具体根据 NGEO 干扰卫星和 GEO 卫星地面站的位置进行计算。然后分别按照第 3.1.6 小节的算法流程，对 NGEO 卫星系统进行集中式自适应功率控制和分布式自适应功率控制。再将干扰阈值分别设置为−155 dBW、−158 dBW 和−152 dBW，进行性能比较。其中，分布式自适应功率控制在满足收敛条件的情况下，设置迭代控制因子为−0.25，迭代次数为 100，每颗 NGEO 卫星发射功率初始迭代值设为 0 W。假设仿真实验的第 88 s，干扰的 NGEO 卫星有两颗，分别进行分布式自适应功率控制，得到 NGEO 干扰卫星功率迭代过程如图 3-17 所示。可以看出，不同干扰阈值下收敛速度不同，干扰阈值越大，收敛速度越快。

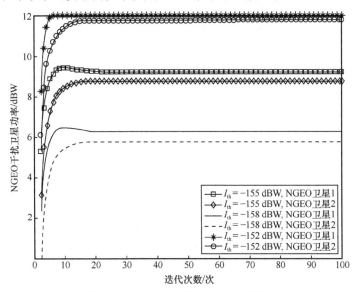

图 3-17　NGEO 干扰卫星功率迭代过程

在有多个 GEO 卫星用户的情况下，分别采用集中式和分布式自适应功率控制对 NGEO 卫星系统进行功率控制，在保证 NGEO 卫星通信的情况下，使 GEO 卫星用户受到的干扰信号强度减小，得到 3 个 GEO 卫星地面站载干比 CDF 如图 3-18 所示。

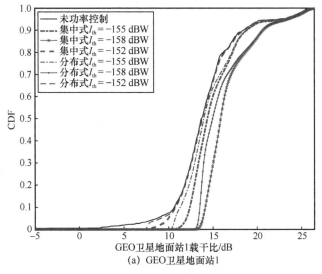

(a) GEO 卫星地面站1

图 3-18　3 个 GEO 卫星地面站载干比 CDF

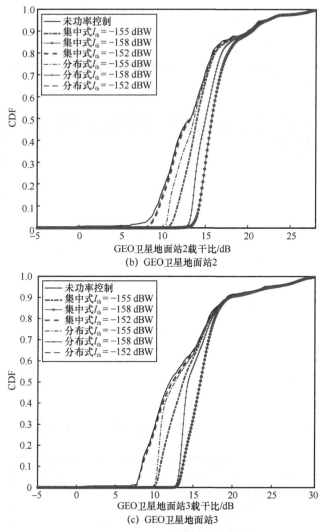

(b) GEO卫星地面站2

(c) GEO卫星地面站3

图 3-18 3 个 GEO 卫星地面站载干比 CDF（续）

可以看出，当干扰阈值相同时，集中式自适应功率控制对 GEO 卫星地面站载干比性能的提升更大，当干扰阈值为-158 dBW 时，与分布式自适应功率控制最大相差 2 dB 左右。而当功率控制方式相同时，干扰阈值越小，GEO 卫星地面站载干比性能提升越多。比如，对 GEO 卫星地面站 3 进行集中式自适应功率控制，当干扰阈值为-152 dBW 时，提升的幅度很小；当干扰阈值为-155 dBW 时，GEO 卫星地面站载干比性能最大提升约 2.5 dB；当干扰阈值为-158 dBW 时，GEO 卫星地面站载干比性能最大提升约 6 dB。

通过仿真得到 3 个 NGEO 卫星地面站平均信噪比 CDF 如图 3-19 所示。可以看出，两种自适应功率控制方法对 NGEO 卫星地面站信噪比的影响相近，干扰阈值越小，影响越大。综上，集中式自适应功率控制的性能更好，因为它与分布式自适应功率控制消耗相近的 NGEO 卫星系统性能，却换来更大的 GEO 卫星系统性能的提高。但是集中式自适应功率控制需要控制中心联合实现，算法也比分布式自适应功率控制复杂。

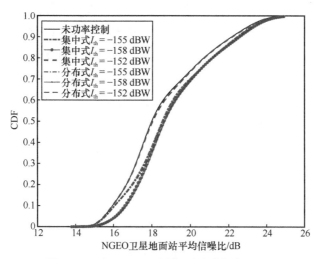

图 3-19　3 个 NGEO 卫星地面站平均信噪比 CDF

| 3.2　基于博弈论的自适应功率控制技术 |

博弈论针对决策者之间的竞争与合作问题，具体研究博弈者如何从所有有效策略中选取符合自己利益的策略。这种思想可以应用到很多科学领域（如通信、管理和计算机等）来解决多目标最优化问题。博弈论与功率控制的有效结合是功率控制技术研究的热点，将发射功率的分配看成博弈者之间的竞争可以得到功率控制的另一种解决方式[9]。本节根据已有的基于博弈论的功率控制示例，研究适用于卫星系统间干扰的基于博弈论的自适应功率控制算法方案。

3.2.1　博弈论基础

博弈论是应用数学的重要部分，起源于对赌博游戏的研究。博弈论主要研究决策者之间发生直接相互作用时，如何利用数学理论解决彼此竞争和合作均衡的问题。博弈论体系的创立标志是 1944 年《博弈论与经济行为》的发表[10]。现如今，博弈论作为数学分析工具已从经济学领域应用到很多领域。

简单来说，博弈论是决策主体在一定约束下选择策略的过程。博弈方、策略集合和效用函数是博弈论的基本元素。其中，博弈方是博弈的所有参与者，其会根据自身的目的和利益做出决策。策略集合是所有博弈方可以选择的博弈策略集合，是所有博弈参与者实现自身博弈利益目标的数学手段。效用函数表达了所有博弈参与者从不同策略中可获得的利益大小，为了使利益最大化，可以根据效用函数选取合适的策略[11]。

除了上面 3 个基本要素，博弈论还有博弈次序和博弈信息等组成元素。博弈次序是指博弈方进行博弈的前后顺序，类似田忌赛马的思想，不同博弈次序可能会影响最终博弈结果。博弈信息是指博弈方拥有的其他博弈参与者对于本次博弈的已有条件和目的信息，类似"知己知彼，百战不殆"的思想，拥有博弈信息可以加大博弈方胜算或使其达到的利益更大。

综上，博弈过程的表达式为[9]

$$G = \left(K, \{S_i\}_{\{i \in K\}}, u_{i\{i \in K\}} \right) \tag{3-43}$$

其中，K 为博弈方的集合，$K = \{1, 2, \cdots, k\}$；S_i 为博弈方 i 的策略集合；u_i 为博弈方 i 的效用函数。

由式（3-43）可得，当存在 k 个博弈方时，每个博弈方的策略集合对应 $(s_1, s_2, \cdots, s_k) \in S_1 \times S_2 \times \cdots \times S_k$，所以第 i 个博弈方的效用函数是 $u_i(s_1, s_2, \cdots, s_k)$。可以看出，每个博弈方的策略选择结果都会对其他博弈方造成影响。可见策略如何选取是博弈的重点，无论依据什么原因选取，博弈方的最终目的都是实现自身的一定利益。

博弈有不同的划分种类，比较常见的有，依据博弈方彼此是否有合作约束，划分为合作博弈和非合作博弈；依据博弈方参与决策的时间顺序，划分为静态博弈和动态博弈；依据博弈方对其他博弈方博弈信息的了解程度，划分为不完全信息博弈和完全信息博弈。

其中，非合作博弈中博弈方只考虑自身利益如何实现最大化，重点在策略的选取；而合作博弈中博弈方相互协作使整体利益达到最大化，重点在收益的分配，后面会重点介绍。静态博弈是指博弈方同时选取博弈策略，选取顺序不影响最终博弈结果；动态博弈则反之，博弈方可根据前面博弈方的选择进行判断，前面的博弈方也可以预估后面的博弈方。对于功率控制技术，假设发射方同时改变功率，改变顺序不影响最终功率控制结果，所以在静态博弈范畴内采用博弈论的功率控制[12]。

3.2.1.1　非合作博弈

非合作博弈的博弈方之间没有交互，所以模型假设有 K 个博弈方，对于博弈方 i 的博弈过程为[9]

$$\max{}_i(s_i, s_{-i})$$
$$\text{s.t.} \quad s_i \in S_i \tag{3-44}$$

其中，$s_{-i} = (s_1, \cdots, s_{i-1}, s_{i+1}, \cdots, s_K)$，是除去第 i 个博弈方的其余人的策略集合。博弈方 i 要选取一个最优解 $s_i^* \in S_i$，使 $u_i(s_i, s_{-i})$ 最大。

非合作博弈还分为 4 种情况，其中一种为最先由纳什[13]提出的完全信息静态博弈，其均衡和收敛根据纳什均衡判定。非合作博弈需要根据纳什均衡判定博弈是否可以达到稳定。假设 $i \in \{1, \cdots, K\}$，纳什均衡定义为

$$u_i\left(s_i^*, s_{-i}^*\right) \geqslant u_i\left(s_i, s_{-i}^*\right) \tag{3-45}$$

其中，$s^* = \left(s_1^*, \cdots, s_K^*\right)$ 为纳什均衡点，是所有博弈方满足式（3-45）得出的达到均衡的最优策略集合。纳什均衡是非合作博弈的最终稳定结果，即无论哪个博弈方改变策略都不会使自己的效用函数结果更高，自身的利益会降低但不影响其他博弈方，但是纳什均衡的解可能不止一个。求解纳什均衡点需要其他博弈方的策略不变时得到最佳策略表达式，求解算法有很多，比如强化学习和最佳反应决策等[14-15]。

虽然非合作博弈自身利益得到满足，但整体利益不一定得到最优结果，没有合作可能导致资源的浪费，又没有找到最优解，比如有名的"囚徒困境"问题。为了解决这个问题，防止博弈方完全自私，可以对每个博弈方的效用函数加上惩罚因子，使最终博弈结果更优。

3.2.1.2　纳什均衡解存在性和唯一性

为了得到非合作博弈的纳什均衡解，首先要证明纳什均衡解的存在性，根据文献[16]，博弈需要满足下面两点要求：

（a）任意一个博弈方的策略集合是非空且是凸的，会形成 R^K 的欧几里得空间；

（b）效用函数关于 s_i 是连续的，且是拟凹的。

第一点要求一般策略集合都会符合，但是第二点要求需要证明效用函数符合

$$u_i\left(\varepsilon s_i + (1-\varepsilon)s_i'\right) \geqslant \min\left\{u_i(s_i), u_i(s_i')\right\} \tag{3-46}$$

直接证明式（3-46）可能有些困难，可以对一般简单的效用函数关于 s_i 求导，得到

$$\frac{\mathrm{d}u_i}{\mathrm{d}s_i} = 0, \forall i = 1, \cdots, K \qquad (3\text{-}47)$$

式（3-47）的解存在，再根据二次求导分析效用函数是否为拟凹的。比如一种简单的情况，在式（3-47）解存在的情况下，如果二次求导结果为负数，则式（3-46）成立。如果博弈采用效用函数求最小值，则需要证明效用函数是拟凸的，与式（3-46）的思想相反，比如对于二次方程，二次求导结果为正数即证明效用函数为拟凹的。

证明了纳什均衡解存在性定理，还要证明纳什均衡解的存在性，因为这里是将博弈论应用到功率控制中，就要证明对于功率求解的迭代方程是否收敛。假设根据式（3-47）得到 s_i 的迭代方程为

$$s_i(k+1) = f(s_i(k)) \qquad (3\text{-}48)$$

根据文献[17]，需要证明其满足以下 3 个条件：

（1）正性：$f(s_i(k)) > 0$；

（2）单调性：如果 $s_i > s_i'$，则 $f(s_i) > f(s_i')$；

（3）可伸缩性：对于任意 $\alpha > 1$，$f(\alpha s_i) < \alpha f(s_i)$。

只要满足上面的 3 个条件就可以保证该博弈过程有纳什均衡解，能得到最终的迭代解。所以基于上面的证明也得到了非合作博弈的过程，先构造效用函数，假设博弈方完全自私，在此基础上可以加上惩罚项。构造博弈模型后进行策略选择，也就是对于博弈过程求解，一般对于非合作博弈，通过计算纳什均衡解求得。然后证明纳什均衡解的存在性和唯一性，通过求导得出最终解。

3.2.2　基于博弈论的功率控制算法

功率控制的原理是在保证自身通信质量的同时控制对其他发射端的干扰，发射端彼此针对功率的分配相当于资源的竞争。功率控制技术有时是非凸的，需要降低复杂度将问题简化逼近，而且不同发射端的目标函数可能不同。

根据上面对博弈论的简单介绍，明确可以通过博弈论的模型来解决功率控制多目标函数问题。将发射方或干扰方看作博弈方，所有参与者发射功率的调控范围为策略集合，效用函数为功率控制的优化目标，比如功率、信干比、吞吐量等。所有博弈方选择一组发射功率值，就会得到一个效用函数值。

非合作功率控制对应分布式功率控制，非合作功率控制的博弈方是完全自私的，只考虑自身利益最大化，通过非合作博弈决定发射方或干扰方的功率控制策略，为了

防止用户绝对自私，可以加入惩罚项。对于非合作的静态博弈功率控制，首先建立博弈过程模型，然后得到纳什均衡策略，即为最优解。其中非合作博弈假设参与者彼此不合作，完全自私，所以非合作功率控制的控制对象也假设是非合作的，从而达到自身利益最大化。

早期将非合作博弈应用到功率控制的有 SHAH V 等[18]，他们于 1998 年定义了功率控制的效用函数，效用函数与信干比有关，具体依据误码率，为了提高整体利益，又加入了代价因子。后面有很多学者在这一领域进行了研究，其中比较经典的为 KOSKIE S 等[19]于 2005 年提出的 Koskie-Gajic 算法，他们把功率消耗作为效用函数，把信干噪比误差作为代价因子。之后 LI F 等[20]于 2011 年在 Koskie-Gajic 算法基础上进行了效用函数优化，提出了不同收敛算法，使系统吞吐量增加。随后，将非合作博弈应用到功率控制问题成为了研究热点[11]。下面对前两种非合作功率控制算法进行介绍。

3.2.2.1　SHAH V 等提出的非合作功率控制模型

SHAH V 等提出的非合作功率控制模型针对 CDMA 通信系统模型。效用函数构建思想是接收端信干比越高，发射端的通信质量越高；发射端的功率越小，能源消耗越小，发射端效用越大。所以信干比和发射功率二者相互制约，共同影响效用函数[21]。SHAH V 等提出的非合作博弈功率控制模型为 $G = \left(N, \{P_i\}_{\{i \in N\}}, u_{i\{i \in N\}}\right)$，其中 N 为用户集，$\{P_i\}$ 为用户的策略集，$\{u_i(p_i, \gamma_i)\}$ 为效用函数集合，其中用户 i 的发射功率为 $p_i \in P_i$，用户 i 到达目标接收端的信干比为 γ_i，效用函数为

$$u_i(p_i, \gamma_i) = \frac{ER}{p_i} f(\gamma_i) \tag{3-49}$$

其中，E 为用户电池能量，R 为信息传输速率，$f(\gamma_i)$ 为效率函数，当 $\gamma \geq \gamma_0$ 时，$f(\gamma_i) = 1$，否则 $f(\gamma_i) = 0$，γ_0 为用户信干比阈值。因为信干比也与误码率有关，信干比越高，误码率越低，所以可以用误码率代替效率函数，假设信道为高斯信道，则效用函数修改为

$$u_i(p_i, \gamma_i) = \frac{ER}{p_i} (1 - e^{-0.5\gamma_i})^M \tag{3-50}$$

其中，M 为每帧总比特数，为了达到纳什均衡解，要满足

$$\frac{\mathrm{d}u_i}{\mathrm{d}p_i} = 0, \forall i = 1, \cdots, N \tag{3-51}$$

式（3-51）的解经过公式推导可得效用函数为式（3-50）的解

$$\gamma^* = \frac{2}{M}(e^{0.5\gamma^*} - 1) \tag{3-52}$$

式（3-52）除了 $\gamma^* = 0$，仅有一个正数解，设最终纳什均衡解为 $\boldsymbol{p^*} = [p_1^*, p_2^*, \cdots, p_N^*]$，对应所有用户信干比均为 γ^*，则解合并为

$$\left(\boldsymbol{I} - \gamma^* \frac{R}{W}\boldsymbol{G}\right)\boldsymbol{p^*} = \boldsymbol{\delta} \tag{3-53}$$

其中，W 为信道带宽，$\boldsymbol{\delta} = [\delta_1, \delta_2, \cdots, \delta_N]$，每个用户接收端噪声功率为 σ_i^2，且有

$$\delta_i = \frac{\gamma^* R \sigma_i^2}{W G_{ii}} \tag{3-54}$$

式（3-53）与第 3.1 节得到的功率控制模型类似。由式（3-52）可以得到目标信干比 γ^*，选取初始用户功率进行迭代，迭代方程根据式（3-51）得到，最终得到效用值最大的解，该值趋近纳什均衡解的稳定值。

在此基础上，为了防止用户绝对自私，加入惩罚因子来提高整体利益。根据用户分配功率越高惩罚项越大的原则，将惩罚因子简化为随功率单调递增的函数，表示为

$$f_i = tR p_i \tag{3-55}$$

其中，t 为正实数。则基于非合作博弈的功率控制效用函数变为

$$\max_{p_i} u_i - f_i, \forall i = 1, \cdots, N \tag{3-56}$$

由于增加了惩罚项，基于非合作博弈功率控制的纳什均衡解比不加惩罚项的解小。增加的惩罚项除了是线性的还可以是非线性的，复杂度的增加使最终博弈结果更精准。因为效用函数式（3-50）是拟凸的，根据德布罗定理可以得出纳什均衡解的存在性和唯一性，而式（3-56）解的唯一性没有给出理论证明。加入惩罚因子后的纳什均衡解求解复杂性较高，且不能确定解唯一，之后的学者在此基础上进行了研究。

3.2.2.2　Koskie–Gajic 算法

Koskie-Gajic 算法[19]同样针对 CDMA 上行链路功率控制，效用函数构建思想是发射功率越高代价越大，信干噪比与阈值差距越大代价也越大。基于以上准则，KOSKIE S 等[19]将代价函数设为

$$v_i(p_i, \gamma_i) = b_i p_i + c_i (\gamma_i^0 - \gamma_i)^2, \forall i = 1, \cdots, N \tag{3-57}$$

其中，b_i 和 c_i 为权重因子，代表用户对功率和信干噪比偏差的重视程度；γ_i^0 为用户接收端设置的信干噪比阈值；非合作博弈功率控制模型为

$$\min_{p_i} v_i, \forall i = 1, \cdots, N \tag{3-58}$$

为了得到式（3-57）的纳什均衡解，需要得到

$$\frac{\mathrm{d}v_i}{\mathrm{d}p_i} = 0, \forall i = 1, \cdots, N \tag{3-59}$$

由式（3-57）和式（3-59）得到第 i 个用户的纳什均衡解为

$$p_i = \frac{\gamma_i^0}{G_{ii}} I_i(p_{-i}) - \frac{b_i}{2c_i G_{ii}^2} I_i^2(p_{-i}) \tag{3-60}$$

其中，$I_i(p_{-i})$ 代表其他除去第 i 个用户的发射端对第 i 个用户的目标基站的干扰，$I_i(p_{-i}) = \sum_{j=1, j \neq i}^{N} G_{ji} P_j + \sigma_i^2$，后面简写为 I_i，其中参数前面都有定义，这里就不再赘述了。

由式（3-60）可以得到非合作博弈第 i 个用户的迭代式为

$$p_i(k+1) = \frac{\gamma_i^0}{G_{ii}} I_i(k) - \frac{b_i}{2c_i G_{ii}^2} I_i^2(k) \tag{3-61}$$

将 $\gamma_i(k) = G_{ii} p_i(k) / I_i(k)$ 代入式（3-61），可得

$$p_i(k+1) = \frac{\gamma_i^0}{\gamma_i(k)} p_i(k) - \frac{b_i}{2c_i} \left(\frac{p_i(k)}{\gamma_i(k)} \right)^2 \tag{3-62}$$

为了保证上面的迭代式收敛，有以下约束

$$I_i \leqslant \frac{c_i \gamma_i^0 G_{ii}}{b_i} \tag{3-63}$$

$$p_i \leqslant \frac{c_i (\gamma_i^0)^2}{2b_i} \tag{3-64}$$

具体算法过程为：先设置初始用户发射功率；再根据式（3-61）进行迭代；直到迭代到一定精度得到最终非合作功率控制的结果。

3.2.3 基于博弈论的自适应功率控制算法

以上基于博弈论的功率控制算法均针对 CDMA 地面无线系统，需要考虑如何将上面的算法应用到卫星系统间的同频干扰场景。地面系统博弈论模型想在增大接收端信干噪比的同时不使用户发射功率过大，所以基于博弈论的功率控制也依据上面的准则设置效用函数，即发射功率越小信干噪比越大，用户的效用函数值越大。但卫星系统

间干扰下行功率控制目的不同,其是想在增大 GEO 卫星用户信干噪比或信噪比的同时又使 NGEO 卫星发射功率不要太小,所以效用函数要修改,而修改是针对上面基于博弈论的功率控制算法进行的。

3.2.3.1 效用函数构建

针对卫星系统间干扰的效用函数随着 NGEO 卫星造成的干扰增大而减小,同时随着 NGEO 卫星发射功率的增大而增大。这与针对地面系统的效用函数制定思想不同,所以要修改式(3-49)。而如果基于 SHAH V 等提出的非合作功率控制模型,则效用函数变为

$$u_i(p_i, \gamma_i) = b_i p_i (1 - e^{-0.5\gamma_i})^M \tag{3-65}$$

其中,当 GEO 卫星用户仅有一个时,γ_i 即为 GEO 卫星用户的信干噪比。当 GEO 卫星用户不止一个时,要考虑第 i 颗 NGEO 卫星对多个 GEO 卫星用户的影响,如果联合考虑,则算法复杂度很高,这里选取第 i 颗 NGEO 卫星影响最大的 GEO 卫星用户 j_i 作为效用函数考虑的对象,则 γ_i 为

$$\gamma_i = \frac{h_{gj_i}^{\mathrm{down}} \cdot P_{\mathrm{gt}}}{h_{\mathrm{Inj}_i}^{\mathrm{down}} \cdot P_{\mathrm{nt}} + n_{j_i}} \tag{3-66}$$

式(3-66)的纳什均衡解需满足式(3-51),将式(3-65)代入式(3-51)可以得到对于第 j_i 个 GEO 卫星用户有

$$p_i = \frac{2h_{gj_i}^{\mathrm{down}} P_{\mathrm{gt}}}{M h_{\mathrm{Inj}_{,i}}^{\mathrm{down}}} \left(e^{0.5\gamma_i} - 1 \right) \gamma_i^{-2} \tag{3-67}$$

式(3-67)过于复杂,无法提炼出第 i 颗 NGEO 卫星发射功率的迭代方程,但是经过证明其确实是有纳什均衡解的,这里就不考虑这个方案了。接下来需要找到合适的效用函数既满足要求,又不能因为太复杂而得不到迭代方程。

基于 Koskie-Gajic 算法,如果依然采用 GEO 卫星用户的信干噪比为代价函数,NGEO 卫星发射功率的迭代方程亦过于复杂,这里如果换成 GEO 卫星的干扰功率,则可以降低复杂度。将两个代价因子归一化,合成 b_i。对于 NGEO 卫星系统,NGEO 卫星功率越大,自身系统传输性能越好,对应效用越好代价越低,对 GEO 卫星用户干扰越大代价越大,将效用函数设为

$$v_i(p_i, \gamma_i) = (I_i)^2 - b_i p_i, \forall i = 1, \cdots, N \tag{3-68}$$

其中,当 GEO 卫星用户仅有一个时,I_i 即为 GEO 卫星用户的干扰功率。当 GEO 卫星

用户不止一个时，要考虑第 i 颗 NGEO 卫星对多个 GEO 卫星用户的影响，如果联合考虑则算法复杂度很高，这里选取第 i 颗 NGEO 卫星影响最大的 GEO 卫星用户 j_i 作为效用函数考虑的对象，则 I_i 为

$$I_i = \boldsymbol{h}_{\text{Inj}_i}^{\text{down}} \cdot \boldsymbol{P}_{\text{nt}} \tag{3-69}$$

对于第 i 颗 NGEO 卫星发射功率最优解，当满足式（3-51）时得到，即

$$\frac{\mathrm{d}v_i}{\mathrm{d}p_i} = -b_i + 2h_{\text{Inj}_i,i}^{\text{down}} I_i = 0, \forall i = 1,\cdots,N \tag{3-70}$$

将 I_i 前的系数 $2\boldsymbol{h}_{\text{Inj}_i,i}^{\text{down}}$，放入 b_i 中，也就是 $b_i - b_i / 2\boldsymbol{h}_{\text{Inj}_i,i}^{\text{down}}$。根据式（3-69）可以得到

$$\boldsymbol{h}_{\text{Inj}_i,i}^{\text{down}} p_i = \boldsymbol{h}_{\text{Inj}_i,i}^{\text{down}} p_{i-1} + (b_i - I_i) \tag{3-71}$$

而为了保证信息的完备性并加快迭代，将式（3-71）变换为

$$N_{j_i} \boldsymbol{h}_{\text{Inj}_i,i}^{\text{down}} p_i = N_{j_i} \boldsymbol{h}_{\text{Inj}_i,i}^{\text{down}} p_{i-1} + (b_i - I_i) \tag{3-72}$$

其中，第 i 颗 NGEO 卫星对所有临近 GEO 卫星用户中的用户 j_i 造成的干扰最大，对 GEO 卫星用户 j_i 造成干扰的 NGEO 卫星数为系数 N_{j_i}。由式（3-72）可以得到第 i 颗 NGEO 卫星发射功率的迭代方程为

$$p_i(k) = p_i(k-1) + \frac{1}{N_{j_i} \boldsymbol{h}_{\text{Inj}_i,i}^{\text{down}}} (b_i(k) - I_i(k-1)) \tag{3-73}$$

假设 t 时刻，干扰卫星数为 N，设 $\boldsymbol{p}(k) = [p_1(k), p_2(k), \cdots, p_N(k)]^{\text{T}}$，$\boldsymbol{b}(k) = [b_1(k), b_2(k), \cdots, b_N(k)]^{\text{T}}$，系数矩阵为 $\boldsymbol{D}$，为对角矩阵，$[\boldsymbol{D}]_{ij} = (N_{j_i} \boldsymbol{h}_{\text{Inj}_i,i}^{\text{down}})^{-1}$，设每颗 NGEO 干扰卫星造成干扰最大的 GEO 卫星用户的所有干扰系数组成的矩阵 $\boldsymbol{\sigma}$ 为

$$\boldsymbol{\sigma} = \begin{bmatrix} h_{\text{Inj}_1 1}^{\text{down}} & \cdots & h_{\text{Inj}_1 N}^{\text{down}} \\ \vdots & \ddots & \vdots \\ h_{\text{Inj}_N 1}^{\text{down}} & \cdots & h_{\text{Inj}_N N}^{\text{down}} \end{bmatrix} \tag{3-74}$$

可见式（3-73）可组合成矩阵形式

$$\boldsymbol{p}(k) = (\boldsymbol{I} - \boldsymbol{D\sigma})\boldsymbol{p}(k-1) + \boldsymbol{Db}(k) \tag{3-75}$$

当上面的迭代趋于稳定时，$\lim_{k\to\infty}[\boldsymbol{p}(k) - \boldsymbol{p}(k-1)] = 0$，得到的最终解为 $\boldsymbol{p}^*$，最终系数为

$$\boldsymbol{b} = \boldsymbol{\sigma p}^* \tag{3-76}$$

系数 $\boldsymbol{b}$ 的任务是让迭代后 GEO 卫星受到的干扰趋于定值，就是我们设置的干扰阈值，所以由式（3-76）可以得到系数 $b_i(k)$ 的迭代方程为

$$b_i(k) = b_i(k-1) + \beta(I_i(k-1) - I_{th})$$ （3-77）

由式（3-70）还可以得到另一种迭代方式为

$$p_i(k) = -\sum_{j=1, j \neq i}^{N_{J_i}} \frac{h_{\text{Inj}_i,j}^{\text{down}}}{h_{\text{Inj}_i i}^{\text{down}}} p_j(k-1) + \frac{1}{h_{\text{Inj}_i i}^{\text{down}}} b_i(k)$$ （3-78）

如果设系数矩阵 E 为对角矩阵，$[E]_{ij} = \left(h_{\text{Inj}_i i}^{\text{down}}\right)^{-1}$，矩阵 τ 为

$$\tau = \begin{bmatrix} 0 & \cdots & h_{\text{Inj}_1 N}^{\text{down}} \\ \vdots & \ddots & \vdots \\ h_{\text{Inj}_N 1}^{\text{down}} & \cdots & 0 \end{bmatrix}$$ （3-79）

则式（3-78）可以合并为

$$p(k) = E\tau p(k-1) + Eb(k)$$ （3-80）

基于两种迭代方程可以得到两种实现算法，不过最终结果应该是相同的。

3.2.3.2　纳什均衡解存在性和唯一性证明

首先证明纳什均衡解的存在性，基于第 3.2.1.2 小节存在性原理第一条，策略集合是凸集，可以形成 N 维欧几里得空间，而功率迭代值都是大于或等于 0 的实数，所以明显符合。第二条是效用函数要是拟凹的，本小节构建的效用函数与第 3.2.1 小节的效用函数定义相反，即影响元素值越大效用越低，所以本小节的效用函数要满足拟凹性。为了证明，对效用函数求导得到

$$\frac{\mathrm{d}v_i}{\mathrm{d}p_i} = -b_i + I_i = h_{\text{Inj}_i i}^{\text{down}} p_i + \sum_{j=1, j \neq i}^{N} h_{\text{Inj}_i,j}^{\text{down}} p_j - b_i$$ （3-81）

其中，b_i 包含系数 $2h_{\text{Inj}_i i}^{\text{down}}$，根据 $b(k)$ 的迭代方程和最终解，得到

$$\sum_{j=1, j \neq i}^{N} h_{\text{Inj}_i j}^{\text{down}} p_j - b_i < 0$$ （3-82）

可见根据式（3-81）可以得到 v_i 是个拟凹函数，且存在最小值，即存在导数为 0 的点。

接下来证明纳什均衡解唯一性，如果根据第 3.2.1.2 小节的证明，很难直接证明两个迭代方程式（3-75）和式（3-80）存在纳什均衡唯一解。另一种方法就是证明迭代方程是收敛的[8]，首先将式（3-75）转化为

$$p(k) = (I + (\beta-1)D\sigma) p(k-1) + Db(k-1) - \beta I_{th} D$$ （3-83）

再加上式（3-77），设 $x(k) = \begin{bmatrix} p(k) & b(k) \end{bmatrix}^{\mathrm{T}}$，系数矩阵为

$$F = \begin{bmatrix} I + (\beta - 1)D\sigma & D \\ \beta\sigma & I \end{bmatrix} \qquad (3\text{-}84)$$

$$f = \begin{bmatrix} -\beta I_{\text{th}}D & -\beta I_{\text{th}} \end{bmatrix} \qquad (3\text{-}85)$$

可以得到

$$x(k) = Fx(k-1) + f \qquad (3\text{-}86)$$

所以要想 $x(k)$ 迭代收敛，需要系数矩阵 F 的行列式小于 1，最终收敛结果为式（3-76）和式（3-87）

$$\sigma p^* = I_{\text{th}} I \qquad (3\text{-}87)$$

式（3-80）跟上面证明方式类似，只是系数矩阵换为

$$F' = \begin{bmatrix} \beta EI + (\beta + 1)E\tau & D \\ \beta\sigma & I \end{bmatrix} \qquad (3\text{-}88)$$

经过证明，虽然式（3-84）和式（3-88）形式上不同，但是相等，所以证明方式同上。

3.2.3.3　算法实现

将采取式（3-75）进行迭代的算法流程称为算法 1，与基于分布式自适应功率控制过程类似，具体如下：

（1）建立矩阵 σ 和 F，确保 F 的行列式小于 1；

（2）设置迭代初始值，$p(k) = 0$，$b(k) = 0$；

（3）根据式（3-77）迭代得到 $b_i(k)$，再根据式（3-73）迭代得到 $p_i(k)$；

（4）如果 $p_i(k) \leqslant 0$，则 $p_i(k) = 0$；如果 $p_i(k) \geqslant p^{\max}$，则 $p_i(k) = p^{\max}$；

（5）直到 $p_i(k) - p_i(k-1) < \gamma$，停止迭代。

如果使用式（3-80）进行迭代，则情况不一样，因为会存在多颗 NGEO 卫星在所干扰的 GEO 卫星用户中对同一个 GEO 卫星用户造成的干扰最大，也就是 $j_i = j_j, i \neq j, i, j \in [1, \cdots, N]$。因为采用的是非合作博弈，假设博弈方都是自私的，这种情况下可能不存在纳什均衡解，所以要避免这种情况发生。

当所有干扰卫星造成干扰最大的 GEO 卫星用户为同一个时，采用自适应功率控制方式；当存在干扰卫星造成干扰最大的 GEO 卫星用户为同一个时，选择对该用户造成干扰最大的卫星，而另外的卫星改选其他造成干扰的 GEO 卫星用户。但是如果造成干扰的卫星数大于用户数，没有选择到干扰用户的 NGEO 卫星采用自适应功率控制进行功率调节。

基于上面原则的算法被称为算法 2，采取式（3-83）迭代的算法流程具体如下：

（1）确定每个造成干扰的 NGEO 卫星代价函数中对应的 GEO 卫星用户；

（2）对选择到干扰用户的 NGEO 干扰卫星建立矩阵 τ 和 F'，确保 F' 的行列式小于 1，没有选择到干扰用户的 NGEO 干扰卫星采用单用户的自适应功率控制；

（3）设置迭代初始值，$p(k)=0$，$b(k)=0$；

（4）根据式（3-80）迭代得到 $b_i(k)$，再根据式（3-81）迭代得到 $p_i(k)$；

（5）如果 $p_i(k) \leqslant 0$，$p_i(k)=0$；如果 $p_i(k) \geqslant p^{\max}$，则 $p_i(k)=p^{\max}$；

（6）直到 $p_i(k)-p_i(k-1)<\gamma$，停止迭代。

3.2.4　算法仿真及分析

基于第 3.1.7 小节同样的仿真参数，设置干扰阈值为 $-158\,\text{dBW}$，迭代控制因子 $\beta=-0.25$，对 NGEO 卫星系统进行基于博弈论的自适应功率控制。下面分别采用两种算法进行仿真分析。

3.2.4.1　算法 1

首先采用算法 1，得到第 88 s 的两颗干扰 NGEO 卫星的功率迭代过程，与基于分布式的自适应功率控制得到的迭代过程进行对比，得到 NGEO 卫星发射功率迭代过程如图 3-20 所示。

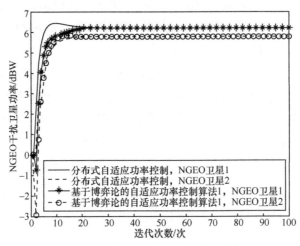

图 3-20　NGEO 卫星发射功率迭代过程

可以看出最后结果是一样的，虽然迭代控制因子相同，但是迭代速度不同，这是因为两种迭代方式对该迭代控制因子的定义不同，基于分布式自适应功率控制的迭代控制因子直接控制发射功率的迭代，而基于博弈论的自适应功率控制的迭代因子控制 $b(k)$，所以基于博弈论的自适应功率控制在采用与分布式自适应功率控制相同的迭代因子时，迭代幅度更小。但是基于博弈论的自适应功率控制迭代过程中出现了小于 0 的值，稳定性没有分布式自适应功率控制强。

对比算法 1 和分布式自适应功率控制的 GEO 卫星用户的载干比概率密度函数（PDF）变化，得到 GEO 卫星地面站载干比概率密度函数如图 3-21 所示。可以看出，GEO 卫星地面站 1 两种功率控制方法得到的载干比完全一样，后两者有轻微不同，有些干扰区间基于博弈论的自适应功率控制的性能更优。

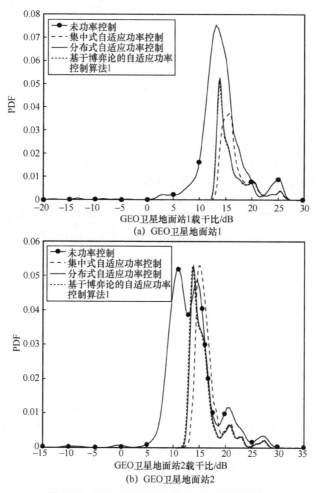

(a) GEO 卫星地面站1

(b) GEO 卫星地面站2

图 3-21　GEO 卫星地面站载干比概率密度函数

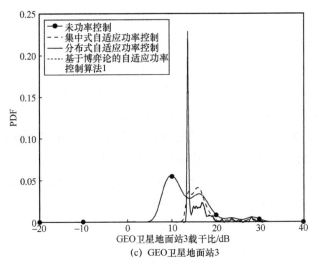

(c) GEO卫星地面站3

图 3-21　GEO 卫星地面站载干比概率密度函数（续）

对比算法 1 和分布式自适应功率控制的 NGEO 卫星地面站的信噪比 PDF 变化，得到 NGEO 卫星地面站平均信噪比 PDF 如图 3-22 所示。可以看出，分布式自适应功率控制和基于博弈论的自适应功率控制算法 1 下的 NGEO 卫星地面站的平均信噪比 PDF 图完全重合。二者完全重合说明两个算法得到的功率控制结果完全相同，但是两个算法的迭代过程是完全不同的，这一点由图 3-20 就可以看出。

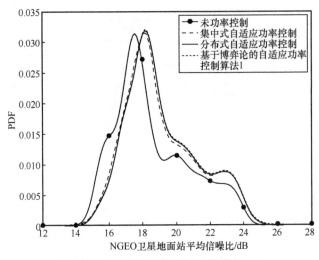

图 3-22　NGEO 卫星地面站平均信噪比 PDF

可以看出，3 个地面站的后两个算法下的 GEO 卫星地面站载干比的 PDF 完全一样，说明两种方法得到的最终功率控制结果完全相同，只是迭代方式不同，但最终效果一样。虽然基于博弈论的自适应功率控制迭代幅度更小，但分布式自适应功率控制的算法只需要迭代发射功率，而基于博弈论的自适应功率控制还需要迭代 $b(k)$，判断迭代是否收敛的系数矩阵也更复杂。

3.2.4.2 算法 2

与算法 1 不同，算法 2 进行了算法修正，对不同干扰数量的情况进行了分类处理，同样设置迭代因子为−0.25，对比第 88 s 两颗 NGEO 干扰卫星分别采用分布式自适应功率控制和基于博弈论的自适应功率控制算法 2 得到的发射功率迭代过程，NGEO 卫星发射功率迭代过程如图 3-23 所示。可以看出，两者的迭代结果相同，同样基于博弈论的自适应功率控制的迭代幅度更小，原理与算法 1 一样。由于算法优化，算法 2 迭代过程中没有出现小于 0 的情况，相对算法 1 的稳定性更强。

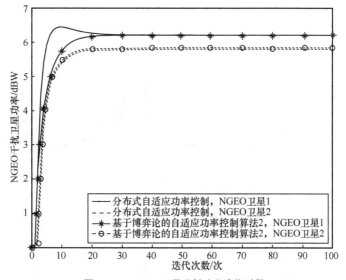

图 3-23　NGEO 卫星发射功率迭代过程

根据第 3.2.3.3 小节进行仿真得到 GEO 卫星用户的载干比 PDF 变化，GEO 卫星地面站载干比 PDF 如图 3-24 所示。可以看出，改良后的算法 2 比分布式自适应功率控制对于改善 3 个 GEO 卫星地面站性能效果更好，同比 GEO 卫星地面站 1 载干比最高比分布式自适应功率控制提高 2%。根据图 3-25 可以看出，二者 NGEO 卫星地面站平均信噪比相近，所以代价相近。

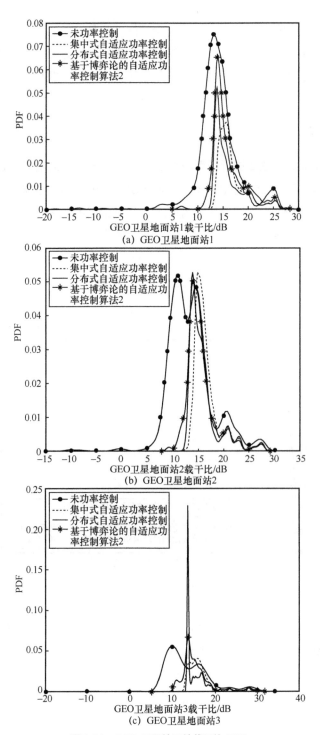

(a) GEO卫星地面站1

(b) GEO卫星地面站2

(c) GEO卫星地面站3

图 3-24　GEO 卫星地面站载干比 PDF

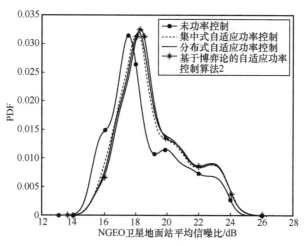

图 3-25　NGEO 地面站平均信噪比 PDF

通过 PDF 可以大概看出基于博弈论的自适应功率控制性能比分布式自适应功率控制性能整体更优,还可以从 CDF 的角度进行分析。仿真得到 3 个 GEO 卫星地面站载干比 CDF 如图 3-26 所示。可以看出,在 GEO 卫星地面站载干比小于 13 dB 时,基于博弈论的自适应功率控制性能比分布式自适应功率控制性能差,在 GEO 卫星地面站载干比大于 13 dB 时,基于博弈论的自适应功率控制性能比分布式自适应功率控制性能略优。仿真得到 NGEO 卫星地面站平均信噪比 CDF 如图 3-27 所示。可以看出,基于博弈论的自适应功率控制与分布式自适应功率控制的曲线几乎重合。所以,从收敛性和对系统性能提升两个角度综合来看,基于博弈论的自适应功率控制算法 2 比分布式自适应功率控制算法略优。

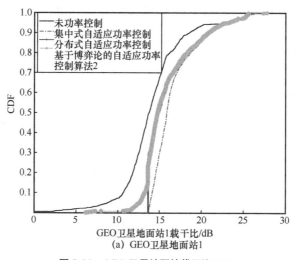

(a) GEO 卫星地面站 1

图 3-26　GEO 卫星地面站载干比 CDF

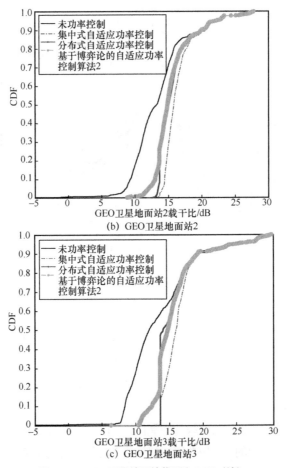

图 3-26　GEO 卫星地面站载干比 CDF（续）

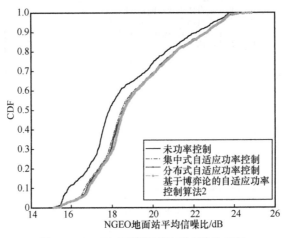

图 3-27　NGEO 卫星地面站平均信噪比 CDF

| 3.3　本章小结 |

本章首先研究了功率控制技术，分别从集中式和分布式自适应功率控制两个方面进行算法研究。在已有的地面无线系统功率控制的算法基础上进行分析，得到针对卫星系统间的功率控制方案。无论是集中式还是分布式都需要 NGEO 卫星系统联合控制，只是集中式需要矩阵求逆得到功率控制结果，而分布式需要通过迭代计算得到。卫星系统间分布式自适应功率控制也分为合作式和非合作式，合作式明显可以减小算法复杂度，但需要信令交互。在此基础上提出基于功率平衡的自适应功率控制算法，从单干扰源、多干扰源到多用户 3 种应用场景的算法模式，其中针对多用户自适应功率控制又提出了集中式和分布式两种方法。最后基于第 2 章的干扰模型，对馈电链路和用户链路进行自适应功率控制算法仿真性能对比。集中式自适应功率控制性能更优，但是需要控制中心对 NGEO 卫星系统集中控制。

| 参考文献 |

[1] 金峥. 第三代移动通信系统功率控制技术研究[D]. 西安: 西北工业大学, 2003.

[2] ZANDER J. Performance of optimum transmitter power control in cellular radio systems[J]. IEEE Transactions on Vehicular Technology, 1992, 41(1): 57-62.

[3] 李磊. 无线通信系统中的功率控制技术研究[D]. 兰州: 兰州交通大学, 2013.

[4] FOSCHINI G J, MILJANIC Z. A simple distributed autonomous power control algorithm and its convergence[J]. IEEE Transactions on Vehicular Technology, 1993, 42(4): 641-646.

[5] GRANDHI S A, VIJAYAN R, GOODMAN D J. Distributed power control in cellular radio systems[J]. IEEE Transactions on Communications, 1994, 42(234): 226-228.

[6] 曾昱祺, 杨夏青. GEO 与 NGEO 卫星频谱共存干扰抑制技术(二)[J]. 数字通信世界, 2016(8): 40-41.

[7] LAGUNAS E, SHARMA S K, MALEKI S, et al. Power control for satellite uplink and terrestrial fixed-service co-existence in ka-band[C]//Proceedings of 2015 IEEE 82nd Vehicular Technology Conference. Piscataway: IEEE Press, 2015: 1-5.

[8] PÉREZ-NEIRA A, VECIANA J M, VÁZQUEZ M Á, et al. Distributed power control with received power constraints for time-area-spectrum licenses[J]. Signal Processing, 2016, 120:

141-155.

[9] 王正强. 认知无线电网络中基于博弈论的功率控制算法研究[M]. 北京: 科学出版社, 2016.

[10] VON N J, OSKAR M. Theory of games and economic behaviour[M]. Princeton University Press, 1944.

[11] 陈玲玲. 认知无线电系统功率控制研究[M]. 北京: 科学出版社, 2019.

[12] 谢展腾. LEO 卫星 CDMA 上行链路功率控制算法研究[D]. 哈尔滨: 哈尔滨工业大学, 2017.

[13] NASH J F. Equilibrium points in N-person games[J]. Proceedings of the National Academy of Sciences of the United States of America, 1950, 36(1): 48-49.

[14] ROSE L, LASAULCE S, PERLAZA S M, et al. Learning equilibria with partial information in decentralized wireless networks[J]. IEEE Communications Magazine, 2011, 49(8): 136-142.

[15] LESHEM A, ZEHAVI E. Game theory and the frequency selective interference channel[J]. IEEE Signal Processing Magazine, 2009, 26(5): 28-40.

[16] SARAYDAR C U, MANDAYAM N B, GOODMAN D J. Efficient power control via pricing in wireless data networks[J]. IEEE Transactions on Communications, 2002, 50(2): 291-303.

[17] LI F, TAN X Z, WANG L. A new game algorithm for power control in cognitive radio networks[J]. IEEE Transactions on Vehicular Technology, 2011, 60(9): 4384-4391.

[18] SHAH V, MANDAYAM N B, GOODMAN D J. Power control for wireless data based on utility and pricing[C]//Proceedings of Ninth IEEE International Symposium on Personal, Indoor and Mobile Radio Communications (Cat. No.98TH8361). Piscataway: IEEE Press, 1998: 1427-1432.

[19] KOSKIE S, GAJIC Z. A Nash game algorithm for SIR-based power control in 3G wireless CDMA networks[J]. IEEE/ACM Transactions on Networking, 2005, 13(5): 1017-1026.

[20] LI F, TAN X Z, WANG L. A new game algorithm for power control in cognitive radio networks[J]. IEEE Transactions on Vehicular Technology, 2011, 60(9): 4384-4391.

[21] GOODMAN D, MANDAYAM N. Power control for wireless data[J]. IEEE Personal Communications, 2000, 7(2): 48-54.

第 4 章

卫星通信干扰感知与识别

近几年随着无线通信系统的不断发展，卫星通信作为地面通信的补充，已经在人们日常生活中被广泛应用。而频谱感知由于其能独立地检测频谱利用情况，已成为认知无线电领域重点研究的技术之一。频谱感知的任务就是查找"频谱空洞"，包括两个方面：感知感兴趣的频段是否存在授权用户信号，并判断该频段是否处于空闲状态，从而决定是否可使用该频段；认知无线电的基本前提是对授权用户不造成严重干扰，因此次级用户在使用该频谱空洞时，还要持续监控授权用户是否再次出现，一旦出现即要采取相应措施。

| 4.1 卫星干扰信号感知 |

卫星通信系统通常带宽很宽，对其进行干扰感知，首先进行宽带频谱感知，然后进行干扰识别。

由于宽带频谱感知的特殊性，针对宽带的频谱感知通常需要感知高达数 GHz 带宽的信号，与窄带频谱感知不同。目前的窄带频谱感知算法包括匹配滤波、能量检测和循环平稳特征检测，都侧重于在较窄的频带内挖掘频谱接入的机会，而宽带频谱感知侧重在较宽频带上寻找更多的空闲频段，在认知无线电网络中实现更高的总吞吐量。然而，基于标准模数转换器（ADC）的常规宽带频谱感知技术必须以超过信号最高频率两倍的采样率来获得采样样本，可能会导致难以承受的高采样率或高运算复杂度，因此，如何降低采样率和高运算复杂度是宽带频谱感知的主要研究方向。

4.1.1 基于压缩感知的干扰信号重建

在宽带频谱感知方面，首先对接收的宽带卫星频段信号进行信号频谱重建，该过程根据整个感知频段信号的稀疏度，决定选用的频谱感知方式。由于宽带信号的连续性，信号的稀疏性一般由子信号的个数决定，同时需对此时的子信号带宽进行约束，通常应小于低通滤波器截止频率。若信号满足压缩感知（CS）的稀疏度要求，则采用压缩采样技术恢复整个频带的频谱；否则，采用多频带感知，根据对频带使用的情况将频带划分为多个子频带，对每个子频带单独感知，宽带频谱感知技术的基本原理如图 4-1 所示。

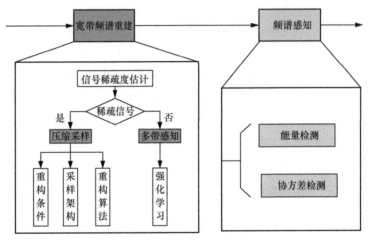

图 4-1　宽带频谱感知技术的基本原理

4.1.1.1　压缩感知基本原理

压缩感知理论主要涉及 3 个方面：信号的稀疏表示、测量矩阵的设计和重构算法的构造。

压缩感知的核心是对原信号进行压缩降维处理，而通常信号的稀疏性表现在频域上，若信号 $x \in \mathbb{C}^N$ 为 N 维离散时间信号，如图 4-2 所示，假设信号 k-稀疏向量表为 α，则可以写为：$x = F^{-1} \times \alpha = \Psi \times \alpha$，其中，$\alpha$ 为长度为 N 的 k-稀疏向量表；$\Psi = F^{-1}$ 为 N 维的逆傅里叶变换矩阵。然后利用 $M \times N$（$M = N$）维的感知矩阵对信号进行压缩，表示如下

$$y = \Phi \Psi \alpha = A \times \alpha \tag{4-1}$$

因此，压缩感知问题即是在已知测量矩阵 y 和测量矩阵 A 的情况下，求解 k-稀疏向量表 α。一般情况下，当信号 α 中系数值较大的只占一小部分，系数值较小或接近零的占大部分，则把满足该类条件的信号叫作可压缩信号。已经有人对此做了更为具体的定义，若信号 x 在条件 $0 < p < 2$ 和 $R > 0$ 的情况下满足

$$\alpha_p = \left(\sum_i |\alpha_i|^p \right)^{\frac{1}{p}} \leqslant R \qquad (4\text{-}2)$$

其中，α_i 是信号 x 通过变换域变换后的结果，则认为 α 是稀疏的。但是由于用少数信号恢复原来的大信号是一个欠定问题，一般用最优化方法进行求解，因此通常需要选用合适的重构算法，即压缩感知重构算法。

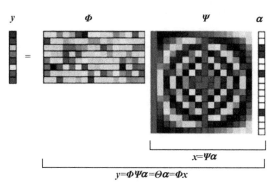

$$y = \Phi\Psi\alpha = \Theta\alpha = \Phi x$$

图 4-2　压缩感知的矩阵表示

对稀疏信号进行压缩观测得到观测值后，需要对信号进行重构，由式（4-2）可得，CS 重构在数学上可以归纳为求解欠定方程 $y = \Phi x$，该方程具有无穷多解。但是在已知信号为稀疏信号和观测过程满足要求的条件下，可以通过一些重构算法在某种优化准则下重构出原始信号。重构算法基本可以分为 3 种：基于 l_0 范数的如贪婪算法求解；基于 l_1 范数的如凸优化算法；基于 $l_p (0 < p < 1)$ 范数的如加权迭代类算法等。针对 CS 的信号重构，可以归纳为 l_0 范数下的数学表达式求解问题

$$\hat{x} = \arg\min \|x\|_0 \quad \text{s.t. } \Phi x = y \qquad (4\text{-}3)$$

其中，x 为原始信号，y 为观测值，Φ 为测量矩阵。当存在噪声时，式（4-3）可转换为

$$\hat{x} = \arg\min \|x\|_0 \quad \text{s.t. } \|\Phi x - y\| \leqslant \varepsilon \qquad (4\text{-}4)$$

其中，ε 是由噪声决定的门限。但是上述问题是个 NP 难问题，无法使用多项式算法求解，所以需要将其转化为某种准则下的优化求解问题。贪婪算法是基于 l_0 范数设计的一个局部最优求解，不再是全局最优求解。它通过每次迭代寻找观测数据与观测矩阵之间具有最大相关性的列位置来确定稀疏向量中的非零元素位置，进行迭代，直至找到所有非零元素位置，然后通过最小二乘算法求得非零元素的值，向量其他位置处的元素置 0，从而重构信号。

卫星通信干扰感知及智能抗干扰技术

4.1.1.2 算法仿真

仿真中利用 MWC、NUS 和 MASS 3 种架构算法实现了基于压缩感知的宽带频谱重建。其中，总带宽为 2.5 GHz，共有 255 个信道，干扰信号为门信号，稀疏度为 4，干扰信号带宽为 3 MHz，采样点数为 25 500 个，JNR 为整个宽带的干噪比。MWC 频谱重构对比示意和 NUS 频谱重构对比示意分别如图 4-3 和图 4-4 所示。

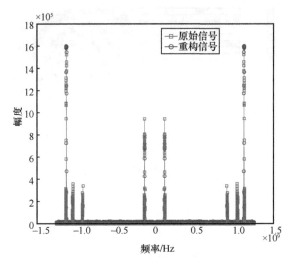

图 4-3 MWC 频谱重构对比示意

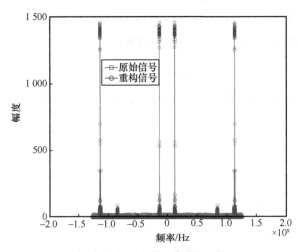

图 4-4 NUS 频谱重构对比示意

可以看出，MWC 和 NUS 两种架构都可以准确地重构出干扰所在的位置。MWC

092

和 NUS 重构准确率如图 4-5 所示。

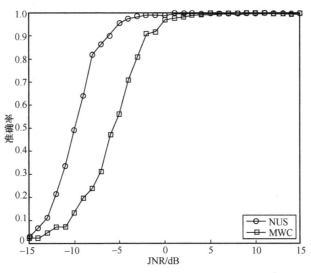

图 4-5 MWC 和 NUS 重构准确率

3 种架构算法的能量感知受试者工作特征（ROC）曲线如图 4-6 所示。MASS 架构对于干扰的频谱位置恢复效果并不太好，但从图 4-6 可以看出，通过对恢复信号进行整个频谱的能量感知，MASS 架构的效果是最优的。

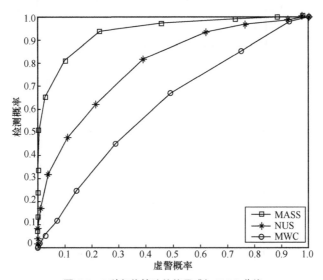

图 4-6 3 种架构算法的能量感知 ROC 曲线

不同架构在不同干噪比下的能量感知 ROC 曲线分别如图 4-7～图 4-9 所示。

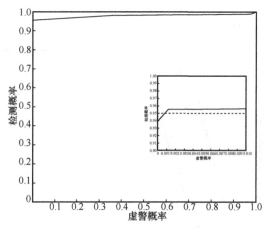

图 4-7　MWC 在干噪比为−2 dB 时的能量感知 ROC 曲线

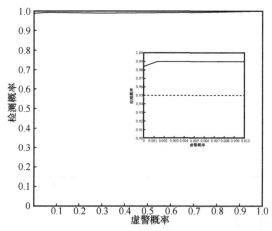

图 4-8　NUS 在干噪比为−1.5 dB 时的能量感知 ROC 曲线

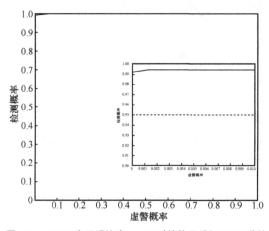

图 4-9　MASS 在干噪比为−5 dB 时的能量感知 ROC 曲线

4.1.2　基于多带感知的干扰信号感知

虽然宽带压缩采样技术能够有效地降低宽带信号的采样速率，将难以承受的高采样率和运算复杂度降低到可以承受的范围内，但同时所有的采样架构都暴露了同一个严重的问题，即几乎所有压缩采样架构的实现都要求宽带信号在频域上是稀疏的。随着频谱利用率的提高，宽带信号在频域中可能不是稀疏的，并且实际上在认知无线电网络中，对于稀疏性先验信息的获取是极其困难的。当信号的稀疏度未知时，所需的测量次数或者架构所需的通道数无法准确估计，这会导致重构失败或者资源浪费。

针对这一现状，除了压缩采样，还可采用多带感知，其实施方案如图 4-10 所示。

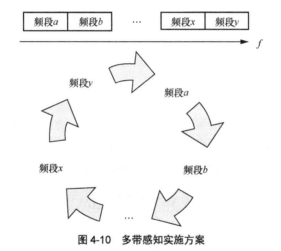

图 4-10　多带感知实施方案

将整个带宽按照信号带宽划分为多个子信道作为感知单位，完成对整个目标频段的感知，其中决定频段进行感知或者接入的问题一般会被建模为一个马尔可夫决策过程。在每个状态，融合中心选择一个导致奖励和新状态的行为，从而确定一个决定融合中心如何在每个状态选择合适行为的随机的或确定的函数（最优策略），多带感知决策示意如图 4-11 所示。其中，传统频谱感知可以采用能量检测法或协方差检测法。

图 4-11　多带感知决策示意

（1）能量检测法

能量检测法是一种信号的非相干检测方法，可以直接对时域信号采样求模，然后再平方累积求和（也可以利用快速傅里叶变换（FFT）转换到频域，然后对频域信号求模平方）。假设被检测信号的采样信号为 $x(k)$，则检测统计量为

$$y(k) = \frac{1}{K} \sum_{i=0}^{K-1} |x(k+i)|^2 \tag{4-5}$$

其中，$y(k)$ 是对接收信号功率的估计，K 是信号采样点数（如果不除以 k 就是对接收信号能量的估计）。将 $y(k)$ 与门限进行比较，如果超过门限值则判定该频段存在被检测信号，算法过程如图 4-12 所示。

图 4-12　算法过程

（2）协方差检测法

当电磁传输信号不存在时，协方差矩阵只包含噪声的信息。由于高斯白噪声采样之间相互独立，因此协方差矩阵的非对角元素均为零。而由于过采样、多径效应、发射信号本身就具有相关性等，接收到的信号采样一般是具有相关性的，因此所以当电磁传输信号存在时，矩阵非对角元素存在非零值，令

$$T_1(N_s) = \frac{1}{L} \sum_{n=1}^{L} \sum_{m=1}^{L} |r_{nm}(N_s)| \tag{4-6}$$

$$T_2(N_s) = \frac{1}{L} \sum_{n=1}^{L} |r_{nm}(N_s)| \tag{4-7}$$

其中，$r_{nm}(N_s)$ 是指协方差矩阵的第 n 行、第 m 列的元素。可以看出，当信号不存在时，有 $T_1 = T_2$；当信号存在时，则有 $T_1 > T_2$。因此，可以通过比较 T_1 和 T_2 来检测信号是否存在。

在实际检测中，需要用有限的信号采样来近似得到协方差矩阵，定义接收信号采样的自相关为

$$\lambda(l) = \frac{1}{N_s} \sum_{m=0}^{N_s-1} \tilde{x}(m)\tilde{x}^*(m-l), l = 0, 1, \cdots, L-1 \tag{4-8}$$

那么统计协方差矩阵就可以用采样协方差矩阵来近似，可看到采样协方差矩阵同时是 Hermitian 矩阵和 Toeplitz 矩阵。

$$\boldsymbol{R}_x(N_s) = \begin{bmatrix} \lambda(0) & \lambda(1) & \cdots & \lambda(L-1) \\ \lambda^*(1) & \lambda(0) & \cdots & \lambda(L-2) \\ \vdots & & \vdots & \vdots \\ \lambda^*(L-1) & \lambda^*(L-2) \cdots & & \lambda(0) \end{bmatrix}$$

实际信号处理中，过采样令高斯噪声采样之间也会存在相关性。严格控制噪声采样独立的方法是让接收信号首先通过一个滤波器，该滤波器的系数为 $f(k), k = 0, 1, \cdots, K$ ，且满足 $\sum_{k=0}^{K}|f(k)|^2 = 1$ ，则定义维数为 $L \times (K+1+(L-1)M)$ 的矩阵 $\boldsymbol{H}$ 为

$$\boldsymbol{H} = \begin{bmatrix} f(0) & \cdots & \cdots & f(K) & 0 & \cdots & 0 \\ 0 & \cdots & f(0) & \cdots & f(K) & \cdots & 0 \\ \vdots & \ddots & \ddots & \ddots & \vdots & \ddots & \vdots \\ 0 & \cdots & \cdots & f(0) & \cdots & f(K) \end{bmatrix}$$

令 $\boldsymbol{G} = \boldsymbol{H}\boldsymbol{H}^H$ ，则 $\boldsymbol{G}$ 是 Hermitian 矩阵，将其分解成 $\boldsymbol{G} = \boldsymbol{Q}^2$ ，则 $\boldsymbol{Q}$ 也是 Hermitian 矩阵。那么，令协方差矩阵为 $\tilde{\boldsymbol{R}}_x = \boldsymbol{Q}^{-1}\boldsymbol{R}_x\boldsymbol{Q}^{-1}$ ，由此可以严格地保证噪声采样之间的独立性，当信号不存在时，该矩阵的非对角元素为 0。

在给定虚警概率 P_f 的情况下，门限可以通过仿真和理论计算两种方法得到。门限只与用于计算协方差矩阵的采样和平滑因子 L 有关，与噪声功率无关。对于理论的门限值，我们需要知道 $T_j(N_s)(j = 1, 2, \cdots)$ 的统计概率分布，得到

$$T_1(N_s) = \lambda(0) + \sum_{l=1}^{L-1}\frac{2(L-1)}{L}|\lambda(l)| \tag{4-9}$$

$$T_2(N_s) = \lambda(0)$$

采用 $T_1(N_s)$ 和 $T_2(N_s)$ 的比值作为检测统计量，与门限 γ_1 进行比较，即当 $T_1(N_s)/T_2(N_s) > \gamma_1$ 时，认为被检测信号存在，反之不存在。

4.2　卫星干扰信号识别

干扰信号识别属于信号识别的一种，信号识别是指将被测辐射源信号与已知辐射源信号的特征参数比较，以确定被测辐射源属性、类型和用途的过程。考虑到电磁环境的复杂性，这里主要介绍多种调制信号和多种典型干扰信号的识别。

（1）调制信号识别

调制信号识别又称为自动调制分类，它通过识别调制模式来分类无线电信号，有

利于评估无线传输方案和设备类型，且在先验知识有限的情况下，调制信号识别也能够提取信号的数字基带信息。

传统的调制信号识别方法主要包括基于判决理论和基于特征提取两种。基于判决理论的方法性能是最佳的，但其运算复杂度高。因此，实践中常用基于特征提取的方法进行信号分类/识别。基于特征提取的方法是一种复杂度较低的、次优的调制信号识别方法，通过设计有效的识别特征，该方法可以达到近似最优的识别性能。因此，诸多学者对基于特征提取的调制信号识别方法开展了广泛的研究。

基于特征提取的方法的核心在于信号特征的提取和分类器的选择。关于特征提取的文献非常多，各个文献选取的分类特征也各不相同。

常用于信号识别的分类器有决策树、支持向量机（SVM）、神经网络、深度学习（DL）等。其中，决策树方法被广泛应用于机器学习领域，对信号进行分类，该方法试图从一组无序、非正则的例子中派生出可以表达决策树形式的分类规则。SVM 适合解决一些小的样本分类、高维 PR 问题和非线性问题。SVM 结构简单易于实现，可以将低维空间样本映射到高维的非线性内核函数，从而使分类成为可能。神经网络由众多的神经元可调的连接权值连接而成，具有大规模并行处理、分布式信息存储、良好的自组织自学习能力等特点。深度学习（DL）在计算机视觉、机器翻译和自然语言处理等领域表现较好。DL 被引入调制信号识别，它无须人工提取特征，在解决信号识别问题的效率和准确性上有出色表现。

另外，通信系统是多变且复杂的，新的信号类型不断更新，频谱资源不断被挤压，导致复杂信号的检测和识别面临新的困境，这需要信号识别方法的研究加快进程。

（2）干扰信号识别

干扰信号识别主要运用在电子对抗领域。干扰信号识别与调制信号识别的流程类似，但它具有不同的实际意义。随着电子对抗技术的发展，面对日益复杂的电磁环境，传统的通信系统仅靠一种抗干扰方式就想要对所有干扰信号实现有效抑制，显然是不现实的。因此，有必要提前对环境中出现的干扰信号进行识别，以便系统采取针对性的抗干扰措施，最大限度地躲避或抑制干扰。有效的干扰信号识别是实施可靠的抗干扰措施的保障。

常见的干扰信号主要有两个大类：压制式干扰和欺骗式干扰，学者们大多将研究聚焦在音频干扰、扫频干扰、宽带阻塞干扰、脉冲干扰等几种通信系统中常见的干扰类型上。如针对宽带阻塞干扰、部分频带阻塞干扰、单音干扰、多音干扰、扫频干扰，吴昊等[1]提出了一种基于高阶累积量与神经网络的干扰识别算法，使用二阶、四阶累积量及其三次方作为特征参数，并结合神经网络进行识别；之后，吴昊等[2]在此基础上又提出了一种针对宽带阻塞干扰、部分频带阻塞干扰、单音干扰、多音干扰和扫频干扰相互组合的复合式干扰识别方法，采用盲源信号分离与支持向量机对复合式干扰进行分类和识别。杨小明等[3]使用 13 种特征参数对直接序列扩频系统中的窄带干扰、宽带噪声干扰、宽带梳状谱干扰、宽带线扫频干扰和无干扰情况进行识别。当存在窄带干扰时，利用通信信号调制方式识别的算法将音频干扰、调制干扰和键控干扰区分开来，并进一步识别出其调制方式。

上述研究对复杂电磁环境下的干扰信号识别进行了初步探索，但存在运算复杂度较高、干扰样式识别种类不多等问题，或仅针对特定通信系统、特定干扰样式的检测与抑制。因此，这些算法的实际应用会有一定的局限性。近年来，人们提出了智能干扰的概念，即通过机器学习等人工智能方法生成更隐蔽、更具破坏力的新型干扰信号，针对这类信号，已有的抗干扰方法对其束手无策，这将严重威胁通信系统的安全，故未来干扰信号识别技术的研究应该更偏向对智能干扰信号的抑制和抗干扰策略的制定。

综上，干扰信号识别技术的研究依托调制信号识别的发展，其本身也存在广阔的研究前景。

4.2.1　干扰信号识别方法

通常所说的干扰信号识别主要是指盲信号识别，即在处理干扰信号之前，对干扰信号的频率、相位和幅值等先验信息并不知晓。因此，需要在识别前先提取不同干扰信号的特征参数，并要求提取的特征参数在不同的干扰间具有可分离性和对噪声的鲁棒性。特征参数可能来自时域、频域、时频域或者空域，常用的参数有高阶累积量、时域峰均比、频域峰均比、干扰因子等特征参数以及它们的联合特征。将提取的干扰特征参数放入分类器进行识别，得到识别结果。因此，干扰信号识别技术主要包括干扰特征参数提取和分类器识别两个阶段。干扰信号识别的流程如图 4-13 所示。

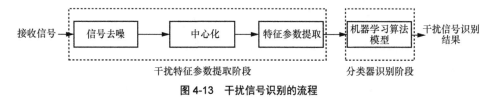

图 4-13　干扰信号识别的流程

4.2.1.1　干扰特征参数提取

不同的干扰信号具有不同的特点，而且系统直接接收到的干扰信号的频率、相位和幅值等先验信息一般未知。因此，为了降低信道噪声对干扰信号的影响，实现更高效的分类，有必要对接收到的干扰信号进行处理，即提取干扰特征参数。下面介绍几种使用频率较高的干扰特征参数。

（1）单频能量聚集度

首先，对功率归一化后的干扰信号做 FFT，得到其频谱幅值 $F(n), n = 1, 2, \cdots, N$，找出最大的频谱幅值对应的索引 m，定义 C 为

$$C = \frac{\sum\limits_{i=m-k}^{m+k} F^2(i)}{\sum\limits_{i=1}^{N} F^2(i)} \tag{4-10}$$

其中，k 可以设置为一个很小的整数，仿真中设置 $k=1$。C 可以用来识别单音信号。

（2）高阶累积量

高阶累积量是一种常规的数学信号处理方法，用于反映非高斯随机分布的统计信息，在数字信号处理过程中，高阶累积量的这种特性显示出了良好的抗噪性能。

高阶累积量可以经高阶矩阵直接转换而来，为了处理方便，采用此方法获得信号的高阶累积量。根据高阶矩阵和高阶累积量的相关理论，设接收信号 $s(t)$ 是一个具有零均值的复随机信号，则定义它的混合矩阵为

$$\boldsymbol{m}_{pq} = \mathrm{E}[s(t)^{p-q} s^*(t)^q] \tag{4-11}$$

其中，$\boldsymbol{m}_{pq}$ 表示 p 阶混合矩阵，* 表示共轭运算。则 $s(t)$ 的高阶累积量为

$$\begin{aligned}
&C_{30} = m_{30}; \\
&C_{40} = m_{40} - 3m_{20}^2; \\
&C_{50} = m_{50} - 10m_{20}m_{30}; \\
&C_{60} = m_{60} - 15m_{40}m_{20} + 30m_{20}^3
\end{aligned} \tag{4-12}$$

实验结果表明，单音干扰的高阶累积量不随干扰频点的变化而变化；多音干扰的高阶累积量随干扰频点的增加而增加；宽带噪声干扰的三阶以上累积量均为 0。

（3）平均频谱平坦系数

平均频谱平坦系数 F_{sc} 主要反映在平均频谱中是否含有明显的冲激信号。其原理是用频谱分布 $P(n)$ 减去在平滑窗口宽度为 $0.03N$ 下的频谱均值 $P_2(n)$，从而得到其冲激部分。平坦系数较大意味着信号冲激部分波动较大，平坦度低；平坦系数较小意味着信号冲激部分波动较小，平坦度高。

$$F_{se} = \sqrt{\frac{1}{N}\sum_{n=0}^{N_s-1}(P_1(n)-\overline{P}_1(n))^2} \qquad (4\text{-}13)$$

$$P_1(n) = P(n) - P_2(n) \qquad (4\text{-}14)$$

$$P_2(n) = \frac{1}{2L+1}\sum_{i=-L}^{L}P(N+i) \qquad (4\text{-}15)$$

其中，$P(n)$ 为频谱幅度值，$\overline{P}_1(n)$ 为 $P_1(n)$ 的统计均值，$P_2(n)$ 主要是对 $P(n)$ 进行平滑滤波处理。一般取平滑窗口宽度 L 为 $0.03N$，N 为频谱采样点数。

由于宽带干扰与其他干扰的区别较大，因此通过合理设置平坦系数的判决阈值，可以将多音干扰分离出来。

（4）分数阶傅里叶变换域的能量聚集度

在时域和频域较难区分线性调频干扰和宽带噪声干扰，故采用基于分数阶傅里叶变换（FRFT）的时频分析方法进行识别。

FRFT 定义如下

$$X_p(u) = F^p\left(x(t)\right)(u) = \left(\int_{-\infty}^{+\infty}x(t)K_p(u,t)\mathrm{d}t\right)\sqrt{a^2+b^2} \qquad (4\text{-}16)$$

其中，

$$K_p(u,t) = \begin{cases} \sqrt{\dfrac{1-\mathrm{j}\cot\alpha}{2\pi}}\exp\left(\mathrm{j}\left(\dfrac{t^2+u^2}{2}\right)\cot\alpha - jut\csc\alpha\right), & \alpha \neq n\pi \\ \delta(t-u), & \alpha = 2n\pi \\ \delta(t+u), & \alpha = 2n\pi \pm \pi \end{cases} \qquad (4\text{-}17)$$

考虑提取特征参数时的复杂度，先通过简单有效的参数估计算法（见线性调频参数估计部分）估计出调频频率 k，然后对 $x(t)$ 乘以 $\mathrm{e}^{-j\pi kt^2}$ 抵消掉调频频率。此时，在不考虑调频频率 k 估计误差的情况下，$x(t)\mathrm{e}^{-j\pi kt^2}$ 为单音信号，其在频域上有很好的能量聚集度。因此，通过对 $x(t)\mathrm{e}^{-j\pi kt^2}$ 做离散时间傅里叶变换（Discrete Time Fourier Transform, DTFT），得出其离散频谱 $X(u)$。这在某种程度上类似于通过调频频率 k 确定 FRFT 的阶次 $p=-\dfrac{2}{\pi}\arg\cot(2\pi k)$ 得出的离散频点 $X_p(u)$ 的能量聚集度。为了找出 $X(u)$ 中最大的值对应的索引 m，定义 p 阶 FRFT 域上的能量聚集度为

$$R_{fr} = \frac{\sum\limits_{e=m-r}^{m+r}\left|X(e)\right|^2}{\left|X(n)\right|^2} \qquad (4\text{-}18)$$

其中，$\overline{|X(n)|^2}=\dfrac{1}{N-2r-1}\left(\displaystyle\sum_{n=1}^{N}|X(n)|^2-\sum_{e=m-r}^{m+r}|X(e)|^2\right)$，$N$ 为离散频点数，r 为一个较小数，这里取 $r=1$。

该比值表示信号在 p 阶 FRFT 域上的能量聚集度，其中 p 是依据能量聚集度最大这个特性估计的，线性调频干扰在所估计的 p 阶的 FRFT 域有非常大的能量聚集度，而宽带噪声干扰则在所估计的 p 阶的 FRFT 域上能量聚集度很小，因而 R_{fr} 参数具有比较有效的区分度。

（5）频域矩峰度系数

频域矩峰度系数定义为

$$b_4=\frac{\mathrm{E}\left(F(n)-\mu\right)^4}{\sigma^4} \tag{4-19}$$

其中，$\mathrm{E}(\cdot)$ 表示求平均，$F(n)$ 是信号频谱的幅度，μ 是 $F(n)$ 的均值，σ 是 $F(n)$ 的标准差。矩峰度系数 b_4 表征的是 $F(n)$ 的陡峭程度。干扰信号的频域矩峰度系数随干噪比的增加而增大。由于单音干扰的频谱比较集中，单音干扰的频域矩峰度系数相对其他干扰信号最大，因此，通过合理设置频域矩峰度系数的判决阈值，可以将单音干扰与其他干扰分离开来。

（6）频域矩偏度系数

频域矩偏度系数定义为

$$b_3=\frac{\mathrm{E}\left(F(n)-\mu\right)^3}{\sigma^3} \tag{4-20}$$

其中，$F(n)$ 是信号频谱的幅度，μ 是 $F(n)$ 的均值，σ 是 $F(n)$ 的标准差。矩偏度系数 b_3 表征的是 $F(n)$ 对正态分布的偏离程度。由于单音干扰的频谱比较单一且集中，单音干扰的频域矩偏度系数相对其他干扰信号最大。因此，通过合理设置频域矩偏度系数的判决阈值，可以将单音干扰与其他干扰分离开来。

目前，信号识别领域的特征工程研究取得了较大的进步，但是人工特征参数提取过程仍存在步骤烦琐、计算复杂等问题，且模型识别率的保障本质上依靠的是特征参数的稳定性。随着深度学习的发展，深度学习模型的特征学习过程取代了传统识别算法中人工提取特征参数的步骤，方法简单易于实现，可直接将截取的 I/Q 信号作为模型的输入进行识别，得到比较好的识别结果。

4.2.1.2 传统分类器介绍

本小节主要对常见的分类器进行介绍，并涉及分类器在干扰信号识别中的运用。

（1）决策树

决策树理论是在数理统计的基础上发展起来的，决策树是一个自顶向下的无环树结构，由若干节点和属性（也叫阈值）组成。最上面的节点是根节点，是输入数据的所有样本集合；下面的每个节点分别是对上面预定义属性的响应，是树的分支，每个节点内是具有相同特征的一组数据；最后的节点是叶节点，它是待分类数据样本的类别。

决策树的构造过程如下：首先将输入样本数据集合定义为根节点，然后决策树依据某种策略选择其阈值，按照阈值的大小，即大于阈值的为一类，小于或等于阈值的为另一类，将样本数据分为多个子集合，也称为子节点，此时每个集合里面的数据与上面的阈值具有相同的属性，为同一类元素，然后依次向下类推，将各个子集合依据下面的阈值进行细分，直到每个集合只含有一个元素，为叶节点，此时分类完成，最后的元素即为模式类别。决策树理论与神经网络、支持向量机相比，具有速度快、分类规则容易、准确率高等特点。

基于决策树理论的分类是利用信号的特征参数与预设的门限 $T(x)$ 进行比较判决，大于该门限的为模式类别集 A，小于该门限的为模式类别集 B，判决规则如式（4-21）所示

$$x \underset{B}{\overset{A}{\gtrless}} T(x) \tag{4-21}$$

得到好的判决效果的关键是选择好的逻辑判断，也就是选定合适的门限，其准则是采用使式（4-22）左侧的平均识别率达到最大值的门限。

$$P_{av}(T_{opt}(x)) = \frac{p(A(T_{opt}(x))\,|\,A) + p(B(T_{opt}(x))\,|\,B)}{2} \tag{4-22}$$

在这里，$p(A(T_{opt}(x))\,|\,A)$ 为已知属于模式类别集 A 的情形下，采用门限 $T_{opt}(x)$ 将 A 类样本判决为模式类别集 A 的正确率。$p(B(T_{opt}(x))\,|\,B)$ 为已知属于模式类别集 B 的情形下，采用门限 $T_{opt}(x)$ 将 B 类样本判决为模式类别集 B 的正确率。

（2）支持向量机

SVM 是在统计学习理论的基础上发展起来的一种机器学习方法。自 20 世纪 90 年代以来，逐步得到学术界的重视。支持向量机在解决小样本、非线性以及高维模式识别等问题上拥有很多独特的优势，能够更进一步地将其应用推广到函数拟合等其他问题上，并成功地解决了函数局部极值问题。SVM 可以在有限个数据样本下，进行数据处理，得到已知信息下的最优解，然后算法再将其转变为一个二次寻优问题，得到理论上的全局最优解，从而避免了局部极值问题。此外，SVM 结构简单，算法复杂度与

维数无关，并能够通过非线性函数，将低维空间问题转变到高维空间问题，在高维空间建立线性函数去逼近低维空间的非线性函数。

已知给定的数据样本集合为

$$\{(X_i, y_i), \cdots, (X_l, y_l)\}, X_i \in R^n \qquad y_i \in \{-1, 1\}, i = 1, 2, \cdots, l$$

寻找数据集 R^n 上的一个函数 $g(x)$，使得依据判决函数 $f(x) = \text{sgn}(g(x))$，判决任意输入 x 所对应的值 y。也就是说分类问题的实质是寻找可以将 R^n 上的数据分为两类的判决函数 $f(x)$。支持向量机分类识别框图如图 4-14 所示。

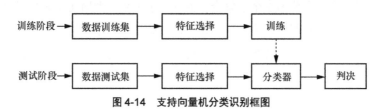

图 4-14　支持向量机分类识别框图

以样本数据线性可分的情况为例，我们将待分类的样本数据的集合假设为：$(X_i, y_i), X_i \in R^n, y_i \in \{-1, 1\}, i = 1, 2, \cdots, n$，其线性判别函数为 $f(x) = W \cdot X + b$，分类面方程为 $W \cdot X + b = 0$，令 $|f(x)| \geqslant 1$，对判别函数进行归一化，满足 $f(x) = 1$ 的样本距离分类面最近，该样本称为支持向量。为了使所有样本均能线性可分，须满足

$$y_i(W \cdot X + b) - 1 \geqslant 0, i = 1, 2, \cdots, n \tag{4-23}$$

两个分类面之间的间隔大小为 $2/\|W\|_2$，间隔最大时意味着 $\|W\|_2^2$ 最小，当 $\frac{1}{2}\|W\|_2^2$ 达到最小值时的分类面就是最优分类面。因此，最优分类面的求解，即在式（4-23）的约束下，求函数 $\varphi(W) = \frac{1}{2}\|W\|_2^2$ 的最小值。定义拉格朗日函数为

$$L(W, b, a) = \frac{1}{2}\|W\|_2^2 - \sum_{i=1}^{n} a_i(y_i(W \cdot X + b) - 1) \tag{4-24}$$

其中，a_i 为拉格朗日乘子，为了求最小值，分别对 W、b、a 求梯度，并令其为 0 得

$$\begin{cases} \dfrac{\partial L}{\partial W} = 0 \Rightarrow W = \sum_{i=1}^{n} a_i y_i X_i \\[2mm] \dfrac{\partial L}{\partial b} = 0 \Rightarrow \sum_{i=1}^{n} a_i y_i \\[2mm] \dfrac{\partial L}{\partial a_i} = 0 \Rightarrow \sum_{i=1}^{n} a_i(y_i(W \cdot X + b) - 1) = 0 \end{cases} \tag{4-25}$$

将最优分类面的求解转化为下面的凸二次规划寻优的对偶问题

$$\begin{cases} \max \sum_{i=1}^{n} a_i - \dfrac{1}{2}\sum_{i=1}^{n}\sum_{j=1}^{n} a_i a_j y_i y_j (X_i X_j) \qquad \text{s.t.} \quad a_i \geqslant 0, i=1,2,\cdots,n \\ \sum_{i=1}^{n} a_i y_i = 0 \end{cases} \tag{4-26}$$

由于是二次函数寻优，存在唯一解 a_i^*，使得 $W^* = \sum_{i=1}^{n} a_i^* y_i X_i$，也称为支持向量。

最后得到最优分类函数为

$$f(W) = \text{sgn}\{(W \cdot X + b)\} = \text{sgn}\left\{\sum_{i=1}^{n} a_i^* y_i (X_i \cdot X) + b^*\right\} \tag{4-27}$$

其中，b^* 是由约束条件 $a_i\left(\sum_{i=1}^{n} y_i (W \cdot X_i + b) - 1\right) = 0$ 得出的分类阈值。

支持向量机用于分类识别时，在学习过程进行之前，需要设定一个参数，即核函数。不同的核函数对不同的数据具有不同的映射能力，好的核函数能够更好地将样本数据在低维空间的非线性问题通过映射，转变为高维空间的线性问题，从而简化分类器的结构，提高分类器的识别性能。常用的核函数有多项式核函数、径向基核函数和 S 型核函数。

多项式核函数：$K(x_i, x) = ((x_i \cdot x) + 1)^q$，采用该函数的支持向量机是一个 q 阶多项式分类器。

径向基核函数：$K(x_i, x) = \exp\left\{-\dfrac{|x - x_i|^2}{\sigma^2}\right\}$，采用该函数的支持向量机是一个径向基函数分类器。

S 型核函数：$K(x_i, x) = \tanh\{(x \cdot x_i) + c\}$，采用该函数的支持向量机是一个单隐含层感知器分类器。

支持向量机进行干扰信号分类的结构框图如图 4-15 所示。

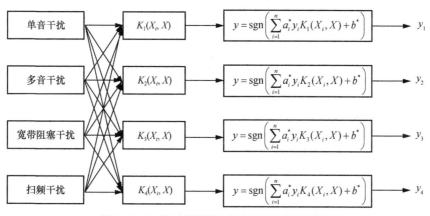

图 4-15　支持向量机进行干扰信号分类的结构框图

（3）BP 神经网络

BP 神经网络具有多层的网络结构，即除了输入层和输出层外，内部还含有一个或多个隐含层，具有很强的映射能力。BP 神经网络的神经元采用非线性传递函数，可以以任意的精度逼近任何非线性函数，从而很好地解决非线性分类问题。其采用的是多层网络学习算法，即 BP 算法，称为误差反向传播算法，即在网络训练中进行权重计算时，采用信号正向传播、误差反向传播的独特处理方式。对于输出层，可以采用 S 型传递函数，这时的输出值会限制在[0, 1]区间。BP 神经网络的学习是有监督学习，在网络的训练过程中，需要提供输入向量 p 和目标向量 t ，网络的权重会在训练过程中根据网络要求的目标向量，依据均方根误差最小化准则进行自适应的动态调整，从而尽可能达到预期的性能要求。

BP 神经网络结构如图 4-16 所示，对于输入 x ，其输出为

$$y_{\text{out}} = f(\nabla f(Wx + a) + b) \qquad (4\text{-}28)$$

其中， $f(u)$ 表示对 u 的每个元素进行非线性映射的非线性函数，即激活函数，这里采用的是 sigmoid 函数。

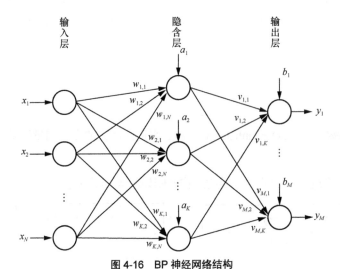

图 4-16　BP 神经网络结构

单个样本的误差函数均方根误差为

$$E = \frac{1}{2} \| y - y_{\text{out}} \|^2 \qquad (4\text{-}29)$$

其中， y_{out} 为网络的输出，干扰样本的标签 y 一般采用 One-Hot 编码向量，即对于 N 种类别样本，第 n 种类型的样本标签即为一个长度为 N 的向量，其中向量的第 n 个元素为 1，其余元素均为 0。由 BP 神经网络的误差反向传播原理，可以推导出以下结论

$$\begin{cases} \dfrac{\partial E}{\partial W} = \dfrac{\partial E}{\partial a} x^{\mathrm{T}} \\[2mm] \dfrac{\partial E}{\partial V} = \dfrac{\partial E}{\partial b} u_{\mathrm{out}}^{\mathrm{T}} \\[2mm] \dfrac{\partial E}{\partial a} = u_{\mathrm{out}} (1 - u_{\mathrm{out}}) \left(V^{\mathrm{T}} \dfrac{\partial E}{\partial b} \right) \\[2mm] \dfrac{\partial E}{\partial b} = (y_{\mathrm{out}} - y) y_{\mathrm{out}} (1 - y_{\mathrm{out}}) \end{cases} \quad (4\text{-}30)$$

其中，$\left[\dfrac{\partial E}{\partial W}, \dfrac{\partial E}{\partial a}, \dfrac{\partial E}{\partial V}, \dfrac{\partial E}{\partial b} \right]$ 组成了误差函数的梯度向量。误差反向传播算法的这一结论将用于优化网络参数。

4.2.1.3 基于深度学习的信号识别

随着深度学习的发展，基于深度学习模型的分类方法被广泛应用于调制信号识别和干扰信号识别，它无须人工特征提取，解决信号识别问题的效率和准确性较高。以卷积神经网络（CNN）为例，简单介绍基于 CNN 模型的干扰信号分类识别。

特征参数提取是所有模式识别系统的关键。基于卷积神经网络的信号识别流程与传统算法的对比如图 4-17 所示。CNN 直接利用模型的一部分结构提取接收信号的特征来对信号进行分类和识别，避免了烦琐的特征参数提取过程。CNN 由自动功能提取器组成。其训练过程如下：通过前馈神经网络的传播规则，数据从输入层传播到输出层，输入与输出之间的误差得到修正。为了使输出信号接近输入信号，神经网络的参数由一定的成本函数进行调整。相关文献证明，基于卷积神经网络的信号识别结果准确率高，性能稳定。

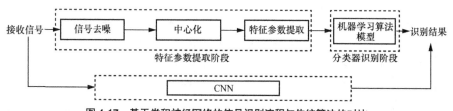

图 4-17 基于卷积神经网络的信号识别流程与传统算法的对比

基于深度学习的干扰识别技术框架如图 4-18 所示。首先，收集选定频段、区域的原始数据。其次，对数据进行预处理，并通过深度学习网络提取其特征，构成特征张量。预处理后，网络的输入数据格式有 I/Q（实部和虚部）或星座图、$A/\varPhi$（幅度和相位）、$F_{\mathrm{re}}/F_{\mathrm{im}}$（FFT 后的实部和虚部）和循环谱特征等；网络模型有卷积神经网络、循环神经网络和自动编码器等。最后，利用机器学习算法对目标信号进行分类和识别，为之后针对不同干扰信号类型采取不同的抗干扰措施打下基础。

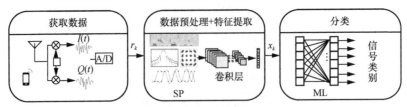

图 4-18　基于深度学习的干扰识别技术框架

4.2.2　干扰信号识别仿真

4.2.2.1　特征参数提取仿真结果

干扰信号特征参数提取仿真结果如图 4-19 所示。

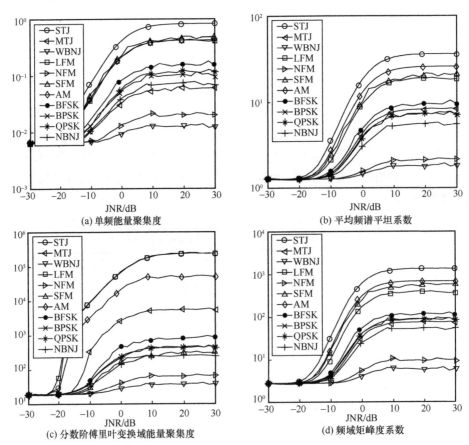

图 4-19　干扰信号特征参数提取仿真结果

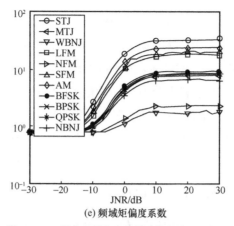

(e) 频域矩偏度系数

图 4-19　干扰信号特征参数提取仿真结果（续）

4.2.2.2　基于 BP 神经网络的干扰识别

仿真中每个信号样本的采样点数 $N_s = 160\ 000$ 个，采样率为 32 Mbit/s，采用 4 096 点 FFT，采样时间 5 ms。信号的干噪比范围为 $-30 \sim 30$ dB，干噪比间隔为 2 dB。其中，每种信号在每个干噪比间隔生成 500 个样本。共生成 3 组信号样本，分别作为训练数据、验证数据和测试数据。应用 3 层结构的 BP 神经网络，包含 7 个神经节点的输入层、35 个神经节点的隐含层和 11 个神经节点的输出层，激活函数为 sigmoid 函数。得到基于 BP 神经网络的干扰信号识别混淆矩阵如图 4-20 所示。

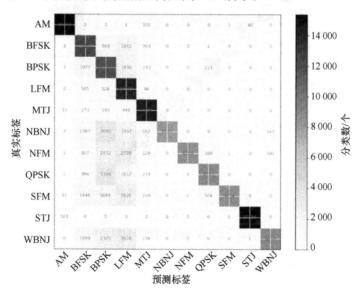

图 4-20　基于 BP 神经网络的干扰信号识别混淆矩阵

卫星通信干扰感知及智能抗干扰技术

混淆矩阵的每一行（列）为标签，分别代表单音干扰、多音干扰、瞄准式窄带干扰、宽带噪声干扰、线性调频干扰、噪声调频干扰、正弦调频干扰等11种干扰信号，其中，纵坐标表示真实类别，横坐标表示预测类别。因此，对角线上的元素代表正确分类，其余位置的元素均代表错误分类。这里统计了干噪比为-30～30 dB 的所有分类情况。可以看出窄带干扰错误分类的个数较多，这是因为当干噪比很低时，窄带干扰彼此之间的特征比较接近，所以难以区分。但在仿真中，0 dB 的干噪比已经足够将所有干扰很好地区分开了，因此窄带干扰的分类错误只会发生在干噪比很低的情况下。

4.2.2.3 基于深度神经网络的干扰识别

基于深度神经网络对11种典型干扰信号（单音干扰、多音干扰、瞄准式窄带干扰、宽带噪声干扰、线性调频干扰、噪声调频干扰、正弦调频干扰等）进行干扰识别。

仿真中每个信号样本采样点数 $N_s = 4\ 096$ ，采样时间为128 μs 。网络输入数据类型由复基带信号的 I 、 Q 两路以及幅度谱序列组成，长度为 4 096，格式即 4 096×3 。训练样本信号的 JNR 为-10～20 dB，JNR 间隔为 2 dB，每个信号在每个 JNR 间隔下的样本数为 1 000 个；验证样本信号的 JNR 为 0～20 dB，JNR 间隔为 2 dB，每个信号在每个 JNR 间隔下的样本数为 500 个；测试样本信号的 JNR 为-10～20 dB，JNR 间隔为 2 dB，每个信号在每个 JNR 间隔下的样本数为 500 个。基于深度学习的干扰信号识别混淆矩阵如图 4-21 所示。

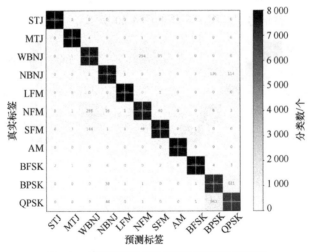

图 4-21　基于深度学习的干扰信号识别混淆矩阵

可以看出，影响识别性能的信号主要存在于 BPSK 和 QPSK 之间，原因是两者在频域的特征十分相似。

| 4.3 卫星干扰信号参数估计 |

为了与抗干扰决策技术更好地衔接,在对接收信号进行干扰信号感知和干扰信号识别之后,还需要对干扰信号进行参数估计。干扰信号参数估计是基于干扰信号识别的工作,知道干扰类型后才能对干扰信号进行有针对性的参数估计。干扰信号参数估计对干扰信号的抑制提供了依据。

4.3.1 多音干扰数目估计和单音多音干扰信号参数估计

4.3.1.1 多音干扰数目估计

多音干扰数目估计在频谱上搜索出所有峰值,然后从最大的峰值开始判断是多音频点还是噪声频点。采用两个门限作为判断条件:

(1)一个门限用来比较当前判断的频点的频谱幅值在已确定为多音频点频谱幅值中的相对大小,作为是否判断为多音频点的条件;

(2)另一个门限用来比较当前判断的频点的频谱幅值在噪声频点的频谱幅值中的相对大小,作为是否判断为多音频点的条件。

多音干扰数目估计具体步骤如下。

步骤 1 初始化所有离散频点的频谱值构成的集合为

$$S_1 = \{F(0), F(1), \cdots, F(N-1)\}, \quad S_2 = \varnothing$$

步骤 2 找出所有频谱的峰值,并令这些频谱峰值构成的集合为 S_3。

步骤 3 $d = \arg\max_{F \in S_3} F$,并更新 $S_3 = S_3 - \{d\}$。

步骤 4 若 d 满足 $d > \alpha_1 \mathrm{E}[S_2]$,且 $d > \alpha_2 \mathrm{E}[S_1 - S_2 - \{d\}]$,则更新 $S_2 = S_2 \cup \{d\}$ 并转回步骤 3,否则执行步骤 5。

步骤 5 得出多音干扰数目估计 M 等于 S_2 中的元素个数。

4.3.1.2 单音多音干扰信号参数估计

单音多音干扰信号复数形式的离散时间域表示为

$$x(n) = \sum_{m=0}^{M-1} A_m e^{j(w_m n + \theta_m)} \tag{4-31}$$

其中，M 是多音干扰信号音调个数，A_m 是第 m 个音调的幅度值，w_m 表示第 m 个音调的频偏，θ_m 为第 m 个音调的初始相位。由于初始相位与 n 无关，因此式（4-31）可以写成

$$x(n) = \sum_{m=0}^{M-1} A_m e^{j\theta_m} e^{j(w_m n)} \tag{4-32}$$

为方便计算，令 $A_m = A_m e^{j\theta_m}$。则单音多音干扰信号复数形式为

$$x(n) = \sum_{m=0}^{M-1} A_m e^{j(w_m n)} \tag{4-33}$$

$$S(k) = \sum_{n=0}^{N-1} x(n) W_N^{nk} \tag{4-34}$$

$M = 1$ 时表示单音干扰信号，$M \geqslant 2$ 时表示多音干扰信号。对于其频率与幅度的估计采用基于 DFT 域的估计算法。

当 $M = 1$ 时，信号为单音干扰信号，$x(n)$ 的离散傅里叶变换为

$$S(k) = \sum_{n=0}^{N-1} x(n) W_N^{nk} = \frac{p}{1 - W_N^k \lambda} \tag{4-35}$$

其中，$\lambda = e^{jw_0}$，$W_N = e^{-j2\pi/N}$，$p = A_0 (1 - \lambda^N)$。

式（4-35）可以表示为

$$S(k) = \begin{bmatrix} 1 & S(k) W_N^k \end{bmatrix} \begin{bmatrix} p \\ \lambda \end{bmatrix} \tag{4-36}$$

由式（4-36）可以建立如下方程组

$$\begin{bmatrix} S(k_0 - 1) \\ S(k_0) \\ S(k_0 + 1) \end{bmatrix} = \begin{bmatrix} 1 & S(k_0 - 1) W_N^{k_0 - 1} \\ 1 & S(k_0) W_N^{k_0} \\ 1 & S(k_0 + 1) W_N^{k_0 + 1} \end{bmatrix} \begin{bmatrix} p \\ \lambda \end{bmatrix} \tag{4-37}$$

其中，$S(k_0)$ 为 $S(k)$ 中模值最大的那个。

通过解式（4-37）方程组即可解得 p、λ，然后由 p、λ 即可得到 w_m、A_m 的估计值。

对于多音干扰信号，$M \geqslant 2$。为方便表示，假定 $w_m < w_{m+1}$。此时 $x(n)$ 的傅里叶变换为

$$S(k) = \sum_{n=0}^{N-1} x(n) W_N^{nk} = \sum_{m=0}^{M-1} \frac{p_m}{1 - W_N^k \lambda_m} \tag{4-38}$$

其中，$\lambda_m = e^{jw_m}$，$p_m = A_m (1 - \lambda_m^N)$。

通过峰值搜索可以确定幅度最大的 M 个干扰信号频点 $S(k_m)$ ， $m = 0, 1, \cdots, M-1$ 。由于每个干扰频点对其他频点的作用随着频点的距离增大而陡然减小，因此当 $k \in \{k_m - 1, k_m, k_m + 1\}$ 时， $S(k)$ 可以近似为

$$S(k) \approx \frac{p_m}{1 - W_N^k \lambda_m} \tag{4-39}$$

因此多音干扰信号的参数估计转变为对 M 个单音干扰信号参数的估计。则对多音干扰信号的每个单音干扰信号得到如下方程组

$$\begin{bmatrix} S(k_m - 1) \\ S(k_m) \\ S(k_m + 1) \end{bmatrix} = \begin{bmatrix} 1 & S(k_m - 1)W_N^{k_m - 1} \\ 1 & S(k_m)W_N^{k_m} \\ 1 & S(k_m + 1)W_N^{k_m + 1} \end{bmatrix} \begin{bmatrix} p_m \\ \lambda_m \end{bmatrix} \tag{4-40}$$

对每个 m 解上述方程组即可得到对应的 w_m 、 A_m 的估计值。

对于含初始相位的单音多音干扰信号，其复数形式为

$$x(n) = \sum_{m=0}^{M-1} A_m e^{j(w_m n + \theta_m)} \tag{4-41}$$

当 $M = 1$ 时，信号为单音干扰信号，对初始相位的估计可以直接用 w_m 的估计值进行计算，即

$$\hat{\theta}_m = \arg\left(\frac{A_m e^{j(w_m n + \theta_m)}}{\hat{A}_m} e^{j(\hat{w}_m n)} \right) \tag{4-42}$$

其中， $\hat{\theta}_m$ 、 $\hat{w}_m$ 、 $\hat{A}_m$ 分别为 θ_m 、 w_m 、 A_m 的估计值，$\arg$ 为取相位函数。

当 $M \geq 2$ 时，信号为多音干扰信号，可以采用与单音干扰信号相同的方法，用估计出来的 $\hat{w}_m$ 分别与原始信号 $x(n)$ 相乘，然后对得到的信号取平均。

对于 JNR 的估计，采用在频谱上能量估计的方法。通过式（4-42）得到离多音频率最靠近的 M 个离散频点的索引集合 $S_2 = \{k_m | m = 1, 2, \cdots, M\}$ 。于是 JNR 估计的表达式可以写为

$$\text{JNR} = 10\log\left(\frac{\sum\limits_{m=1}^{M} \sum\limits_{k=k_m-r}^{k_m+r} |S(k)|^2}{\sum\limits_{k=1}^{N} |S(k)|^2 - \sum\limits_{m=1}^{M} \sum\limits_{k=k_m-r}^{k_m+r} |S(k)|^2} \right) \tag{4-43}$$

其中， r 为小的正整数，仿真时，取 $r = 3$ 。

4.3.2 线性调频干扰信号参数估计

线性调频干扰信号复数形式的表达式为

$$s(t) = A\exp\left(\mathrm{j}\left(2\pi f_0 t + \pi k t^2 + \theta\right)\right), \quad 0 \leqslant t \leqslant T \tag{4-44}$$

其中，A 是幅度，f_0 是初始频率，k 是调频系数，θ 是初始相位，T 是信号时长。为了方便计算，先不考虑初始相位，初始相位的估计算法与单音多音干扰信号相似，这里不再阐述。则线性调频干扰信号复数形式的表达式为

$$s(t) = A\exp\left(\mathrm{j}\left(2\pi f_0 t + \pi k t^2\right)\right), \quad 0 \leqslant t \leqslant T \tag{4-45}$$

$s(t)$ 的二次型变换如下

$$r(t) = s(t+\tau)s^*(t) = |A|^2\, \mathrm{e}^{\mathrm{j}\left(2\pi f_0 \tau + \pi k \tau^2\right)}\mathrm{e}^{\mathrm{j}2\pi k \tau t} \tag{4-46}$$

其中，τ 是一个常数。经过变换后，$r(t)$ 是一个单音信号，由此可以通过单音信号的参数估计算法估计出调频频率和幅度的估计值 $\hat{k}$。

然后用 $\hat{k}$ 对 $s(t)$ 进行解调，即

$$z(t) = s(t)\mathrm{e}^{-\mathrm{j}\pi \hat{k} t^2} \approx A\mathrm{e}^{\mathrm{j}\left(2\pi f_0 t + \varphi\right)} \tag{4-47}$$

由式（4-47）可以看出 $z(t)$ 近似为单音信号，由此可以再次用单音信号的参数估计算法来估计 f_0 的估计值 $\hat{f}_0$。

最后由 $\hat{k}$、$\hat{f}_0$ 来估计幅度和相位，其估计可以写为如下最小二乘的形式

$$\hat{A} = \arg\min_{A} \sum_{t=0}^{NT_s}\left| s(t) - A\mathrm{e}^{\mathrm{j}\left(2\pi \hat{f}_0 t + \pi \hat{k} t^2\right)}\right| \tag{4-48}$$

若 $\hat{k}$ 误差比较大，会严重影响 f_0 的估计，以及后面对 A 的估计。由此对 k 采用一种迭代的方法。通过用二次型变换估计出调频频率初始值，然后用估计的调频频率对原信号进行抵消，再多次迭代用二次型变换估计真实调频频率与估计的调频频率的差值，直到估计的差值的更新变化不明显时停止迭代。

对于 JNR 的估计，首先使用估计的调频频率 $\hat{k}$ 抵消掉原信号的调频频率，即使得 $s(t)\mathrm{e}^{-\mathrm{j}\pi \hat{k} t^2}$ 近似为一个单音信号，然后对 $s(t)\mathrm{e}^{-\mathrm{j}\pi \hat{k} t^2}$ 做离散傅里叶变换，得到其离散频谱值 $X(k)$，$k = 1, 2, \cdots, K$。找出 $X(k)$ 中模值最大的索引 k_{m}，则干噪比的估计如下

$$\text{JNR} = 10\log\left(\frac{\sum\limits_{k=k_m-r}^{k_m+r}|X(k)|^2}{\sum\limits_{k=1}^{K}|X(k)|^2 - \sum\limits_{k=k_m-r}^{k_m+r}|X(k)|^2}\right) \tag{4-49}$$

其中，r 为小的正整数，仿真时，取 $r=3$。

4.3.3　噪声调频干扰信号参数估计

噪声调频干扰信号参数估计首先对功率谱进行简单估计。功率谱的估计采用 Bartlett 法，把长度为 Nl 的信号分为 L 段，每一段信号为

$$x_i(n) = x(n+Nl), \quad n = 0,\cdots,N-1 \tag{4-50}$$

其中，$l = 0,1,\cdots,L-1$。对每一段进行加窗然后进行 DFT，取模值的平方并对 L 段信号取平均，得到估计的功率谱为

$$S_{\mathrm{B}}(k) = \frac{1}{L}\sum_{i=0}^{L-1}\left|\sum_{n=0}^{N-1}x(n+Nl)w(n)\mathrm{e}^{-\mathrm{j}\frac{2\pi}{N}nk}\right|^2 \tag{4-51}$$

其中，$w(n)$ 为窗函数，这里取汉宁滤波函数。

当 L 不够大时，估计的功率谱幅度仍然不太光滑，不利于估计占用带宽。此外，占用带宽近似为高斯曲线，其占用带宽边缘的功率谱幅度相对比较平滑（近似为线性）。由此可以对估计的功率谱做一个滑动平均，使功率谱光滑，方便估计占用带宽，而且也不会对占用带宽的估计造成大的误差。

$S_{\mathrm{B}}(k)$ 通过滑动平均后得到 P_k，其表达式为

$$P_k = \frac{1}{2M+1}\sum_{i=k-M}^{i=k+M}S_{\mathrm{B}}(i) \tag{4-52}$$

其中，$2M+1$ 为滑动窗的长度。

对 $N=4\,096$、$L=4$ 估计的功率谱采用一个长度为 41 的滑动窗口，经过滑动平均后的功率谱与未经过滑动平均的功率谱的比较如图 4-22 所示。

估计占用带宽的方法是对滑动平均后的功率谱图在占用带宽的两边通过一定的门限因子去扩大估计的占用带宽，直到占用带宽小于门限则认为没有被占用。其具体步骤如下。

步骤 1　初始化门限因子 α；

步骤 2　初始化占用带宽的频点索引集合 $S_1=\left\{\arg\max\limits_{i}\{P_i, i=1,\cdots,N\}\right\}$，未被占用带

宽的频点索引集合为 $S_2 = \{1, 2, \cdots, N\} - S_1$；

步骤 3　对 S_2 中的索引对应的功率谱幅度值求平均值得 $\overline{P}_{\min}$；

步骤 4　找出 S_1 中最大的和最小的索引，若 $P_{i_{\max}+1} \leqslant \alpha \overline{P}_{\min}$，则将 $i_{\max}+1$ 加入集合 S_1 并将 $i_{\max}+1$ 从集合 S_2 中去除，若 $P_{i_{\min}-1} > \alpha \overline{P}_{\min}$，则将 $i_{\min}-1$ 加入集合 S_1 并将 $i_{\min}-1$ 从集合 S_2 中去除；

步骤 5　若步骤 4 没有元素加入 S_1，则执行步骤 6，否则执行步骤 3；

步骤 6　输出 S_1、S_2。

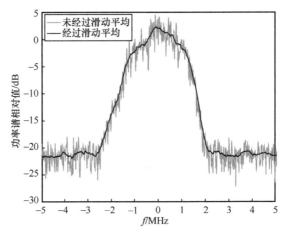

图 4-22　经过滑动平均后的功率谱与未经过滑动平均的功率谱的比较

对于 JNR 的参数估计，占用带宽的频点索引集合 S_1 和未被占用带宽的频点索引集合 S_2，其干噪比估计可以表示为

$$\text{JNR} = 10\log\left(\frac{\sum\left\{ \left(S_B(k) - \frac{1}{N_2}\sum\left\{ S_B(k) \middle| k \in S_2 \right\} \right) \middle| k \in S_1 \right\}}{\frac{N_1 + N_2}{N_2}\sum\left\{ S_B(k) \middle| k \in S_2 \right\}} \right) \tag{4-53}$$

其中，N_1、N_2 分别为 S_1 和 S_2 中的元素个数，$\sum\{\cdot\}$ 表示对集合中所有元素求和。

4.3.4　部分频带干扰信号参数估计

部分频带干扰在部分频带内表现为高斯白噪声，其时域表达式为

$$J(t) = U_n(t)\cos(f_J + \varphi) \tag{4-54}$$

其中，$U_n(t)$ 为均值为 0、方差为 σ_n^2 的基带噪声，f_J 为信号的中心频率，φ 为 $[0, 2\pi]$ 内均匀分布且与 $U_n(t)$ 相互独立的相位。

　　参数估计旨在估计部分频带干扰信号所占用的带宽以及干噪比。对于此参数估计问题，可以分为两部分：第一部分是估计功率谱，第二部分是采用与噪声调频干扰带宽估计一样的方法找出干扰信号的占用频带。

　　功率谱的估计采用 Bartlett 法。首先将信号分成 L 段，每段用周期图法求功率谱，然后对这段功率谱求平均，即

$$P_{\text{avg}}(k) = \frac{1}{L} \sum_{i=1}^{L} P_i(k) \tag{4-55}$$

其中，$P_i(k)$ 为第 i 段数据的周期图。这样 $P_{\text{avg}}(k)$ 的方差就缩小为原来 $P_i(k)$ 的 $1/L$，使得噪声谱线的变化幅度减小，这会使后面的占用频带估计降低一定的难度。

　　先经过滑动平均，再用第 4.3.3 小节和第 4.3.4 小节的算法估计占用带宽，由此算法得到被占用带宽的离散频点索引集合 S_1 和未被占用带宽的离散频点索引集合 S_2。

　　对于 JNR 的参数估计，利用 S_1 和 S_2，其干噪比估计可以表示为

$$\text{JNR} = 10\log \left(\frac{\sum \left\{ \left(P_{\text{avg}}(k) - \frac{1}{N_2} \sum \left\{ P_{\text{avg}}(k) \middle| k \in S_2 \right\} \right) \middle| k \in S_1 \right\}}{\frac{N_1 + N_2}{N_2} \sum \left\{ P_{\text{avg}}(k) \middle| k \in S_2 \right\}} \right) \tag{4-56}$$

其中，N_1、N_2 分别为 S_1、S_2 中的元素个数，$\sum\{\cdot\}$ 表示对集合中的所有元素求和。

4.3.5　仿真实验分析

4.3.5.1　多音干扰数目估计

　　仿真时信号带宽 $B = 20 \text{ MHz}$，样本点数为 $N = 4\,096$，随机产生数目为 2～20 的多音干扰信号，频率位置随机产生，每个音幅度设置为相等，准确估计出多音干扰数目即为估计准确，仿真 1\,000 次多音干扰数目的估计准确率如图 4-23 所示。可以看出，多音干扰数目估计的性能表现得很好，在 JNR=−10 dB 时，1\,000 个样本也只有 10 多个估计错误。

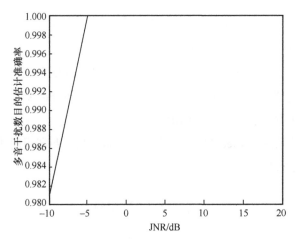

图 4-23　仿真 1 000 次多音干扰数目的估计准确率

4.3.5.2　单音多音干扰信号参数估计

仿真时信号带宽 $B = 20\ \text{MHz}$ ，样本点数为 $N = 4\ 096$ ，随机产生数目为 2～20 的多音干扰信号以及单音干扰信号，单音多音干扰信号的频率都是随机产生的，其中多音干扰信号的每个音的幅度仿真设置相同。

多音干扰信号的归一化幅度、归一化频率估计的均方根误差为

$$f_{\text{RMSE}} = \sqrt{\sum_{k=1}^{K}\sum_{m=1}^{M_n}\left(\frac{\hat{f}_{k,m} - f_{k,m}}{\Delta f}\right)^2} \tag{4-57}$$

$$A_{\text{RMSE}} = \sqrt{\sum_{k=1}^{K}\sum_{m=1}^{M_n}\left(\frac{\hat{A}_{k,m}}{A_{k,m}} - 1\right)^2} \tag{4-58}$$

$$\theta_{\text{RMSE}} = \sqrt{\sum_{k=1}^{K}\sum_{m=1}^{M_n}\left(\theta_{k,m} - \hat{\theta}_{k,m}\right)^2} \tag{4-59}$$

其中，f_{RMSE} 表示归一化的频率估计均方根误差，K 为仿真次数，M_n 为第 n 次仿真时的多音干扰数目，$f_{k,m}$ 为第 k 次仿真时的第 m 个音的频率，$\hat{f}_{k,m}$ 为 $f_{k,m}$ 的估计值，$\Delta f = \dfrac{1}{NT_s}$ 为频率分辨率。A_{RMSE} 表示归一化的幅度估计均方根误差，$A_{k,m}$ 为第 k 次仿真时的第 m 个音的幅度，$\hat{A}_{k,m}$ 为 $A_{k,m}$ 的估计值。θ_{RMSE} 表示相位估计均方根误差，$\theta_{k,m}$ 为第 k 次仿真时的第 m 个音的相位，$\hat{\theta}_{k,m}$ 为 $\theta_{k,m}$ 的估计值。

单音多音干扰信号幅度估计的归一化均方根误差如图 4-24 所示。

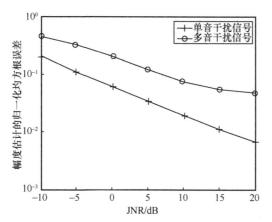

图 4-24　单音多音干扰信号幅度估计的归一化均方根误差

从图 4-24 可以看出，单音干扰信号的幅度估计比多音干扰信号的幅度估计性能要好。在 JNR=20 dB 时，单音干扰信号的幅度估计误差非常小，多音干扰信号的幅度估计误差只能达到单音干扰信号在 JNR=2 dB 左右时的性能。

4.3.5.3　噪声调频干扰信号参数估计

仿真采用信号带宽 $B = 20\,\text{MHz}$ ，采样点数 $N = 4\,096$ 个，分段数 $L = 8$ 段，$f_0 = 0\,\text{Hz}$ ，调频指数 $k_{\text{fm}} = 2$ ，调制噪声方差 $\sigma_{\text{n}}^2 = 2 \times 10^6$ 。JNR 分别为 0 dB、10 dB、20 dB 时的功率谱分别如图 4-25、图 4-26、图 4-27 所示，图中两个箭头指向的分别是估计的占用带宽的上下限。可以看出：JNR 越大，估计的干扰带宽越宽，这是因为噪声调频干扰的功率谱在此仿真条件下理论上近似为高斯曲线，相对高斯白噪声的功率谱大小而言，噪声调频干扰的有效占用带宽自然会随着 f 的增加而增加。这也是以白噪声功率的平均值作为基准来估计占用带宽的上下限的原因。

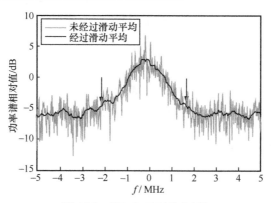

图 4-25　JNR=0 dB 时的功率谱

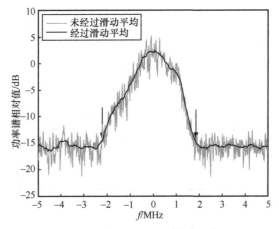

图 4-26　JNR=10 dB 时的功率谱

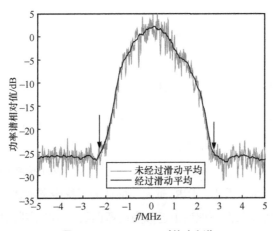

图 4-27　JNR=20 dB 时的功率谱

由于噪声调频干扰信号的带宽没有一个指定性的带宽对估计的占用带宽做是否精确的指示，因此噪声调频干扰信号的占用带宽的估计难以作为参数估计性能是否精确的指标。

在每个 JNR 下 1 000 次仿真的 JNR 估计的均方根误差如图 4-28 所示。可以看出，当 JNR 在-10 dB 时，估计性能稍差一些；JNR 大于-5 dB 时，估计性能都非常好。因此，对 JNR 的估计在一定程度上反映出了干扰信号的信息。

4.3.5.4　部分频带干扰信号参数估计

仿真设置信号带宽 $B = 20$ MHz，点数 $N_s = 4\ 096$ 个，分段数 $L = 16$ 段，部分频带干扰信号占用带宽为 5 MHz，占用位置随机。仿真中产生的部分频带干扰信号为高斯白噪声经过低通滤波器，然后经过频率搬移而形成。本仿真是以低通滤波器的起始频率、截止频率加上搬移的频率后作为正确上下限来评判估计占用带宽的上下限性能。

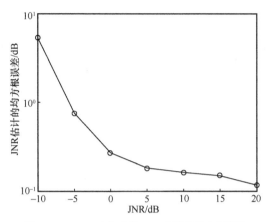

图 4-28　1 000 次仿真的 JNR 估计的均方根误差

　　占用带宽的归一化上下限均方根误差和 JNR 估计的均方根误差分别如图 4-29 和图 4-30 所示。其中，占用带宽的上下限是对离散频点的频率间隔 Δ_f 做的归一化。估计的占用带宽的归一化上下限的误差在 10 dB 左右，转化为绝对误差，对于 10 MHz 带宽里面的部分频带干扰信号，其估计占用带宽的边界误差的均方根误差为 200 kHz 左右。从图 4-30 可以看出，JNR 估计性能很好，在干扰信号的 JNR 大于 0 dB 的情况下，JNR 估计的均方根误差不大于 0.5 dB，并随着真实 JNR 变大，估计的 JNR 的均方根误差迅速减小并稳定在 0.15 dB 左右。

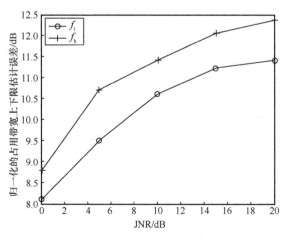

图 4-29　占用带宽的归一化上下限均方根误差

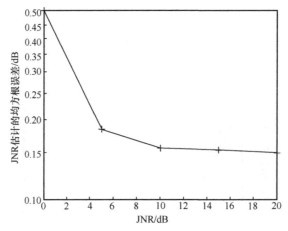

图 4-30　JNR 估计的均方根误差

| 4.4　本章小结 |

本章研究了卫星通信的干扰感知与识别技术。首先，分析了卫星通信的干扰威胁，然后研究了基于压缩感知的宽带频谱感知技术和多带感知技术，接着研究了干扰识别技术，重点深入分析了基于特征提取和 BP 神经网络的干扰识别技术、基于深度学习的干扰识别技术和参数估计技术。

| 参考文献 |

[1]　吴昊, 张杭. 基于高阶累积量与神经网络的干扰识别算法[J]. 军事通信技术, 2008, 29(1): 67-71.

[2]　吴昊, 张杭, 路威. 一种面向卫星频谱监测的复合式干扰自动识别算法[J]. 系统仿真学报, 2008, 20(17): 4681-4684.

[3]　杨小明, 陶然. 直接序列扩频通信系统中干扰样式的自动识别[J]. 兵工学报, 2008, 29(9): 1078-1082.

第 5 章

卫星通信干扰源定位及干扰抑制

卫星通信具有覆盖面积广、部署快速、通信传输线路稳定、通信系统成本几乎与通信距离无关、便捷的组网和可通信地点几乎不受地理环境所影响等特点。从 20 世纪 90 年代以来，卫星通信得到了高速的发展。但同时其自身特点的限制及所处环境的影响，正常的卫星通信往往易被来自地面的多种多样的射频信号所干扰，进一步说，因为其系统的开放性，卫星通信极易受到恶意的信号干扰，所以，研究卫星通信干扰源定位及干扰抑制技术，提高通信保障，具有重要的意义。

5.1 单星无源定位

假定某个正在工作的地面静止辐射源在地心坐标系下的位置坐标为 $r = (x, y, z)^T$，一颗低轨卫星从其上空经过，卫星在 $t_1 \sim t_N$ 的 N 个时刻都能收到该辐射源的信号。对于单星无源定位的实际应用，卫星在任意第 i 个时刻，在地心坐标系下的位置坐标 $r_i = (x_i, y_i, z_i)^T$、速度矢量 $v_i = (v_{ix}, v_{iy}, v_{iz})^T$ 和加速度矢量 $a_i = (a_{ix}, a_{iy}, a_{iz})^T$ 可以通过测控系统知道，未知的是目标辐射源的位置 $r = (x, y, z)^T$ 和其发射信号的载频 f_0 或者脉冲信号的脉冲重复间隔（PRI）。单星无源定位模型如图 5-1 所示，显示了卫星与目标辐射源之间的对应关系，r_i 是 i 时刻卫星相对目标辐射源的运动矢量。

由于卫星与目标辐射源之间始终存在着相对运动，因此卫星接收到的信号是受多普勒效应影响的。多普勒效应的强度，反映了当前卫星与目标辐射源之间的相对位置关系和相对运动关系。由于卫星的位置、速度和加速度都可以通过测控系统得到，因此对于静止于地面的目标辐射源，根据运动学原理，上述参数的表达式实际上是关于目标位置等位置参数的方程。假定 θ 是某种定位体制所需要测量的参数，则某个 i 时刻测得的 $\hat{\theta}_i$ 应为

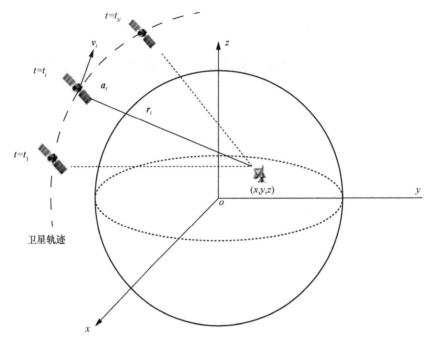

图 5-1 单星无源定位模型

$$\hat{\theta}_i = f(x, y, z, \theta_0) + \xi_i \tag{5-1}$$

其中，θ_0 是辐射源发射信号原始的参数值，ξ_i 表示测量误差。

如果能在卫星轨迹上的多个位置得到多个 $\hat{\theta}_i$，则忽略误差的影响，可以构成一个方程组。从理论上说，当方程组中方程的个数大于未知数的个数时，通过解方程即可以得到目标的位置坐标，从而实现对目标的定位，单星无源定位方案框图如图 5-2 所示。

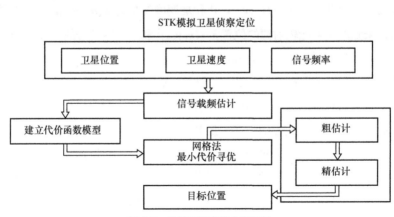

图 5-2 单星无源定位方案框图

基于多普勒频移的单星无源定位需要获得卫星的位置、速度以及接收信号的频率，因此，首先要借助 STK 仿真软件，得到卫星的运动参数，并且通过 STK 仿真软件的通信仿真模块，得到模拟真实环境下卫星侦察接收机接收到的信号的情况。无源定位的目标往往是非合作式的，其发射信号的频率也是未知的，此时定位的性能就和参数估计的性能密切相关。因此，要先推导目标位置和频率的估计值的克拉默–拉奥下界，进而推导理论上的定位误差。为了提高定位的精度，程序中设定了两次网格搜索。即先对一块较大的区域进行粗搜索，得到 3 个最符合的点。之后分别在这 3 个点附近的一个小区域内进行一次细搜索，得到 1 个更优的位置估计点。其中，细搜索的小区域即为粗搜索中的每个网格的大小，这样不仅保证了区域中每个点都能够被搜索到，而且在提高了精度的同时减少了计算量。

针对单星多普勒定位技术，我们设计了基于多普勒频移的单星定位方案，研究了连续、突发信号体制下单颗卫星对干扰源的定位，分析了噪声功率、卫星轨道高度和仰角对定位精度的影响。

设置噪声均方差范围为[0, 200]（单位：dB），噪声均方差越大，定位误差越大，设置卫星轨道高度分别为 100、300、500、650（单位：km），设置信号载频分别为 1.3、2.6、3.4（单位：GHz），卫星轨道高度和信号载频对多普勒频移的影响较为明显，轨道高度越低或者信号载频越大，多普勒变化率越大，定位误差随着多普勒变化率的增加而下降，研究表明，在 3 个影响因素条件下单次定位精度均优于 10 km。

轨道高度对单星定位的影响见表 5-1，接收信号叠加的噪声均方差范围为 10～480 Hz，轨道高度分别为 100 km、300 km、500 km、600 km，定位误差单位为 m。

表 5-1　轨道高度对单星定位的影响

轨道高度/km	定位误差/m							
	噪声均方差为 10 Hz	噪声均方差为 30 Hz	噪声均方差为 60 Hz	噪声均方差为 120 Hz	噪声均方差为 180 Hz	噪声均方差为 240 Hz	噪声均方差为 360 Hz	噪声均方差为 480 Hz
100	0.126 1	0.126 1	0.126 1	0.126 1	0.126 1	0.919 4	3.404 3	6.152 5
300	0.416 2	0.416 2	1.105 8	0.416 2	1.925 4	1.394 0	4.505 1	5.252 5
500	0.451 9	1.065 7	1.065 7	2.044 7	3.028 5	3.625 1	8.698 7	6.922 0
600	0.286 4	0.286 4	2.764 8	3.133 4	9.529 5	14.864 4	23.685 2	19.311 3

信号载频对单星定位的影响见表 5-2，接收信号叠加的噪声均方差范围为 10～480 Hz，信号载频分别为 1.3 GHz、2.6 GHz、3.4 GHz，定位误差单位为 m。

表5-2　信号载频对单星定位的影响

信号载频/GHz	定位误差/m					
	噪声均方差为 10 Hz	噪声均方差为 30 Hz	噪声均方差为 60 Hz	噪声均方差为 120 Hz	噪声均方差为 240 Hz	噪声均方差为 480 Hz
1.3	0.312 0	0.312 0	1.083 4	3.405 5	5.105 8	11.454 0
2.6	0.312 0	0.312 0	1.083 4	1.902 9	4.741 4	8.647 6
3.4	0.312 0	0.312 0	0.312 0	0.795 5	1.307 4	3.389 9

接收信号时长对单星定位的影响见表5-3，接收信号叠加的噪声均方差范围为0～120 Hz，接收信号时长分别为20 s、40 s、60 s、80 s，定位误差单位为m。

表5-3　接收信号时长对单星定位的影响

接收信号时长/s	定位误差/m					
	噪声均方差为 0 Hz	噪声均方差为 10 Hz	噪声均方差为 30 Hz	噪声均方差为 60 Hz	噪声均方差为 80 Hz	噪声均方差为 120 Hz
20	0.766 7	7.595 6	12.921 1	38.299 6	53.515 8	91.428 8
40	0.750 3	1.697 3	2.885 4	9.900 1	12.475 0	19.736 1
60	0.552 9	0.552 9	1.788 8	4.683 8	4.340 6	11.740 5
80	0.490 3	0.490 3	0.490 3	1.957 1	1.986 7	6.329 6

5.1.1　接收信号模型

基于多普勒频移的定位技术的关键是信号处理技术，对于接收机接收到的信号，建立准确的信号模型是研究的基础。根据频谱宽度可以把信号分为窄带信号和宽带信号两种类型，在单星无源定位体系中，多数雷达信号适用窄带信号模型，因此，按照窄带信号对多普勒频移进行建模。

窄带信号由信号包络 $A(t)$ 与正弦载波两部分组成，即

$$S(t) = A(t)\exp(j2\pi f_c t) \tag{5-2}$$

其中，f_c 是发射信号的载频，信号包络 $A(t)$ 变化较为缓慢，在较短观测时间内可视为不变的定值。假设卫星在 t 时刻接收的信号为 $S_r(t)$，两者相对距离为 $r(t)$，则卫星接收到的信号为

$$S_r(t) = \mu S(t - r(t)/c) \tag{5-3}$$

其中，μ 是信号的幅度衰减因子，c 是真空中光速。根据运动学原理可知，卫星与辐射源之间相对距离的变化会导致接收信号产生多普勒效应，具体表现为接收信号时延和

频率有所变化。

将式（5-2）和式（5-3）结合可得

$$S_r(t) = \mu A(t - r(t)/c) \cdot \exp\left(j2\pi f_c(t - r(t)/c)\right) \tag{5-4}$$

在较短观测时间内，卫星和目标之间的相对距离可视为不变的定值，利用泰勒公式对距离公式 $r(t)$ 在 t_0 时刻展开可得

$$r(t) = r(t_0) + r'(t_0)(t - t_0) + \frac{1}{2}r''(t_0)(t - t_0)^2 + \cdots \tag{5-5}$$

对包络公式 $A(t - r(t)/c)$ 在 t_0 时刻展开可得

$$A(t - r(t)/c) = A(t - \tau_0) - \frac{\partial A(t - \tau_0)}{\partial(t - \tau_0)} \cdot \frac{\left(r'(t_0) + \frac{1}{2}r''(t_0)(t - t_0) + \cdots\right)}{c} \cdot (t - t_0) + \cdots \tag{5-6}$$

其中，$\tau_0 = r(t_0)/c$，由于信号包络 $A(t)$ 对时间的导数很小，且 $r'(t_0)/c$ 和 $r''(t_0)/c$ 都很小，因此可以忽略式（5-6）中的导数项，将 $S_r(t)$ 近似表达为

$$S_r(t) \approx \mu \cdot A\left(t - \frac{r(t)}{c}\right) \cdot \exp\left(j2\pi f_c\left(t - \frac{r(t)}{c}\right)\right) = A_r(t) \cdot \exp\left(j2\pi f_c(t - r(t)/c)\right) \tag{5-7}$$

由此看出，信号包络 $A(t)$ 中的多普勒效应可以近似忽略，窄带信号的多普勒效应主要表现在载波成分中。

将式（5-5）代入式（5-7），可得

$$S_r(t) \approx A_r(t) \cdot \exp\left(j2\pi f_c\left(\left(t_0 - \frac{r(t_0)}{c}\right) + \left(1 - \frac{r'(t_0)}{c}\right)(t - t_0) - \frac{1}{2} \cdot \frac{r''(t_0)}{c}(t - t_0)^2 + \cdots\right)\right) \tag{5-8}$$

建立信号的多项式模型，得到

$$S_r(t) \approx A_r(t) \cdot \exp\left(j\left(2\pi(f_c + f_d) \cdot (t - t_0) + \pi \cdot f_d'(t - t_0)^2 + \phi_0\right)\right) \tag{5-9}$$

其中，$f_d = -f_c \cdot r'(t_0)/c$ 为多普勒频移，包含目标径向速度信息，$f_d' = -f_c \cdot r''(t_0)/c$ 为信号的多普勒变换率，包含目标径向加速度信息，$\phi_0 = 2\pi f_c(t_0 - r(t_0)/c)$。

当目标信号载频较高时，信号多普勒频移的二次导数较大，式（5-9）不能近似表达真实的信号模型。此时考虑更高阶的展开式

$$S_r(t) \approx A_r(t) \cdot \exp\left(j\left(2\pi(f_c + f_d) \cdot (t - t_0) + \pi \cdot f_d'(t - t_0)^2 + \frac{\pi}{3}f_d''(t - t_0)^3 + \phi_0\right)\right) \tag{5-10}$$

其中，$f_d'' = -f_c \cdot r'''(t_0)/c$ 为信号的多普勒频移的二次导数，包含目标径向加速度的变化率信息。

从以上的信号模型可以看出，信号多普勒信息是由卫星和辐射源之间相对运动产生的，两者具有密切的关系，只要获得了信号的多普勒信息就能推算出目标相对运动

的信息，而相对运动信息包含了目标辐射源的位置信息。

5.1.2　基于多普勒频移的单星定位算法

接收信号的瞬时频率为

$$f = f_0 + f_d \tag{5-11}$$

其中，多普勒频移为

$$f_d = -f_0 \cdot \frac{r'(t)}{c} = -f_0 \cdot \frac{v_r}{c} \tag{5-12}$$

$r'(t)$ 是卫星和目标辐射源之间径向距离的导数，即二者的径向速度的大小。由径向速度的计算式可得

$$v_r = \frac{r^T \cdot v}{|r|} \tag{5-13}$$

其中，v 是卫星与目标之间的相对速度矢量，r 是卫星与目标之间的相对位置矢量，$|r|$ 是卫星与目标之间的距离大小。

将式（5-13）代入式（5-12），再将式（5-12）代入式（5-11），得

$$f = f_0 \left(1 - \frac{r^T \cdot v}{c \cdot |r|} \right) \tag{5-14}$$

根据单星无源定位的运动模型，在第 i 个时刻观测到的多普勒频移可表示为

$$f_i = f_0 \left(1 - \frac{v_{ix}(x_i - x) + v_{iy}(y_i - y) + v_{iz}(z_i - z)}{c \cdot |r_i|} \right) + \zeta_i = f_0 \cdot F_i(x, y, z) + \zeta_i \tag{5-15}$$

其中，$|r| = \sqrt{(x_i - x)^2 + (y_i - y)^2 + (z_i - z)^2}$ ，ζ_i 是第 i 个时刻测频的误差，可认为是服从独立高斯分布的白噪声成分。

多次测量信号频率，得到 N 个时刻的测量值并用矩阵形式表示如下

$$\theta = f_0 \cdot F + \zeta \tag{5-16}$$

其中，$\theta = [f_1, f_2, \cdots, f_N]^T$ ，$F = [F_1(x, y, z), F_2(x, y, z), \cdots, F_N(x, y, z)]^T$ ，$\zeta = [\zeta_1, \zeta_2, \cdots, \zeta_N]^T$ 。

采用 WGS−84 地球模型，对于地球表面的目标辐射源而言，至少需要两个定位曲面才可以确定其位置坐标。当卫星观测了足够次数的信号频率后，在星下足够大的区域内以经纬度进行网格划分，定义二维网格点集 Σ 。令 k、l 分别表示网格的纵横计数，对每个网格点 $(L_k, B_l) \in \Sigma$ ，计算如下代价函数

$$J(L_k, B_l) = \theta - f_0 \cdot F^2 \tag{5-17}$$

选择使得式（5-17）最小的 (L_k, B_l) 作为辐射源位置的最优估计。

| 5.2　多星定位技术 |

以三星辐射源定位系统的研究为主，充分利用卫星接收信号的时差信息对目标进行定位，需要从时差估计的方法、定位方程的求解、定位精度的分析几个方面对该模型进行深入的研究。

多星定位的原理与三星定位的原理基本相同，利用多个卫星接收机平台协同工作，提取多个时差信息，即在空间确定多个不同的定位曲面，利用曲面的交点进行目标定位。该方法定位过程中会存在较大的数据量冗余，需要采用优化的算法对提取的结果进行处理，进而对目标进行定位。因此该方法具有较高的定位精度，但是系统相对复杂，如果系统平台需要机动，整个定位系统的复杂性将更高。

三星辐射源定位系统采用一颗主卫星和两颗辅助卫星的思想，两次对目标到卫星的时差信息进行估计，即时差估计法，再利用估计的时差对定位模型进行求解，进而确定目标的空间位置。该方法具有算法简单、定位精度高的优点，易于实现，并且去掉了频差的搜索过程，提高了系统的实时性。若只采用频移参数，也可以对目标进行定位，但是由于频移参数很难测定，而且误差因素很多，所以只利用频移参数定位的场合也并不常见。

三星辐射源定位系统主要由 3 颗卫星（一颗受辐射卫星，两颗可以利用的邻近卫星）、测量站（由 3 个接收站组成）、参考站和辐射源组成。辐射发射机的信号分别通过 3 颗卫星转发器转发，3 个地面接收站分别接收主卫星和两颗辅助卫星的下行信号，通过有效参数估计算法测量两个 TDOA 参数，这样两个时差位置线相交将得到辐射源的位置。该方法的核心是研究有效 TDOA 参数估计算法。

针对三星辐射源定位系统，只需估计出一对时差参数或者一对频差参数，就可以实现辐射源定位。

将互模糊函数（CAF）中二维联合 TDOA 和 FDOA 参数估计问题转化为两个一维参数的估计问题，这样将二维搜索的参数估计问题转化为两个一维参数的估计问题，从而减少运算量，提高定位参数的测量精度，并提高测量速度。由于两个参数并不存在相互约束关系，因此两个参数的估计问题可以分别进行。双星和三星定位要求卫星能够同时接收到辐射信号的电平，否则无法正常测得辐射源的位置。

三星辐射源定位系统几何结构如图 5-3 所示，这是一种利用两颗辅助卫星，通过两次计算时差来定位的方法。利用被辐射卫星附近的至少两颗辅助卫星，通过两次定位计算得出两条曲线，两条曲线交汇点即为辐射源所在位置。假设被辐射卫星收到的信号为 $f_1(t)$，利用相邻两颗辅助卫星收到的信号分别为 $f_2(t)$ 和 $f_3(t)$，时差分别为 τ_1 和 τ_2。这样问题就转化为求辐射源到两颗卫星之间的路程差，通过求解时差即得。

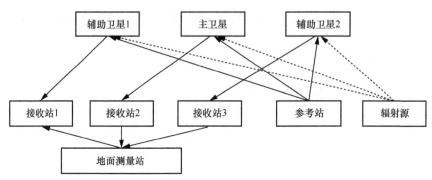

图 5-3　三星辐射源定位系统几何结构

基于多星时频差定位技术的研究工作，主要完成了轨道高度、轨道倾角、卫星集群的构型对定位精度影响的分析和仿真，完成了定位精度的分析。

卫星间距对三星定位的影响见表 5-4，接收信号到达时差叠加的噪声均方差范围为 0～70 ns，卫星间距分别为 69.290 7 km、82.268 1 km、100.230 2 km、120.976 4 km，定位误差单位为 m。

表 5-4　卫星间距对三星定位的影响

卫星间距/km	定位误差/m							
	到达时差叠加的噪声均方差为 0 ns	到达时差叠加的噪声均方差为 10 ns	到达时差叠加的噪声均方差为 20 ns	到达时差叠加的噪声均方差为 30 ns	到达时差叠加的噪声均方差为 40 ns	到达时差叠加的噪声均方差为 50 ns	到达时差叠加的噪声均方差为 60 ns	到达时差叠加的噪声均方差为 70 ns
69.290 7	1.39e-9	117.11	234.23	351.34	468.45	585.57	702.68	819.79
82.268 1	5.9e-10	58.61	117.21	175.82	234.43	293.35	410.25	468.86
100.230 2	1.5e-10	39.13	78.25	117.38	156.51	195.64	234.77	173.89
120.976 4	4.0e-10	29.40	58.81	88.21	117.62	147.02	176.42	205.83

轨道高度对三星定位的影响见表 5-5，接收信号到达时差叠加的噪声均方差范围为 0～70 ns，卫星轨道高度分别为 600 km、800 km、1 200 km、1 600 km、2 000 km，定位误差单位为 m。

表 5-5 轨道高度对三星定位的影响

轨道高度/km	定位误差/m							
	到达时差叠加的噪声均方差为 0 ns	到达时差叠加的噪声均方差为 10 ns	到达时差叠加的噪声均方差为 20 ns	到达时差叠加的噪声均方差为 30 ns	到达时差叠加的噪声均方差为 40 ns	到达时差叠加的噪声均方差为 50 ns	到达时差叠加的噪声均方差为 60 ns	到达时差叠加的噪声均方差为 70 ns
600	6.2e-11	9.25	17.86	28.36	35.14	44.25	56.32	64.31
800	1.1e-10	10.04	20.07	30.11	40.15	50.18	60.22	70.26
1 200	4.2e-10	13.95	27.91	41.86	55.81	69.77	83.72	97.67
1 600	5.7e-9	17.53	35.05	52.58	70.10	87.63	105.16	122.68
2 000	8.3e-10	20.78	41.55	62.33	83.11	103.89	124.67	145.43

星座构型对三星定位的影响见表 5-6，接收信号到达时差叠加的噪声均方差范围为 0～35 ns，星座构型有等边三角形辐射源靠近主卫星、辐射源远离主卫星、辐射源位于内部 3 种情况，以及直线构型。定位误差单位为 m。

表 5-6 星座构型对三星定位的影响

星座构型	定位误差/m							
	到达时差叠加的噪声均方差为 0 ns	到达时差叠加的噪声均方差为 5 ns	到达时差叠加的噪声均方差为 10 ns	到达时差叠加的噪声均方差为 15 ns	到达时差叠加的噪声均方差为 20 ns	到达时差叠加的噪声均方差为 25 ns	到达时差叠加的噪声均方差为 30 ns	到达时差叠加的噪声均方差为 35 ns
等边三角形辐射源靠近主卫星	33.84	46.05	58.27	70.46	82.67	94.88	107.08	119.29
等边三角形辐射源远离主卫星	25.22	13.04	0.87	11.31	23.49	35.67	47.85	60.03
等边三角形辐射源位于内部	0.03	11.85	23.76	35.60	47.48	59.36	71.24	83.12
直线构型	2 289	8 641	14 770	20 679	26 443	32 023	37 451	42 739

5.2.1 TDOA 定位技术实施途径

TDOA 估计问题存在于卫星辐射源定位、声呐、雷达、生物医学和地球物理等诸多领域。例如，TDOA 估计可通过估计两个或多个传感器接收信号之间的到达时延来确定被检测的辐射源位置。常用的 TDOA 估计算法主要有以下两种：广义互相关时延估计法（GCC）和双谱时延估计法。

接收信号模型为

$$x(t) = s(t) + w_1(t) \tag{5-18}$$

$$y(t) = \beta s(t - D) + w_2(t) \tag{5-19}$$

式（5-18）和式（5-19）的离散形式为

$$x(n) = s(n) + w_1(n) \tag{5-20}$$

$$y(n) = \beta s(n - D) + w_2(n), n = 0, 1, \cdots, N - 1 \tag{5-21}$$

其中，$x(t)$ 和 $y(t)$ 分别是接收站接收到的来自主卫星和辅助卫星的信号，$s(t)$ 是辐射源发射信号，$w_1(t)$ 和 $w_2(t)$ 为平稳、零均值的高斯噪声，且独立于 $s(t)$，D 为 TDOA 的参数，$s(n-D)$ 是 $s(n)$ 的时移，$\beta \in (0,1)$ 为衰减因子，N 是抽样点数。TDOA 估计就是从有限数据长度的 $x(n)$ 和 $y(n)$ 中估算出到达信号的时差 D。

（1）广义互相关时延估计法

GCC 是传统的 TDOA 测量方法。GCC 通过计算位于不同位置的两个地面接收机所接收信号的互相关函数峰值，从而估计出到达时延，其算法原理如下。

在信号源和噪声不相关的情况下，两个地面接收机所接收信号的互相关函数为

$$
\begin{aligned}
R_{xy}(\tau) &= E\{x(t)y(t+\tau)\} \\
&= E\{(s(t) + n_1(t)) \cdot (\beta s(t+\tau-D) + n_2(t+\tau))\} \\
&= E\{\beta s(t) \cdot s(t+\tau-D) + s(t) \cdot n_2(t+\tau) + \beta s(t+\tau-D) \cdot n_1(t) + n_1(t) \cdot n_2(t+\tau)\} \\
&= \beta E\{s(t) \cdot s(t+\tau-D)\} + E\{s(t) \cdot n_2(t+\tau)\} \\
&\quad + \beta E\{s(t+\tau-D) \cdot n_1(t)\} + E\{n_1(t) \cdot n_2(t+\tau)\}
\end{aligned}
\tag{5-22}
$$

由于 $n_1(k)$ 和 $n_2(k)$ 为平稳、零均值、不相关的高斯白噪声，且独立于 $s(t)$，则信号与噪声 $n_2(k)$ 的互相关函数为

$$E\{s(t) \cdot n_2(t+\tau)\} = 0 \tag{5-23}$$

信号与噪声 $n_1(k)$ 的互相关函数为

$$E\{s(t+\tau-D) \cdot n_1(t)\} = 0 \tag{5-24}$$

噪声 $n_1(k)$ 和 $n_2(k)$ 的互相关函数为

$$E\{n_1(t) \cdot n_2(t+\tau)\} = 0 \tag{5-25}$$

将式（5-23）、式（5-24）和式（5-25）代入式（5-22），整理得

$$R_{xy}(\tau) = \beta E\{s(t) \cdot s(t+\tau-D)\} = \beta R_{ss}(\tau-D), -\infty < \tau < +\infty \tag{5-26}$$

根据自相关函数的性质 $R_{ss}(0) \geqslant R_{ss}(\tau)$ 可知，当 $\tau = D$ 时 $R_{ss}(\tau)$ 取得峰值。则 TDOA 参数的估计值就是 $\hat{D}$

$$\hat{D} = \arg\max_{\tau}\left\{R_{ss}(\tau - D)\right\} = \arg\max_{\tau}\left\{R_{xy}(\tau)\right\} \tag{5-27}$$

但在实际应用中，由于噪声信号并非严格相互独立，因此 $R_{ss}(\tau)$ 在 $\tau = D$ 处不一定能取到峰值。

另外，GCC 主要依赖对输入信号及噪声的先验知识，特别是对其功率谱的了解，而在实际应用中，往往缺乏这种先验知识，只能以估计值来代替。广义互相关时延估计法 Roth、SCOT、PHAT、HB 比普通互相关时延估计法的性能均有改善，对信号中的周期成分有抑制效果，但在较低信噪比时，广义互相关时延估计法的估计无法满足卫星辐射源定位环境下对信号定位参数估计的需求。

（2）双谱时延估计法

双谱时延估计法适用于信号为非高斯分布的随机过程。高阶累积量具有消除高斯噪声、保留非高斯平稳过程信号的能力，因此可以利用高阶统计量来估计高斯噪声中非高斯信号的时延。双谱时延估计法算法原理如下。

在噪声 $w_1(n)$ 和 $w_2(n)$ 相关性未知的条件下，两个地面接收机所接收信号的互相关函数 $R_{12}(\tau) = E\left\{w_1(n)w_2(n+\tau)\right\}$ 也未知，则

$$R_{xy}(\tau) = R_{ss}(\tau - D) + R_{12}(\tau), \quad -\infty < \tau < +\infty \tag{5-28}$$

由于 $R_{12}(\tau)$ 未知，对时延的估计无法取得理想效果，因此选用高阶谱方法，即

$$R_{xxx}(\tau,\lambda) = E\left\{x(n)x(n+\tau)x(n+\lambda)\right\} = R_{sss}(\tau,\lambda) \tag{5-29}$$

$$R_{xyx}(\tau,\lambda) = E\left\{x(n)y(n+\tau)x(n+\lambda)\right\} = R_{sss}(\tau-D,\lambda) \tag{5-30}$$

$$R_{yyy}(\tau,\lambda) = E\left\{y(n)y(n+\tau)y(n+\lambda)\right\} = R_{sss}(\tau,\lambda) \tag{5-31}$$

$$R_{yxy}(\tau,\lambda) = E\left\{y(n)x(n+\tau)y(n+\lambda)\right\} = R_{sss}(\tau,\lambda) \tag{5-32}$$

其中，$R_{sss}(\tau,\lambda) = E\{s(n)s(n+\tau)s(n+\lambda)\}$。

令双谱为三阶矩阵的傅里叶变换，则

$$A_{xxx}(w_1,w_2) = F[R_{xxx}(\tau,\lambda)] = F[R_{sss}(\tau,\lambda)] = A_{sss}(w_1,w_2) \tag{5-33}$$

$$A_{xyx}(w_1,w_2) = F[R_{xyx}(\tau,\lambda)] = F[R_{sss}(\tau-D,\lambda)] = A_{sss}(w_1,w_2)e^{jw_1 D} \tag{5-34}$$

其中，$F[\cdot]$ 表示傅里叶变换。

式（5-33）和式（5-34）写成幅度和相位形式为

$$A_{xxx}(w_1,w_2) = \left|A_{xxx}(w_1,w_2)\right|e^{j\psi_{xxx}(w_1,w_2)} \tag{5-35}$$

$$A_{xyx}(w_1,w_2) = \left|A_{xyx}(w_1,w_2)\right|e^{j\psi_{xyx}(w_1,w_2)} \tag{5-36}$$

令 $I(w_1, w_2) = \dfrac{A_{xyx}(w_1, w_2)}{A_{xxx}(w_1, w_2)}$ ，将式（5-35）和式（5-36）代入，整理得

$$I(w_1, w_2) = \mathrm{e}^{\mathrm{j}(w_1 D)} \tag{5-37}$$

则

$$T(\tau) = \int_{-\pi-\pi}^{+\pi+\pi} I(w_1, w_2) \mathrm{e}^{-\mathrm{j}w_1\tau} \mathrm{d}w_1 \mathrm{d}w_2 = \int_{-\pi}^{+\pi} \mathrm{d}w_2 \int_{-\pi}^{+\pi} \mathrm{e}^{\mathrm{j}w_1(D-\tau)} \mathrm{d}w_1 \tag{5-38}$$

由式（5-38）可知，当 $\tau = D$ 时， $T(\tau)$ 取得最大值，即可得到 TDOA 参数的估计值。

通过分析双谱时延估计法可知，双谱时延估计法在处理零均值不相关高斯白噪声、零均值相关高斯白噪声、零均值相关有色高斯噪声中均有较好的性能，但是双谱时延估计法无法满足更低信噪比情况下的参数估计要求。

5.2.2 FDOA 定位技术实施途径

在定位系统中，多普勒频移是由于卫星和辐射源以及地面信号接收站之间存在相对运动而产生的，它可以通过接收设备测量出到达频差参数。传统的 FDOA 估计算法主要有最小二乘法、极大似然法、基于二阶统计量的谱分析法和基于四阶累积量的 FDOA 非参数估计算法等。下面主要介绍 FDOA 估计经典方法，即基于四阶累积量的 FDOA 非参数估计算法。

仿真算法信号模型为

$$x(t) = s(t) + w_1(t) \tag{5-39}$$

$$y(t) = \beta s(t - D) \cdot \mathrm{e}^{\mathrm{j}(\Delta w \cdot (t-D)+\phi)} + w_2(t) \tag{5-40}$$

其中， $x(t)$ 和 $y(t)$ 分别是接收站接收到的来自主卫星和辅助卫星的信号， $s(t)$ 是辐射源发射信号， $w_1(t)$ 和 $w_2(t)$ 为平稳、零均值的高斯噪声，且独立于 $s(t)$ ， $\beta = (0,1)$ 为衰减因子， D 为 TDOA 估计参数， $\Delta w(\Delta w = 2\pi \cdot \Delta f)$ 为 FDOA 估计参数， ϕ 必是在 $[-\pi, \pi]$ 间的相位，初值设为零。

在相关噪声环境中，二阶统计量算法受相关噪声的影响，将不能对 FDOA 做出准确的估计，而由四阶累积量的数学特性可以知道：高阶累积量对高斯噪声不敏感，利用这个特性，FDOA 非参数估计算法可以较好地估计出 FDOA 参数。

定义信号 $\{\xi(t)\}$ 的四阶累积量为

$$\begin{aligned}
\mathrm{Cum}(\lambda,\tau,\alpha) =\ & E\left\{\xi(t)\xi^*(t+\lambda)\xi(t+\tau)\xi^*(t+\alpha)\right\} \\
& - E\left\{\xi(t)\xi''(t+\lambda)\right\}E\left\{\xi(t+\tau)\xi''(t+\alpha)\right\} \\
& - E\left\{\xi(t)\xi(t+\tau)\right\}E\left\{\xi^*(t+\lambda)\xi^*(t+\alpha)\right\} \\
& - E\left\{\xi(t)\xi^*(t+\alpha)\right\}E\left\{\xi^*(t+\lambda)\xi(t+\tau)\right\}
\end{aligned} \tag{5-41}$$

由于噪声为平稳、零均值的高斯噪声，因此高斯过程的高阶累积量为 0，接收信号 $x(t)$ 和 $y(t)$ 的四阶累积量为

$$\mathrm{Cum}_x(\lambda,\tau,\alpha) = \mathrm{Cum}_s(\lambda,\tau,\alpha) \tag{5-42}$$

$$\mathrm{Cum}_y(\lambda,\tau,\alpha) =\mid\beta\mid^4 \mathrm{Cum}_s(\lambda,\tau,\alpha)\mathrm{e}^{\mathrm{j}\Delta w(t-\lambda-\alpha)} \tag{5-43}$$

用幅度和相位来表示式（5-40）和式（5-41）得

$$\mathrm{Cum}_x(\lambda,\tau,\alpha) = \left|\mathrm{Cum}_s(\lambda,\tau,\alpha)\right|\mathrm{e}^{\mathrm{j}\phi_x(\lambda,t,\alpha)} \tag{5-44}$$

$$\mathrm{Cum}_y(\lambda,\tau,\alpha) = \mathrm{Cum}_y(\lambda,\tau,\alpha)\mathrm{e}^{\mathrm{j}\phi_y(\lambda,t,\alpha)} =\mid\beta\mid^4 \left|\mathrm{Cum}_s(\lambda,\tau,\alpha)\right|\mathrm{e}^{\mathrm{j}\phi_y(\lambda,t,\alpha)} \tag{5-45}$$

其中，$\phi_x(\lambda,t,\alpha) = \phi_s(\lambda,t,\alpha); \phi_y(t,t,\alpha) = \phi_s(\lambda,t,\alpha)+\Delta w(t-\lambda-\alpha)$，令 $\psi_{xy}(\lambda,t,\alpha)$ 为 $\mathrm{Cum}_x(\lambda,\tau,\alpha)$ 和 $\mathrm{Cum}_y(\lambda,\tau,\alpha)$ 的相位差，则有

$$\psi_{xy}(\lambda,t,\alpha) = \Delta w\cdot(t-\lambda-\alpha) \tag{5-46}$$

令 $\lambda=\alpha=0, \tau=\beta$，由式（5-46）得

$$\psi_{xy}(\beta) = \psi_{xy}(0,\beta,0) = \Delta w\beta \tag{5-47}$$

则构造函数 $\delta_{xy}(\beta) = \mathrm{e}^{\mathrm{j}\psi_{xy}(\beta)}$，并对其做傅里叶变换，可得

$$E_{xy}(w) = F\left\{\delta_{xy}(\beta)\right\} = \delta(w-\Delta w) \tag{5-48}$$

其中，$F\{\cdot\}$ 是一维傅里叶变换，$\delta(\cdot)$ 为抽样函数。

因此，当 $|E_{xy}(w)|$ 为最大值时的 w 的值，即为 FDOA 的估计值。

虽然四阶累积量估计算法利用了高阶累积量对高斯噪声不敏感的特性，可以做出较准确的 FDOA 估计。但是，目前基于四阶累积量的 FDOA 非参数估计算法无法在低信噪比情况下获得正确的参数估计值。

5.2.3　TDOA/FDOA 定位技术实施途径

在定位系统中，除了依赖卫星技术，对 TDOA 和 FDOA 的联合估计也是实现快速、准确定位卫星辐射源的关键步骤。TDOA 和 FDOA 联合参数估计算法主要有互模糊函

数法、最大期望估计算法、最大似然估计算法等。下面主要介绍基于互模糊函数法的 TDOA 和 FDOA 联合参数估计经典方法。

对 TDOA 和 FDOA 的联合参数估计问题是对 TDOA 估计问题的推广：由对时延信号间的匹配问题推广到对时差和频差的信号间匹配问题，借助各种模糊函数类信号处理工具，可以得到不同类型噪声和辐射条件下的时差与频差估计值。

互模糊函数法的数学定义为

$$\text{CAF}(f,\tau) = \int_0^T s_1(t)s_2^*(t+\tau)\mathrm{e}^{-\mathrm{j}2\pi ft}\mathrm{d}t \quad (5\text{-}49)$$

其中，$s_1(\cdot)$ 和 $s_2(\cdot)$ 是复包络的连续时间信号，f 和 τ 分别是频差和时差，T 是积分时间长度。通过二维峰值搜索，可以获得 TDOA 和 FDOA 的估计结果。如果 $f=0$，则互模糊函数可以看作传统的相关运算。

令 $t=nT_s$，$f=\dfrac{kf_s}{N}$，其中 T_s 是采样周期，$f_s=\dfrac{1}{T_s}$ 是采样频率。将式（5-49）离散化可以得到

$$\text{CAF}(f,\tau) = \sum_{n=0}^{N} s_1(n)s_2^*(t+\tau)\mathrm{e}^{-\mathrm{j}2\pi\frac{mn}{N}} \quad (5\text{-}50)$$

基于互模糊函数法的 TDOA/FDOA 联合参数估计经典方法的总体最小二乘法原理如图 5-4 所示。

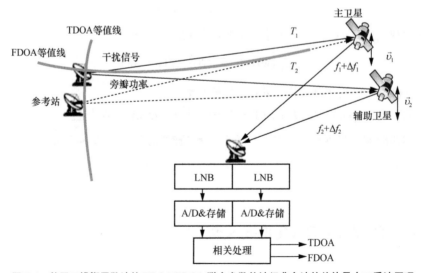

图 5-4　基于互模糊函数法的 TDOA/FDOA 联合参数估计经典方法的总体最小二乘法原理

下面主要介绍基于二阶累积量的互模糊函数法（CAF-SOS）和基于四阶累积量的

互模糊函数法（CAF-HOS）。

仿真算法信号模型为

$$x(t) = s(t) + w_1(t) \tag{5-51}$$

$$y(t) = \beta s(t-D) \cdot \mathrm{e}^{\mathrm{j}(2\pi\Delta f_\mathrm{d}(t-D)+\phi)} + w_2(t) \tag{5-52}$$

式（5-51）和式（5-52）的离散化形式为

$$x(n) = s(n) + w_1(n) \tag{5-53}$$

$$y(n) = \beta s(n-D) \cdot \mathrm{e}^{\mathrm{j}(2\pi\Delta f_\mathrm{d}(n-D)+\phi)} + w_2(n) \tag{5-54}$$

其中，$x(t)$ 和 $y(t)$ 分别是接收站接收到的来自主卫星和辅助卫星的信号；$s(t)$ 是辐射源的发射信号；$w_1(t)$ 和 $w_2(t)$ 为平稳、零均值的高斯噪声，且独立于 $s(t)$；$\beta \in (0,1)$ 为衰减因子；D 为 TDOA 估计参数；Δf_d 为 FDOA 估计参数；ϕ 是在 $[-\pi, \pi]$ 间的相位，初值设为零。

（1）基于二阶累积量的互模糊函数法

由基于二阶累积量的互模糊函数法的定义可知，对接收信号 $x(n)$ 和 $y(n)$ 做处理得

$$C_{\mathrm{xy}}(f,\tau) = \sum_{n=0}^{N-1} x(n)y^*(n+\tau)\mathrm{e}^{-\mathrm{j}2\pi f n} \tag{5-55}$$

其中，"*"表示取复数共轭，把式（5-53）和式（5-54）代入式（5-55）整理得

$$C_{\mathrm{xy}}(f,\tau) = \beta\mathrm{e}^{-\mathrm{j}(2\pi\Delta f(\tau-D))} \cdot \sum_{n=0}^{N-1} x(n)y^*(n+\tau-D)\mathrm{e}^{-\mathrm{j}2\pi(f+\Delta f)n} \tag{5-56}$$

对式（5-56）两边取绝对值，得到

$$\left|C_{\mathrm{xy}}(f,\tau)\right| = \left|\beta\mathrm{e}^{-\mathrm{j}(2\pi\Delta\hat{f}(\tau-D))} \cdot \sum_{n=0}^{N-1} x(n)y^*(n+\tau-D)\mathrm{e}^{-\mathrm{j}2\pi(f+\Delta\hat{f})n}\right| \tag{5-57}$$

整理得

$$\left|C_{\mathrm{xy}}(f,\tau)\right| \leqslant \left|\beta\mathrm{e}^{-\mathrm{j}(2\pi\Delta f(\tau-D))}\right| \cdot \left|\sum_{n=0}^{N-1} x(n)y^*(n+\tau-D)\mathrm{e}^{-\mathrm{j}2\pi(f+\Delta f)n}\right| \tag{5-58}$$

可知，当 $\tau = D$ 且 $f = -\Delta f$ 时，$\left|C_{\mathrm{xy}}(f,\tau)\right|$ 取得最大值，即得到 TDOA 和 FDOA 的联合估计值 D 和 Δf。

（2）基于四阶累积量的互模糊函数法

由四阶累积量定义可知，对接收信号 $x(n)$ 和 $y(n)$ 求四阶累积量得

$$\begin{aligned} \mathrm{Cum}_{\mathrm{xy}}(n,\tau) &= \mathrm{Cum}\left\{x(n), x^*(n), y(n), y^*(n+\tau)\right\} \\ &= E\left\{x(n)x^*(n)y(n)y^*(n+\tau)\right\} - E\{x(n)y(n)\} \cdot \\ &\quad E\left\{x^*(n)y^*(n+\tau)\right\} - 2E\left\{x(n)x^*(n)\right\}E\left\{y(n)y^*(n+\tau)\right\} \end{aligned} \tag{5-59}$$

其中，*表示复数共轭。

则基于四阶累积量的互模糊函数法定义为

$$C_{xy}(f,\tau) = \sum_{n=0}^{N-1}\text{Cum}_{xy}(n,\tau)\text{e}^{-\text{j}2\pi fn} = \beta\text{e}^{-\text{j}(2\pi\hat{\zeta}(\tau-D))} \cdot \sum_{n=0}^{N-1}\text{Cum}_{xy}(n,\tau)\text{e}^{-\text{j}2\pi(f+\Delta f)n} \quad (5\text{-}60)$$

由柯西–施瓦茨不等式的性质可知，当 $\tau = D$ 且 $f = -\Delta f$ 时，$\left|C_{xy}(f,\tau)\right|$ 取得最大值，即得到 TDOA 和 FDOA 的联合估计值 D 和 Δf。

5.3 基于多波束阵列天线的干扰源定位

经典的 MUSIC 算法和 ESPRIT 算法是需要在理想的条件下才能实现良好估计性能的一维 DOA 估计算法，如远场窄带不相关信号源及独立不相关的噪声，它们是在线性阵列的基础上提出的。其中，MUSIC 算法具有很好的估计精度和角度分辨能力，且能同时估计多个信号源的参数，受到了广泛的关注。但该算法需在全方位上找出极值，导致算法的计算量很大，而且对天线的误差也较敏感。而 ESPRIT 算法对阵列结构的限制比较严格，子阵列之间的相对位置存在一定的关系，虽避免了方位搜索的计算量，提高了估计的速度，但波达方向估计的能力依赖于阵元的相对位置，在实际应用中受到一定限制。

5.3.1 窄带相干信号的二维 DOA 估计

由于一维 DOA 估计简单而直接，在波达方向估计的研究领域中，研究学者对一维的 DOA 估计问题研究已经很成熟，并获得了较好的应用效果。但是在实际环境中，辐射源信号来源于空间，具有二维（包含方位角和俯仰角）的波达信息，仅研究其一维的波达角，并不能充分描述辐射源的空间特征。近年来，虽然一些以子空间类算法为代表的二维 DOA 估计算法被提出，但其相比于一维的 DOA 估计算法还不成熟，需进一步深入研究。

在实际情况中，由于有限的快拍数和信号噪声比的要求，MUSIC 算法对波达角估计的分辨力和精度均受到了一定的限制，而且该算法要求测向信号数小于阵元数。在实际环境中，信号在传播过程中无可避免地会因为反射、折射等产生多径信号，或者接收到干扰方在侦查到一定有用信号的基础上发射的相关性强的干扰信号时，经典的 DOA 估计算法的性能迅速下降，甚至完全失效。相干信号的波达方向估计是空间谱估计亟须解决的一个实际问题。

针对相干信号解相干的方法可分为降维处理算法和非降维处理算法两种。前者的经典算法有矩阵重构类算法和空间平滑类算法等，而后者的经典算法有频域平滑算法和虚拟阵列变化算法等。降维处理算法存在阵列孔径损失的缺点，而非降维处理算法往往在特定的环境下适用。对于相干信号源的估计问题，学术界已提出了许多解决的途径。基于空间平滑技术改进的 MUSIC 解相干算法[1-2]具有很好的性能，但需要将阵列分成多个子阵列，不仅减小了阵元数和阵列孔径，还对阵列结构有一定的要求，在实际中无法得到广泛应用。修正 MUSIC 算法[3]虽具有一定的去相关能力，但在信号源较多时性能受到限制。文献[4]中阵列平滑去相关的方法一般在特定的环境（移动阵列）下适用。

大多数解相干的二维 DOA 估计算法对阵列结构及环境有特定的要求，不能得到广泛应用。而六边形天线阵列[5]是由一个处于中心的天线单元和以它为圆心的若干个同心六边形环阵（每个环阵含阵元个数为 $6n$，n=1 时为最靠近圆心的六边形环阵）组成的，它也可看作一个中心存在阵元的改进型环阵。此种阵列具有使主瓣变得更窄、副瓣更低、对主瓣以外的干扰有效抑制等优点，在实际中得到了广泛的应用。因此在六边形天线阵列结构基础上，深入研究信号源的 DOA 估计具有很重要的意义。

现代通信系统中广泛应用非圆信号（如 AM、BPSK 和 MASK 等），本小节根据它们的特性，利用阵列接收数据及其共轭信息扩展虚拟阵列，充分利用数据信息研究相干信号的二维 DOA 估计。

5.3.1.1　二维 MUSIC 算法相干信号 DOA 估计的改进算法

具有良好的分辨力和精度的 MUSIC 算法不仅具有适中的算法复杂度，而且可适用于任意的阵列结构模型。经典的 MUSIC 算法对非相关信号可以实现良好估计，但当波达信号具有一定相关性时，其估计性能就下降了，甚至完全失效。本小节针对未知源信号的相关情况及个数的情况，在共轭数据阵列的基础上，提出了一种基于阵列平滑去相干和一种基于相关矩阵扩展重构去相干的改进二维 MUSIC 算法。相比于空间平滑技术，这两种方法在不损失阵元数的情况下，能对相干源信号的波达方向进行估计。本小节提出的两种改进算法的基本思想吸收了修正 MUSIC 算法[6]的共轭矩阵的思想来扩展阵列，在利用阵列接收数据的共轭矩阵基础上，前者利用了整体阵列平滑去相关的思想实现去相干，后者提出一个新的扩展相关矩阵达到去相干的目的。快拍接收的原始数据及其共轭构成新的矩阵，等效的可利用的阵列长度为原来的 2 倍，可以充分

卫星通信干扰感知及智能抗干扰技术

利用阵列的数据矩阵和新矩阵之间的互相关和自相关信息，提高 DOA 估计的性能。

在实际应用中，阵列的输出信号为复信号，求其共轭矩阵来扩展阵列，扩展后的阵列可分为 3 个子六边形阵列，共轭扩展后的阵列如图 5-5 所示。

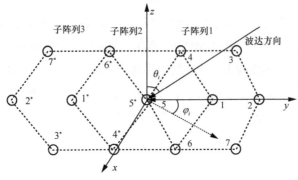

图 5-5　共轭扩展后的阵列

对于阵列输出数据 $\boldsymbol{X}(t)$ ，其共轭阵列的输出数据为 $\boldsymbol{X}^*(t)$ ，阵列的输出数据又可表示为

$$\boldsymbol{X}(t) = [x_1(t), \cdots, x_k(t), \cdots, x_N(t)]^{\mathrm{T}} \tag{5-61}$$

则共轭矩阵的数据 $\boldsymbol{X}^*(t)$ 为

$$\boldsymbol{X}^*(t) = [x_1^*(t), \cdots, x_k^*(t), \cdots, x_N^*(t)]^{\mathrm{T}} \tag{5-62}$$

如图 5-5 所示，根据阵列快拍输出的数据矩阵 $\boldsymbol{X}(t)$ 与其共轭矩阵 $\boldsymbol{X}^*(t)$ ，可虚拟扩展原阵列。扩展后的阵列可划分为 3 个相交的六边形阵列，间隔距离分别为 R 。每个子阵列的输出数据表示为

$$\begin{aligned} \boldsymbol{X}_1(t) &= [x_1(t), x_2(t), x_3(t), x_4(t), x_5(t), x_6(t), x_7(t)]^{\mathrm{T}} \\ \boldsymbol{X}_2(t) &= [x_5(t), x_1(t), x_4(t), x_6^*(t), x_1^*(t), x_4^*(t), x_6(t)]^{\mathrm{T}} \\ \boldsymbol{X}_3(t) &= [x_1^*(t), x_5^*(t), x_6^*(t), x_7^*(t), x_2^*(t), x_3^*(t), x_4^*(t)]^{\mathrm{T}} \end{aligned} \tag{5-63}$$

从扩展后的阵列模型看出，子阵列 2 和子阵列 3 可由真实的六边形阵列沿 x 轴依次向左平移 R 的距离得到，根据式（5-61）和式（5-62），式（5-63）又可表述为

$$\begin{aligned} \boldsymbol{X}_1(t) &= \boldsymbol{A}\boldsymbol{S}(t) + \boldsymbol{N}_1(t) \\ \boldsymbol{X}_2(t) &= \boldsymbol{A}\boldsymbol{\Phi}_0\boldsymbol{S}(t) + \boldsymbol{N}_2(t) \\ \boldsymbol{X}_3(t) &= \boldsymbol{A}\boldsymbol{\Phi}_0^2\boldsymbol{S}(t) + \boldsymbol{N}_3(t) \end{aligned} \tag{5-64}$$

其中，$\boldsymbol{\Phi}_0$ 为对角矩阵，$\boldsymbol{\Phi}_0 = \mathrm{diag}(\mathrm{e}^{\mathrm{j}2\pi(fR/c)\cos\varphi_1\sin\theta_1}, \cdots, \mathrm{e}^{\mathrm{j}2\pi(fR/c)\cos\varphi_D\sin\theta_D})$ ，而 $\boldsymbol{N}_1(t)$ 、$\boldsymbol{N}_2(t)$ 、$\boldsymbol{N}_3(t)$ 分别为 3 个子阵列输出的噪声矩阵。

（1）基于阵列平滑去相干的改进算法

本小节提出了一种基于阵列平滑去相干的二维 MUSIC 改进算法，将阵列快拍输出的数据矩阵 $\boldsymbol{X}(t)$ 与其共轭矩阵 $\boldsymbol{X}^*(t)$ 合并构造出多个子阵列输出矩阵，利用整体阵列平滑移动去相干的思想，用划分虚拟阵列得到的子阵列代替阵列平滑去相干方法中所需的阵列，达到去相干的目的。最后，利用二维 MUSIC 谱估计算法对波达信号进行 DOA 估计。首先，介绍阵列平滑去相干的基本原理。

假设得到了等间距为 R 的 M 个子阵列，所有子阵列相关矩阵的平均值为

$$
\begin{aligned}
\overline{\boldsymbol{R}} &= \frac{1}{M}\sum_{m=1}^{M} E\left\{\boldsymbol{X}_m(t)\boldsymbol{X}_m(t)^{\mathrm{H}}\right\} \\
&= \frac{\boldsymbol{A}}{M}\sum_{m=1}^{M} \boldsymbol{\Phi}_0^{(m-1)}\boldsymbol{R}_{\mathrm{s}}\boldsymbol{\Phi}_0^{-(m-1)}\boldsymbol{A}^{\mathrm{H}} + \sigma^2\boldsymbol{I}
\end{aligned}
\tag{5-65}
$$

其中，$\boldsymbol{X}_m(t)$ 为第 m 个阵列的输出，$\boldsymbol{A}$ 为阵列流形矩阵，$\boldsymbol{R}_{\mathrm{s}}$ 为信号源的相关矩阵，$\boldsymbol{I}$ 为 $N \times N$ 的单位矩阵，H 表示矩阵的转置运算。

令 $\overline{\boldsymbol{R}}_{\mathrm{s}} = \dfrac{1}{M}\sum_{m=1}^{M}\boldsymbol{\Phi}_0^{(m-1)}\boldsymbol{R}_{\mathrm{s}}\boldsymbol{\Phi}_0^{-(m-1)}$，式（5-65）可转化为

$$
\overline{\boldsymbol{R}} = \boldsymbol{A}\overline{\boldsymbol{R}}_{\mathrm{s}}\boldsymbol{A}^{\mathrm{H}} + \sigma^2\boldsymbol{I}
\tag{5-66}
$$

当存在 D 个相干的信号源时，$\boldsymbol{R}_{\mathrm{s}}$ 的秩为 1，故可把其转换为一个矢量相乘的形式为

$$
\boldsymbol{R}_{\mathrm{s}} = \boldsymbol{\beta}\cdot\boldsymbol{\beta}^{\mathrm{H}},\ \boldsymbol{\beta} = [\beta_1,\cdots,\beta_D]^{\mathrm{T}}
\tag{5-67}
$$

则代入 $\overline{\boldsymbol{R}}_{\mathrm{s}}$ 的表达式可得

$$
\begin{aligned}
\overline{\boldsymbol{R}}_{\mathrm{s}} &= \frac{1}{M}\sum_{m=1}^{M}\boldsymbol{\Phi}_0^{(m-1)}\boldsymbol{\beta}\cdot\boldsymbol{\beta}^{\mathrm{H}}\boldsymbol{\Phi}_0^{-(m-1)} \\
&= \frac{1}{M}\sum_{m=1}^{M}(\boldsymbol{\Phi}_0^{(m-1)}\boldsymbol{\beta})\cdot(\boldsymbol{\Phi}_0^{-(m-1)}\boldsymbol{\beta})^{\mathrm{H}} = \frac{1}{M}\boldsymbol{\Gamma}\cdot\boldsymbol{\Gamma}^{\mathrm{H}}
\end{aligned}
\tag{5-68}
$$

其中，$\boldsymbol{\Gamma} = \left[\boldsymbol{\beta},\boldsymbol{\Phi}_0\boldsymbol{\beta},\cdots,\boldsymbol{\Phi}_0^{(m-1)}\boldsymbol{\beta},\cdots,\boldsymbol{\Phi}_0^{(M-1)}\boldsymbol{\beta}\right]$，$\boldsymbol{\Phi}_0 = \mathrm{diag}(\mathrm{e}^{\mathrm{j}2\pi(fR/c)\cos\varphi_1\sin\theta_1},\cdots,\mathrm{e}^{\mathrm{j}2\pi(fR/c)\cos\varphi_D\sin\theta_D})$，故若信号源来自不同方向，矩阵 $\boldsymbol{\Gamma}$ 的秩为 $\min(M,D)$。当子阵列数 M 大于或等于相干的信号源数时，矩阵 $\boldsymbol{\Gamma}$ 为满秩，即式（5-68）中 $\overline{\boldsymbol{R}}_{\mathrm{s}}$ 为满秩，实现去相干的目的。

在本小节，利用求阵列的共轭数据矩阵的思想虚拟扩展阵列，并可把得到的虚拟阵列划分为多个与原阵列结构相同的子阵列。用划分扩展阵列得到的子阵列代替移动阵列后得到的虚拟子阵列去相关方法中所需的阵列，即使阵列在无特定的移动环境下仍能具有一定的去相干性能。

利用式（5-63）得到 3 个子阵列的数据输出，求出所有子阵列相关矩阵的平均值为

$$\overline{R} = \frac{1}{3}\left(E\left\{ X_1(t) \cdot X_1(t)^{\mathrm{H}} \right\} + E\left\{ X_2(t) \cdot X_2(t)^{\mathrm{H}} \right\} + E\left\{ X_3(t) \cdot X_3(t)^{\mathrm{H}} \right\} \right) \quad （5-69）$$

然后对平均后的相关矩阵 $\overline{R}$ 进行特征值分解，并根据其最小特征值，计算其重数 n 估计源信号个数，得到信号子空间和空间子空间，并利用二维 MUSIC 算法估计波达信号的 DOA。

根据上面算法的描述，相对于经典的二维 MUSIC 算法，本小节提出的基于阵列平滑去相干的改进算法仅在相关矩阵运算的部分多出一些计算量的代价。这一部分的复杂度变为 $O(3LN^2)$（L 为快拍数，N 为阵元个数）。经典二维 MUSIC 算法空间谱构造及搜索部分的复杂度占总运行时间的 90% 以上，而本小节提出的算法的复杂度代价很小，可忽略不计。总体来说，本小节提出的算法的复杂度并不高。

本小节提出的基于阵列平滑去相干的改进算法，无移动阵列平滑去相干方法所要求的特定移动环境，在静态的情况下具有一定的去相干性能。但其也存在一定的不足，对于阵列接收到的源信号中完全相干信号个数不超过 3 个时，可以完全实现去相干的目的。相比之下，其在相干源信号个数方面有一定的限制。针对其他阵元数的六边形阵列，均可选择合适的参考阵元，求其共轭的阵列数据扩展虚拟阵列后划分为多个相同的子阵列，实现去相干的目的。下面仍在扩展后的虚拟阵列基础上，提出了一种基于相关矩阵扩展重构去相干的改进算法。

（2）基于相关矩阵扩展重构去相干的改进算法

这里提出了一种基于相关矩阵扩展重构去相干的二维 MUSIC 改进算法，利用求阵列的共轭数据矩阵的思想虚拟扩展阵列，并把扩展后得到的虚拟阵列划分为多个与原阵列结构相同的子阵列，构造出 3 个子阵列输出矩阵。通过对新的子阵列输出数据矩阵求自相关和互相关矩阵，把这一系列相关矩阵合并扩展出新的相关矩阵 R，从而达到去相干的目的。对新的相关矩阵 R 进行奇异值分解得到噪声子空间和信号子空间，再利用二维 MUSIC 谱估计算法对波达信号进行 DOA 估计。

可以得到子阵列间的自相关矩阵和互相关矩阵为

$$
\begin{aligned}
R_{X_1 X_1} &= E\left\{ X_1(t) \cdot X_1(t)^{\mathrm{H}} \right\} = A R_{\mathrm{S}} A^{\mathrm{H}} + R_{N1} \\
R_{X_2 X_2} &= E\left\{ X_2(t) \cdot X_2(t)^{\mathrm{H}} \right\} = A \boldsymbol{\Phi}_0 R_{\mathrm{S}} \boldsymbol{\Phi}_0^{\mathrm{H}} A^{\mathrm{H}} + R_{N2} \\
R_{X_1 X_2} &= E\left\{ X_1(t) \cdot X_2(t)^{\mathrm{H}} \right\} = A R_{\mathrm{S}} \boldsymbol{\Phi}_0^{\mathrm{H}} A^{\mathrm{H}} + R_{N3} \\
R_{X_2 X_1} &= E\left\{ X_2(t) \cdot X_1(t)^{\mathrm{H}} \right\} = A \boldsymbol{\Phi}_0 R_{\mathrm{S}} A^{\mathrm{H}} + R_{N4} \\
R_{X_3 X_1} &= E\left\{ X_3(t) \cdot X_1(t)^{\mathrm{H}} \right\} = A \boldsymbol{\Phi}_0^2 R_{\mathrm{S}} A^{\mathrm{H}} + R_{N5} \\
R_{X_3 X_2} &= E\left\{ X_3(t) \cdot X_2(t)^{\mathrm{H}} \right\} = A \boldsymbol{\Phi}_0^2 R_{\mathrm{S}} \boldsymbol{\Phi}_0^{\mathrm{H}} A^{\mathrm{H}} + R_{N6}
\end{aligned}
\quad （5-70）
$$

其中，$\boldsymbol{R}_s = E\{\boldsymbol{S}(t)\boldsymbol{S}^{\mathrm{H}}(t)\}$ 表示信号自相关矩阵；$\boldsymbol{R}_{Ni} = \sigma^2 Ni (i=1,2,\cdots,6)$ 表示阵列输出噪声的相关矩阵。

根据上述自相关矩阵和互相关矩阵，合并得到扩展的相关矩阵为

$$\boldsymbol{R} = [\boldsymbol{R}_{X1X_1} \quad \boldsymbol{R}_{X_2X_1} \quad \boldsymbol{R}_{X_3X_1}; \quad \boldsymbol{R}_{X_1X_2} \quad \boldsymbol{R}_{X_2X_2} \quad \boldsymbol{R}_{X_3X_2}] \tag{5-71}$$

根据式（5-70）和式（5-71）又可表述为

$$\begin{aligned}
\boldsymbol{R} &= \boldsymbol{A}[\boldsymbol{R}_s \quad \boldsymbol{\Phi}_0\boldsymbol{R}_s \quad \boldsymbol{\Phi}_0^2\boldsymbol{R}_s; \quad \boldsymbol{R}_s\boldsymbol{\Phi}_0^{\mathrm{H}} \quad \boldsymbol{\Phi}_0\boldsymbol{R}_s\boldsymbol{\Phi}_0^{\mathrm{H}} \quad \boldsymbol{\Phi}_0^2\boldsymbol{R}_s\boldsymbol{\Phi}_0^{\mathrm{H}}]\boldsymbol{A}^{\mathrm{H}} \\
&+ [\boldsymbol{R}_{N1} \quad \boldsymbol{R}_{N4} \quad \boldsymbol{R}_{N5}; \quad \boldsymbol{R}_{N3} \quad \boldsymbol{R}_{N2} \quad \boldsymbol{R}_{N6}]
\end{aligned} \tag{5-72}$$

根据式（5-72），可令 $\boldsymbol{G} = [\boldsymbol{R}_s \quad \boldsymbol{\Phi}_0\boldsymbol{R}_s \quad \boldsymbol{\Phi}_0^2\boldsymbol{R}_s; \quad \boldsymbol{R}_s\boldsymbol{\Phi}_0^{\mathrm{H}} \quad \boldsymbol{\Phi}_0\boldsymbol{R}_s\boldsymbol{\Phi}_0^{\mathrm{H}} \quad \boldsymbol{\Phi}_0^2\boldsymbol{R}_s\boldsymbol{\Phi}_0^{\mathrm{H}}]$，$\boldsymbol{R}_n = [\boldsymbol{R}_{N1} \quad \boldsymbol{R}_{N4} \quad \boldsymbol{R}_{N5}; \quad \boldsymbol{R}_{N3} \quad \boldsymbol{R}_{N2} \quad \boldsymbol{R}_{N6}]$，则

$$\boldsymbol{R} = \boldsymbol{A}\boldsymbol{G}\boldsymbol{A}^{\mathrm{H}} + \boldsymbol{R}_n \tag{5-73}$$

定理 1[7]：设 $\boldsymbol{Q}$ 是 $L \times M$ 维无零行向量的矩阵 $(L \leqslant M)$，$\boldsymbol{P}$ 为 $L \times L$ 维对角矩阵，其对角元素互不相等，若 $\mathrm{rank}(\boldsymbol{Q}) = r < L$，则 $\mathrm{rank}[\boldsymbol{Q} \quad \boldsymbol{PQ}] = r + 1$。

证明：由于 $L \leqslant M$，$\mathrm{rank}(\boldsymbol{Q}) = r < L$，我们可将矩阵 $\boldsymbol{Q}$ 的列矢量分为两个部分，即 $\boldsymbol{Q}_1$ 和 $\boldsymbol{Q}_2$ 两个矩阵，假设 $\boldsymbol{Q}_1$ 为 $L \times r$ 的列满秩矩阵，则有

$$\mathrm{rank}[\boldsymbol{Q} \quad \boldsymbol{PQ}] = \mathrm{rank}[\boldsymbol{Q}_1 \quad \boldsymbol{Q}_2 \quad \boldsymbol{PQ}_1 \quad \boldsymbol{PQ}_2] = \mathrm{rank}[\boldsymbol{Q}_1 \quad \boldsymbol{PQ}_1] \tag{5-74}$$

根据矩阵的秩性质可知 $\mathrm{rank}(\boldsymbol{Q}_1) + 1 \leqslant \mathrm{rank}[\boldsymbol{Q}_1 \quad \boldsymbol{PQ}_1] \leqslant L$，如果 $\mathrm{rank}(\boldsymbol{Q}_1) = r = 1$，则 $\mathrm{rank}[\boldsymbol{Q}_1 \quad \boldsymbol{PQ}_1] = 2$，说明 $[\boldsymbol{Q}_1 \quad \boldsymbol{PQ}_1]$ 的秩至少比 $\boldsymbol{Q}_1$ 的秩大 1，即 $r + 1 \leqslant \mathrm{rank}[\boldsymbol{Q} \quad \boldsymbol{PQ}] \leqslant L$。

证明结束。

同理可得定理 2。

定理 2：设 $\boldsymbol{H}$ 是 $M \times L$ 维无零行向量的矩阵（$L \leqslant M$），$\boldsymbol{P}$ 为 $L \times L$ 维对角矩阵，其对角元素互不相等，若 $\mathrm{rank}(\boldsymbol{H}) = r < L$，则 $\mathrm{rank}[\boldsymbol{H} \quad \boldsymbol{HP}] = r + 1$。

假设到达阵列的 $D (D \leqslant N)$ 个信号都是相干的，则 $\mathrm{rank}(\boldsymbol{R}_s) = 1$，由于各信号源的波达方向都不相同，当信号源波达方向满足条件：不存在任意两个信号源的方位角和另一信号源的俯仰角之和相等时的值为 90°（即 $\theta_i + \varphi_j = \theta_j + \varphi_i \neq \pi/2$）；不存在任意两个俯仰角相等时它们的方位角之和为 360°（即 $\theta_i = \theta_j, \varphi_i + \varphi_j \neq 2\pi$）；不存在任意两个信号源的方位角同时为 90° 或 270°；当任意两个信号源的俯仰角相等，不存在值为 0° 的情况时，可知 $\boldsymbol{\Phi}_0$ 的对角元素各不相同，为满秩矩阵。并根据上面的理论推导分析可知：$\mathrm{rank}(\boldsymbol{R}_s) + n - 1 \leqslant \mathrm{rank}(\boldsymbol{G}) \leqslant D$，其中 n 为 $\boldsymbol{G}$ 中矩阵的个数。根据分块矩阵的性质及上面噪声相关矩阵的结构分析可知 $\boldsymbol{R}_n$ 为满秩矩阵，在信号相关矩阵满秩的情况下，

信号和噪声的子空间不会受到影响。由式（5-73）可知新的相关矩阵 R 可以分解出 D 维的信号子空间，再利用 DOA 估计算法，如 MUSIC 算法，获得 D 个信号的角度信息，即实现了去相干的目的。

通过对扩展重构的新相关矩阵 R 进行奇异值分解得到噪声子空间和信号子空间，然后采用二维 MUSIC 谱估计算法对波达信号进行估计。

以上就是基于相关矩阵扩展重构去相干的 DOA 估计算法的基本原理介绍，总体来说，算法的实现可总结为以下几个步骤。

步骤 1：天线阵列各阵元输出数据快拍矩阵 $X(k)$，求出其共轭矩阵 $X^*(k)$，及原始数据的相关矩阵为 R_{xx}。

步骤 2：根据式（5-63）构造出 3 个子六边形阵列的输出数据矩阵 $X_1(k)$、$X_2(k)$、$X_3(k)$。

步骤 3：分别求出 3 个子六边形阵列的自相关矩阵和互相关矩阵：$R_{X_1X_1}$、$R_{X_2X_2}$、$R_{X_1X_2}$、$R_{X_2X_1}$、$R_{X_3X_1}$、$R_{X_3X_2}$。

步骤 4：构造出新的相关矩阵 $R = [R_{X_1X_1} \quad R_{X_2X_1} \quad R_{X_3X_1}; \quad R_{X_1X_2} \quad R_{X_2X_2} \quad R_{X_3X_2}]$。

步骤 5：对矩阵 R 进行奇异值分解，可得到信号和噪声的两个子空间矩阵。

步骤 6：利用二维 MUSIC 算法估计信号源的 DOA。

根据算法步骤可知，相比于经典的二维 MUSIC 算法，提出的算法仅在相关矩阵及特征值分解运算的部分多出一些计算量的代价，这一部分的复杂度变为 $O(6LN^2 + 32N^3/3)$（L 为快拍数，N 为阵元个数）。经典二维 MUSIC 算法空间谱构造及搜索部分的复杂度占总运行时间的 90% 以上，而本小节提出的算法的复杂度代价很小，可忽略不计。总体来说，本小节提出的算法的复杂度代价并不高。

（3）性能仿真与分析

假设波达信号为相干的远场源窄带正弦信号，噪声为加性高斯白噪声，噪声和窄带信号是相互独立的，仿真的阵列为含有 7 个全向阵元的六边形阵列，波长为 λ，阵元间距为 $\lambda/2$。

仿真 1：算法去相干 DOA 估计的可行性

假设波达信号为 3 个相干的信号源，其俯仰角和方位角分别为（10°，50°）、（20°，150°）、（30°，100°），快拍数为 2 000 个，且信噪比为 20 dB，分别利用本小节提出的两种算法——基于阵列平滑去相干的改进二维 MUSIC 算法和基于相关矩阵扩展重构去相干的改进二维 MUSIC 算法对 3 个相干的信号源进行 DOA 估计仿真。基于阵列平滑去相干的改进二维 MUSIC 空间谱估计及其曲面的等高线图如图 5-6 所示。基于相关矩阵扩展重构去相干的改进二维 MUSIC 空间谱估计及其曲面的等高线图如图 5-7 所示。

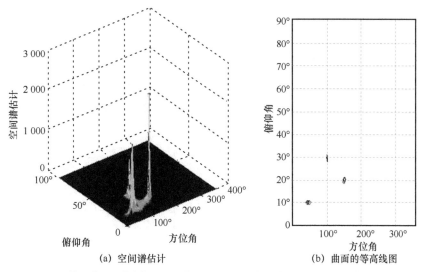

(a) 空间谱估计　　　　　　　　(b) 曲面的等高线图

图 5-6　基于阵列平滑去相干的改进二维 MUSIC 空间谱估计及其曲面的等高线图

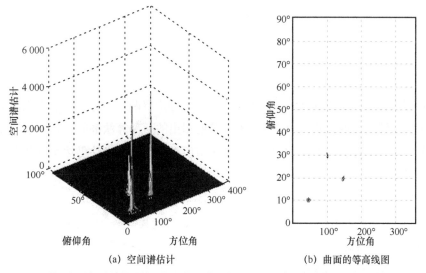

(a) 空间谱估计　　　　　　　　(b) 曲面的等高线图

图 5-7　基于相关矩阵扩展重构去相干的改进二维 MUSIC 空间谱估计及其曲面的等高线图

可以看出，本小节所提出的算法对相干信号能有效地去相干并正确估计出来，证明了算法的可行性。

仿真 2：算法的分辨率性能

2 个完全相干的信号源的方位角均为 150°，俯仰角分别为 5°、10°，分析本小节所提出的两种算法在信噪比为 20 dB 和信噪比为 10 dB 的情况下，在俯仰角上的估计性能，并通过仿真比较修正 MUSIC 算法和本小节所提出的两种算法的估计性能。5°和 10°俯仰角下 3 种算法估计性能的比较如图 5-8 所示。

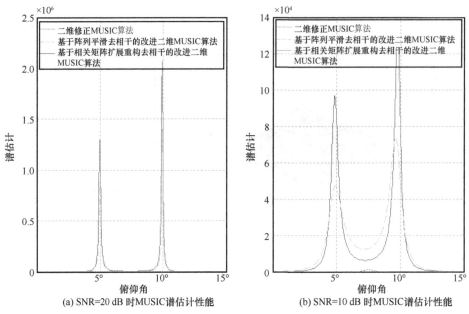

(a) SNR=20 dB 时MUSIC谱估计性能　　　(b) SNR=10 dB 时MUSIC谱估计性能

图 5-8　不同信噪比条件下，5°和 10°俯仰角下 3 种算法估计性能的比较

可以看出，二维修正 MUSIC 算法完全不能分辨出两个信号；在信噪比为 20 dB 的情况下，针对两种俯仰角的情况，本小节所提出的两种算法都能有效地估计并分辨出信号；但当信噪比降低为 10 dB 时，本小节所提出的两种算法仍然均可分辨出两个角度，只是具有一定的估计误差。该仿真说明当信噪比变差时，本小节所提出的算法仍具有较好的估计性能。

2 个完全相干的信号源的方位角均为 150°，固定其中一个信号源的俯仰角分别为 5°，将另一个干扰源逐渐与其靠近，在信噪比为 20 dB、快拍数为 200～6 000 个的范围内，进行 100 次独立实验。利用本小节所提出的两种算法进行估计，直到算法不能正确地分辨出两个信号为止，得到可估计的最小角度间隔，即算法的空间分辨率，不同快拍数下两种算法的分辨率估计如图 5-9 所示。可以看出，算法的分辨率与采样快拍数相关，随着快拍数的增加，分辨率越来越高，特别是快拍数较小时算法的分辨率有明显的改善，在快拍数达到一定程度时，分辨率基本不再变化。图 5-9 中提出的基于相关矩阵扩展重构去相干的改进二维 MUSIC 算法的最佳分辨率为 0.4°，而基于阵列平滑去相干的改进二维 MUSIC 算法的最佳分辨率为 0.3°。总体来说，所提算法的分辨率并不算太优（仅在俯仰角上进行分析）。

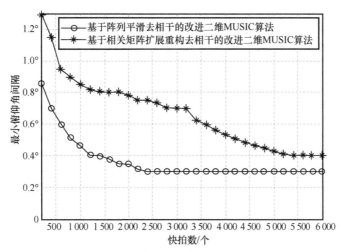

图 5-9　不同快拍数下两种算法的分辨率估计

仿真 3：算法的估计性能

用均方根误差（RMSE）来表征信号的角度估计性能。假设进行 n 次独立实验，在 D 个信号源的俯仰角和方位角上的均方根误差可以分别定义为

$$\text{RMSE}(\theta) = \frac{1}{D}\sum_{d=1}^{D}\sqrt{\frac{1}{n}\sum_{i=1}^{n}(\hat{\theta}_{di}-\theta_d)^2}, \quad \text{RMSE}(\varphi) = \frac{1}{D}\sum_{d=1}^{D}\sqrt{\frac{1}{n}\sum_{i=1}^{n}(\hat{\varphi}_{di}-\varphi_d)^2} \quad （5\text{-}75）$$

其中，θ_d 和 φ_d 为信号的真实角度，$\hat{\theta}_{di}$ 和 $\hat{\varphi}_{di}$ 为估计值。

取仿真 1 中完全相干的前两个信号源，波达方向与仿真 1 中也相同，信噪比为 $0 \sim 20\ \text{dB}$，快拍数为 2 000 个，进行 200 次独立仿真实验，分别比较基于阵列平滑去相干的改进二维 MUSIC 算法和基于相关矩阵扩展重构去相干的改进二维 MUSIC 算法 DOA 估计下的相干信号的俯仰角和方位角的均方根误差与信噪比的关系。为了进一步验证本小节所提算法的估计性能的有效性，根据文献[8]给出的相干信号的波达方向无偏估计的方差下界，引入二维相干信号的 DOA 估计的克拉美罗界（CRB）。不同信噪比下相干信号俯仰角上的精度估计如图 5-10 所示，不同信噪比下相干信号方位角上的精度估计如图 5-11 所示。

可以看出，当信噪比较低时，基于相关矩阵扩展重构去相干的改进二维 MUSIC 算法的估计性能优于基于阵列平滑去相干的改进二维 MUSIC 算法的估计性能；信噪比较高时，两种算法的估计性能相差不多。随着信噪比的增加，两种算法的 RMSE 都逐渐减小，精度越来越好。比较俯仰角和方位角上的估计性能，可以发现俯仰角上的估计性能更好一些。与克拉美罗界比较，可以发现本小节提出的两种算法，均具有较好的估计性能。总体来说，基于相关矩阵扩展重构去相干的改进二维 MUSIC 算法对相干信号的估计具有更好的精度性能，尤其是在信噪比较小时。

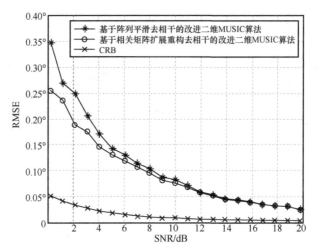

图 5-10　不同信噪比下相干信号俯仰角上的精度估计

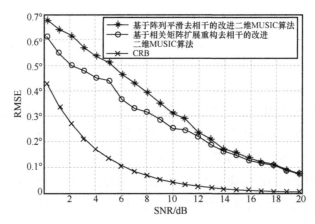

图 5-11　不同信噪比下相干信号方位角上的精度估计

5.3.1.2　一种新的二维 ESPRIT 的 DOA 估计算法

常规的二维 ESPRIT 算法不能对相关或相干的信号源实现精确的波达方向估计，而空间平滑去相关算法[9]及矩阵分解算法[10]等现有的去相关类算法一般只适用于线性阵列，对实际应用中人们比较热衷的六边形阵列不适用。

本小节在六边形阵列的模型下，提出了一种新的二维 ESPRIT 算法，该算法还具有一定的去相干性能。根据六边形阵列的结构特点，突破了 ESPRIT 算法一般适用于存在一定不变性结构的几何结构阵列严格限制的局限性，提出一种基于六边形阵列的新的二维 ESPRIT 算法。实际环境中多径效应的影响使传统算法的 DOA 估计性能下降，该算法利用了共轭虚拟扩展阵列的思想[6]，即进行一次前后向空间平滑，具有对相干信号源去相干的性能，更具有实际的应用价值。文献[11]也提出了基于六边形阵列的 ESPRIT 算法，但它把 7 阵元的六边形阵列分为两个部分，每个部分均含有 4 个阵元，且两个组合之间存在一个不变的旋转因子，共有 3 种组合，任选其中两种作为二维 ESPRIT 算法的阵列结构。该方法有较大的复杂度，且仅对不相干信号具有比较好的 DOA 估计性能，对相干信号完全失效。

（1）新的二维 ESPRIT 算法

在实际应用中，阵列的输出信号为复信号，求其共轭矩阵 $\boldsymbol{X}^*(t)$ 来扩展阵列，扩展后的阵列结构如图 5-12 所示，阵列的共轭矩阵 $\boldsymbol{X}^*(t)$ 表达式如式（5-62）所示。

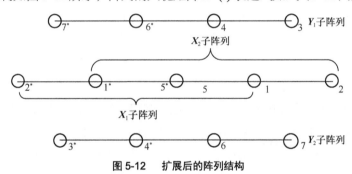

图 5-12　扩展后的阵列结构

从图 5-12 可以看出，扩展后的阵列包含 3 个平行的均匀直线子阵列，中间的子阵列可分为两个含有相等阵元数（个数为 M）的 $\boldsymbol{X}_1$ 和 $\boldsymbol{X}_2$ 子阵列，由此可以得到 4 个含有相等阵元数的均匀直线子阵列。每个子阵列的接收信号可表示为

$$\begin{cases} \boldsymbol{X}_1(t) = (x_2^*(t), x_1^*(t), x_5(t), x_1(t))^{\mathrm{T}}, \boldsymbol{X}_2(t) = (x_1^*(t), x_5(t), x_1(t), x_2(t))^{\mathrm{T}} \\ \boldsymbol{Y}_1(t) = (x_7^*(t), x_6^*(t), x_4(t), x_3(t))^{\mathrm{T}}, \boldsymbol{Y}_2(t) = (x_3^*(t), x_4^*(t), x_6(t), x_7(t))^{\mathrm{T}} \end{cases} \quad (5\text{-}76)$$

本小节根据六边形阵列的结构特点，吸收了修正 MUSIC 算法[3]的共轭矩阵的思想虚拟扩展阵列，增加了可用的阵元个数。快拍接收的原始数据及其共轭构成新的矩阵，等效于可利用的阵元个数为原来的 2 倍。扩展后的阵列可以认为是 3 个平行的均匀直线子阵列，在此基础上，可以利用 ESPRIT 算法进行不相干信号的 DOA 估计，避免了 MUSIC 算法谱峰搜索导致计算量过大的缺点。由于虚拟共轭扩展后阵列具有平行线阵的特点，为了其更适合用于实际环境，本小节的算法又做了进一步的改进，利用了修

正 MUSIC 算法去相干的思想，即进行一次前后向空间平滑算法去相干。下面分两部分介绍本小节的算法：基于共轭虚拟扩展阵列的二维 ESPRIT 算法；在此基础上修正的相干信号二维 ESPRIT 算法。

① 基于共轭虚拟扩展阵列的二维 ESPRIT 算法

二维 ESPRIT 算法的阵列结构要求包含两个子阵列组合，根据图 5-12 中扩展后的 4 个子阵列的划分，可以任选两种组合。在本小节选择 X_1 子阵列和 Y_1 子阵列、X_1 子阵列和 Y_2 子阵列两个组合，使用二维 ESPRIT 算法估计信号的 DOA。

由 X_1 子阵列和 Y_1 子阵列，以及两子阵列之间的关系可知，两个子阵列的接收信号的表达式又可表示为

$$
\begin{aligned}
X_1(t) &= A_1 \cdot S(t) + N_1(t) \\
Y_1(t) &= A_1 \cdot \varPhi_1 \cdot S(t) + N_2(t) \\
Y_2(t) &= A_1 \cdot \varPhi_2 \cdot S(t) + N_3(t)
\end{aligned}
\tag{5-77}
$$

其中，$A_1 = (a_2^*(\Theta), a_1^*(\Theta), a_5(\Theta), a_1(\Theta))^{\mathrm{T}}$ 为 X_1 子阵列的导向矢量矩阵，$*$ 表示其共轭；
$\varPhi_1 = \mathrm{diag}\{\mathrm{e}^{\mathrm{j}2\pi(fr/c)\cos(\varphi_1-\pi/3)\sin\theta_1}, \cdots, \mathrm{e}^{\mathrm{j}2\pi(fr/c)\cos(\varphi_d-\pi/3)\sin\theta_d}, \cdots, \mathrm{e}^{\mathrm{j}2\pi(fr/c)\cos(\varphi_D-\pi/3)\sin\theta_D}\}$，
$\varPhi_2 = \mathrm{diag}\{\mathrm{e}^{\mathrm{j}2\pi(fr/c)\cos(\varphi_1+\pi/3)\sin\theta_1}, \cdots, \mathrm{e}^{\mathrm{j}2\pi(fr/c)\cos(\varphi_d+\pi/3)\sin\theta_d}, \cdots, \mathrm{e}^{\mathrm{j}2\pi(fr/c)\cos(\varphi_D+\pi/3)\sin\theta_D}\}$ 均为子阵列之间旋转不变算子的对角矩阵，且仅与信号的波达方向有关。

选择两个子阵列合并输出，构成两种组合子阵列后输出信号的数据矩阵分别为

$$
Z_1(t) = \begin{bmatrix} X_1(t) \\ Y_1(t) \end{bmatrix} = \begin{bmatrix} A_1 \\ A_1\varPhi_1 \end{bmatrix} S(t) + \begin{bmatrix} N_1(t) \\ N_2(t) \end{bmatrix}, Z_2(t) = \begin{bmatrix} X_1(t) \\ Y_2(t) \end{bmatrix} = \begin{bmatrix} A_1 \\ A_1\varPhi_2 \end{bmatrix} S(t) + \begin{bmatrix} N_1(t) \\ N_3(t) \end{bmatrix}
\tag{5-78}
$$

其中，$\overline{A}_1 = [A_1 \quad A_1\varPhi_1]$，$\overline{A}_2 = [A_1 \quad A_1\varPhi_2]$。

则上面两种组合子阵列的相关矩阵为

$$
R_1 = E\{Z_1(t)Z_1(t)^{\mathrm{H}}\}, R_2 = E\{Z_2(t)Z_2(t)^{\mathrm{H}}\}
\tag{5-79}
$$

在未知子阵列流型矩阵 A_1 的前提下，通过求解式（5-79）得到矩阵 $\varPhi_1$ 和 $\varPhi_2$ 的估计。故两种组合子阵列的相关矩阵的特征值分解可表达为

$$
R_1 = E_{S1}\varLambda_{S1}E_{S1}^{\mathrm{H}} + E_{N1}\varLambda_{N1}E_{N1}^{\mathrm{H}}, R_2 = E_{S2}\varLambda_{S2}E_{S2}^{\mathrm{H}} + E_{N2}\varLambda_{N2}E_{N2}^{\mathrm{H}}
\tag{5-80}
$$

其中，E_{S1}、E_{S2} 和 E_{N1}、E_{N2} 分别是信号子空间和噪声子空间，$\varLambda_{S1} = \mathrm{diag}\{\lambda_1, \lambda_2, \cdots, \lambda_D\}$，$\varLambda_{S2} = \mathrm{diag}\{\lambda_1, \lambda_2, \cdots, \lambda_D\}$，$\varLambda_{N1} = \mathrm{diag}\{\lambda_{D+1}, \lambda_{D+2}, \cdots, \lambda_{2M}\}$，$\varLambda_{N2} = \mathrm{diag}\{\lambda_{D+1}, \lambda_{D+2}, \cdots, \lambda_{2M}\}$，$\lambda_1 \geqslant \lambda_2 \geqslant \cdots \geqslant \lambda_D > \lambda_{D+1} = \lambda_{D+2} = \cdots = \lambda_{2M} = \sigma^2$ 是 R_1、R_2 的特征值。

只考虑不相关信号时，可通过 R_1、R_2 的特征值估计出源信号的个数，得到信号子空间 E_{S1}、E_{S2}，可分为两个部分

$$E_{S1} = \begin{bmatrix} E_{X1} \\ E_{Y1} \end{bmatrix} = \begin{bmatrix} A_1 T \\ A_1 \Phi_1 T \end{bmatrix}, E_{S2} = \begin{bmatrix} E_{X1} \\ E_{Y2} \end{bmatrix} = \begin{bmatrix} A_1 T \\ A_1 \Phi_2 T \end{bmatrix} \qquad (5\text{-}81)$$

其中，T 为可逆矩阵。下面即可使用 LS-ESPRIT 算法[12]得到 Φ_1 和 Φ_2 的估计

$$\hat{\Phi}_1 = T F_1 T^{-1}, \hat{\Phi}_2 = T F_2 T^{-1} \qquad (5\text{-}82)$$

其中，$F_1 = E_{X1}{}^\# E_{Y1}$，$F_2 = E_{X1}{}^\# E_{Y2}$，$E_{X1}{}^\#$ 是矩阵 E_{X1} 的右伪逆，T^{-1} 是 T 的逆矩阵。

由式（5-82）知，F_1 和 F_2 具有相同的特征向量矩阵，但实际计算中两个矩阵特征值的分解是独立进行的，存在不匹配的现象，文献[13]给出一种只需调整特征值的顺序，即可得到正确配对的方法。$\hat{\Phi}_i$、T_i 是由 $F_i (i = 1, 2)$ 的特征值和特征向量组成的矩阵。可知，如果 $\hat{\Phi}_i$ 中特征值的顺序是一样的，则特征向量也是相同的。若 l 是该矩阵 $T_2^H \cdot T_1$ 第 k 行中绝对值最大的元素，则 T_2 的第 k 列特征向量与 T_1 的 l 所在列的特征向量为同一信号。利用此方法正确配对后的矩阵特征值为

$$\phi_{1d} = e^{j2\pi(fr/c)\cos(\hat{\varphi}_d - \pi/3)\sin\hat{\theta}_d}, \phi_{2d} = e^{j2\pi(fr/c)\cos(\hat{\varphi}_d + \pi/3)\sin\hat{\theta}_d} \quad (d = 1, 2, \cdots, D) \qquad (5\text{-}83)$$

根据式（5-83）可以估计出俯仰角和方位角为（$\arg(\cdot)$ 表示复数的相位角）

$$\hat{\varphi}_d = \arctan\left(\left(\frac{\arg(\phi_{1d})}{\arg(\phi_{1d}) + \arg(\phi_{2d})} - \frac{1}{2}\right) \bigg/ \frac{\sqrt{3}}{2}\right), \hat{\theta}_d = \arcsin\left(\frac{\arg(\phi_{1d})}{2\pi(fr/c) \cdot \cos\left(\hat{\varphi}_d - \frac{\pi}{3}\right)}\right) \qquad (5\text{-}84)$$

② 修正的相干信号二维 ESPRIT 算法

利用修正的 MUSIC 算法去相干的思想，由 R_1 和 R_2 是 Toeplitz 矩阵的性质，对 R_1 和 R_2 进行修正，构造新的相关矩阵为

$$RR_1 = R_1 + J R_1^* J, RR_2 = R_2 + J R_2^* J \qquad (5\text{-}85)$$

其中，J 为 $N \times N$ 维的反向单位矩阵，R_1^* 为 R_1 的共轭矩阵，R_2^* 为 R_2 的共轭矩阵。

以上实质是对原相关矩阵进行了一次前后向空间平滑去相干。对新的相关矩阵 RR_1 和 RR_2 进行奇异值分解得到噪声子空间和信号子空间，然后按照二维 ESPRIT 算法进行估计。

根据上面给出的算法描述可知，提出的算法和文献[14]的二维 ESPRIT 算法均需要两次相关矩阵的构造运算、两次矩阵求逆运算、两次矩阵相乘运算、四次特征值分解和配对运算。故本小节提出算法的复杂度并没有增加。

（2）性能仿真与分析

仿真使用的阵列为含有 7 个阵元的六边形阵列，假定仿真的源信号是正弦信号，快拍数为 1 000 个，信号波长为 λ，阵元间距为 $\lambda/2$。在仿真中使用文献[13]中的配对算法，并与文献[14]提出的阵列结构下的标准二维 ESPRIT 算法的性能进行分析比较。

仿真 1：针对不相干信号，本小节所提出的算法的性能分析

考虑两个不相干的正弦信号，俯仰角和方位角分别为 $(30°,19°)$、$(20°,28°)$，信噪比范围为 $0 \sim 20\,dB$，进行 500 次独立实验，本小节所提出的算法与文献[14]中的算法在俯仰角和方位角上 DOA 估计的均方根误差比较分别如图 5-13 和图 5-14 所示。

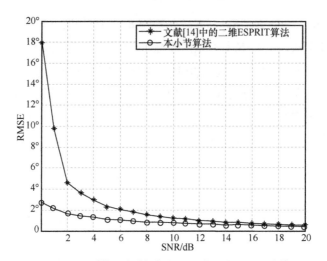

图 5-13　两种算法在俯仰角上 DOA 估计的 RMSE 比较

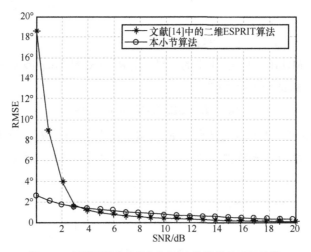

图 5-14　两种算法在方位角上 DOA 估计的 RMSE 比较

可以看出，在信噪比不断增加的同时，两种算法的 RMSE 都在逐渐减小。当信噪比较低时，本小节所提出的算法的 DOA 估计的 RMSE 明显小于文献[14]中算法的 DOA 估计的 RMSE。当信噪比较高时，本小节所提出的估计算法与文献[14]中算法的性能相

近。总体来说，本小节所提出的估计算法的性能要优于文献[14]提出的算法。

仿真 2：针对相干信号，本小节所提出的算法的性能分析

考虑两个完全相干的正弦信号，俯仰角和方位角分别为 $(80°, 20°)$、$(10°, 85°)$，当信噪比为 20 dB 时，进行 1 000 次独立实验，本小节所提算法和文献[11]中算法的二维 DOA 估计散点图分别如图 5-15 和图 5-16 所示。

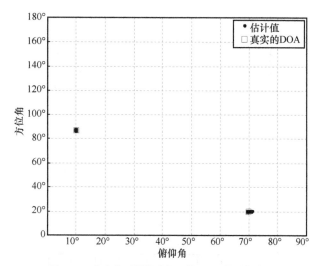

图 5-15　本小节所提算法的二维 DOA 估计散点图

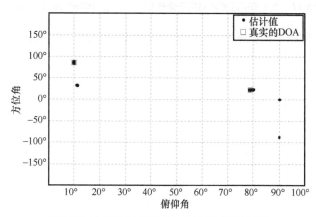

图 5-16　文献[11]中算法的二维 DOA 估计散点图

从图 5-15 可知，本小节所提算法对相干信号的 DOA 估计具有较强的有效性。同时可以看出，针对相干信号，本小节所提算法在俯仰角和方位角上的估计很接近真实值，而图 5-16 证明了文献[11]中的算法对相干信号的估计完全失效。

考虑两个完全相干的正弦信号，俯仰角和方位角分别为(80°，20°)、(10°，85°)，当信噪比范围为 0～20 dB 时，由于文献[11]中的算法对相干信号的估计完全失效，因此只给出了在 1 000 次独立实验下，本小节所提算法在俯仰角和方位角上的均方根误差。为了进一步验证本小节所提算法的估计性能，在仿真中加入二维相干信号的 DOA 估计的克拉美罗界。本小节所提算法对相干信号 DOA 估计的 RMSE 与 CRB 的比较如图 5-17 所示。

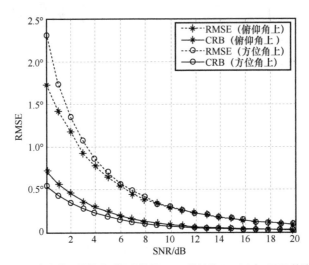

图 5-17　本小节所提算法对相干信号 DOA 估计的 RMSE 与 CRB 的比较

可以看出，随着信噪比的增加，本小节所提算法在俯仰角和方位角上的 RMSE 均逐渐减小，而且当信噪比为 20 dB 时，俯仰角和方位角上的估计误差接近于 0.07°。与 CRB 比较可知，在较高信噪比时，本小节所提算法具有很高的估计性能，接近于 CRB，在信噪比较低时与 CRB 相比，估计性能也不差。总体来说，本小节所提算法对相干信号有较好的估计性能。

针对常规算法不能精确估计出相关或相干源信号的波达方向的问题，及它们在阵列几何结构方面的局限性，本章在目前被广泛使用的六边形阵列的结构基础上，分别提出了基于阵列平滑去相干的改进二维 MUSIC 算法、基于相关矩阵扩展重构去相干的改进二维 MUSIC 算法和新的二维 ESPRIT 信号 DOA 估计算法。

首先，利用共轭的思想虚拟扩展阵列，增加可利用的阵元数；然后把扩展得到的阵列划分为 3 个相同的子六边形阵列，基于阵列平滑去相干的改进二维 MUSIC 算法利用阵列平滑移动去相干的思想，用子阵列代替阵列平滑去相干方法中所需的阵列实现去相干；基于相关矩阵扩展重构去相干的改进二维 MUSIC 算法通过求子阵列的自相关矩阵和互相关矩阵扩展重构子空间算法新的相关矩阵，达到去相干的目的。在不减少阵列有效孔径的前提下，两种算法可对多个相干信号进行估计。仿真结果表明，相干信号的二维 DOA 估计算法是有效的，且具有较高的分辨率和精度。新的二维 ESPRIT 算法同样利用了共轭思想扩展阵列，只是把新的阵列分为了 3 条平行的均匀线阵，并可把平行线阵划分为具有相同阵元的 4 个子阵列；然后根据二维 ESPRIT 算法对阵列结构的要求，任选两种组合阵列来估计信号源的 DOA，并利用了修正 MUSIC 算法的思想，进行了一次前后向空间平滑，使其具有一定的去相干能力；最后通过仿真验证了该算法不仅对不相干信号具有很好的估计性能，对相干信号也有较好的估计性能。

5.3.2　宽带相干干扰的二维 DOA 估计

随着通信技术的发展，宽带信号在通信系统中的应用越来越广泛。而经典的 DOA 估计算法都是针对窄带信号的模型提出的[8,12]，即源信号的带宽相对于中心频率来说非常小，而阵列各阵元接收到的信号的包络可视为没有差别。

由于阵列对宽带信号响应中的角度和频率不可分离的特性，经典的 DOA 估计算法对宽带信号不再适用。近年来，宽带信号 DOA 估计算法的研究受到很多关注。宽带信号的 DOA 估计大致有两类：信号子空间方法和最大似然方法。对于前面一类来说，最早的有不相干信号子空间处理方法（ISM）[15]和相干信号子空间处理方法（CSM）[16]。对于宽带信号的 DOA 估计来说，由于导向矢量同时依赖于频率和信号的波达方向，一般常用的宽带算法首先需要对频率进行聚焦处理[17]，然后就可采用窄带信号的估计算法对宽带信号的波达方向进行估计。且在实际中，很多经典的宽带估计算法都需要对被估计角度进行预估计，而初始角的预估计误差往往较大，直接影响算法的估计结果。

因此，近些年出现了很多无须进行角度预估计的宽带 DOA 估计算法。DORON M A 等[18-20]提出了基于波场模型的阵列流形内插（Array Manifold Interpolation, AMI）的思想，将阵列流形分为仅与阵列结构和频率有关的采样矩阵和仅与波达方向有关的向量两个部分，并且对二维及三维阵列的波场模型分别进行了建模。文献[21]给出了基于任意阵列结构的 AMI 宽带信号 DOA 估计算法。文献[22]针对稀疏均匀圆阵，给出了基于流形分离技术（MST）的 DOA 估计算法。文献[23]把基于流形分离技术的 DOA 估计算法应用到了非均匀圆阵列上。文献[24]在直线阵列的基础上，给出了一种采用傅里叶–勒让德级数展开构造变换矩阵的宽带聚焦估计算法。以上算法均对阵列流形矩阵实现了频率与角度的分离，但都只能对一维方向进行估计，且大部分都是在给定的阵列结构基础上进行的理论分析。

在实际应用中，由于系统使用的天线阵列结构各有差异且不具有唯一性，对于二维宽带相干信号的DOA估计，我们需要研究出一种适用于任意平面阵列结构的新算法。

5.3.2.1　基于任意平面阵列的宽带相干信号二维DOA估计

为了使算法在实际应用中更具有通用性和普遍性，本小节在波场模型阵列流形内插的基础上，提出了一种新的基于角度和频率（角频）分离的宽带聚焦方法扩展，可应用于任意几何结构的平面阵列，对宽带相干信号实现二维DOA估计。本小节提出的算法主要是在阵列流形内插方法的基础上，通过把二维直角坐标系下的阵元位置转换到球坐标系下，然后根据球阵列的导向矢量可以用球函数的级数形式表示的广义傅里叶性质，得到任意平面几何结构阵列的导向矢量球函数的级数表示形式，实现阵列流形矩阵的角频分离，在避免角度预估计误差影响估计结果的情况下，得到聚焦矩阵的构造。本小节提出的算法无须预估计波达方向，可避免波达方向预估计误差对估计带来的影响，且与上面文献中的算法相比，具有在阵列结构未知的前提下实现二维DOA估计的特性。

5.3.2.2　阵列流形内插方法的基本原理

DORON M A 等[18-20]提出了阵列流形内插方法，成功地将阵列流形分为仅与阵列结构和频率有关的采样矩阵和仅与波达方向有关的向量两个部分，避免了角度预估计所带来的误差。阵列流形内插方法的基本思想就是将阵列流形矩阵的元素利用Jacobi-Anger 的级数展开形式表达，实现角度和频率的分离，从而把阵列流形矩阵分为包含阵列结构和信号频率信息的采样矩阵和仅与波达方向有关的向量两个部分，然后构造出仅与频率有关的聚焦矩阵，最后利用相干信号子空间处理方法[24]得到信号的到达角。新阵列的数据信息不仅获得了窄带形式的阵列流形矩阵，可进一步估计出 DOA，而且保留了宽带信号的谱信息。

以含有 M 个阵元的均匀线性阵列为基础，本小节对阵列流形内插方法做简单介绍。阵元间距为 r，宽带信号模型第 m 个阵元接收信号 τ_{md} 为

$$\tau_{md} = (m-1)r\sin(\theta_d / c) \tag{5-86}$$

则对于经过 FFT 后阵列流形矩阵 $A(f_j)$ 中的导向矢量 $\boldsymbol{a}_m(f_j)$ 可以表示为

$$\boldsymbol{a}_m(f_j) = [\mathrm{e}^{\mathrm{j}2\pi f_j(m-1)r\sin(\varphi_1/c)}, \mathrm{e}^{\mathrm{j}2\pi f_j(m-1)r\sin(\varphi_2/c)}, \cdots, \mathrm{e}^{\mathrm{j}2\pi f_j(m-1)r\sin(\varphi_D/c)}] \tag{5-87}$$

根据雅克比级数的展开形式

$$\mathrm{e}^{\mathrm{j}mr\cos\varphi} = \sum_{n\to-\infty}^{+\infty} \mathrm{j}^n J_n(mr)\mathrm{e}^{\mathrm{j}n\varphi} \qquad (5\text{-}88)$$

其中，$J_n(\cdot)$ 为贝塞尔函数。根据贝塞尔函数的性质可知：$J_n(mr)=(-1)^n J_{-n}(mr)$。

所以导向矢量的元素 $\boldsymbol{a}_m(f_j,\varphi_\mathrm{d})$ 可以表示为

$$\boldsymbol{a}_m(f_j,\varphi_\mathrm{d}) = \sum_{n\to-\infty}^{+\infty} \mathrm{j}^n\mathrm{e}^{\mathrm{j}n\pi/2} J_n(2\pi f_j(m-1)r)g\mathrm{e}^{-\mathrm{j}n\varphi} \qquad (5\text{-}89)$$

可以看出导向矢量中的元素分离为两项，一项仅与阵列的结构和频率有关，另一项仅与信号的波达方向有关，实现对阵列流形矩阵角度和频率的分离。即阵列流形矩阵 $\boldsymbol{A}(f_j)$ 被分为两个部分

$$\boldsymbol{A}(f_j) = \boldsymbol{G}(f_j)\boldsymbol{\Phi}(\varphi) \qquad (5\text{-}90)$$

其中，$\boldsymbol{G}(f_j)$ 称为包含频率信息的采样矩阵，$\boldsymbol{\Phi}(\varphi)$ 为与信号的波达方向有关的矩阵。

根据式（5-90）可得，经过 FFT 后的阵列输出数据在第 j 个频带上可表达为

$$\boldsymbol{X}(f_j) = \boldsymbol{G}(f_j)\boldsymbol{\Phi}(\varphi)\boldsymbol{S}(f_j) + \boldsymbol{N}(f_j) \qquad (5\text{-}91)$$

根据贝塞尔函数的性质 $J_n(mr)=(-1)^n J_{-n}(mr)$，当 mr 固定不变时，n 越大，$J_n(mr)$ 越小，$n>mr$ 时，$J_n(mr)\approx0$，可忽略不计。因此，对于采样矩阵，可以截取有限项数 N_cut，使误差达到最小，得到近似 $\hat{\boldsymbol{G}}(f_j)$。

可以对与频率有关的采样矩阵 $\boldsymbol{G}(f_j)$ 进行处理实现频率聚焦矩阵的构造

$$\boldsymbol{T}_j = \hat{\boldsymbol{G}}(f_0)[\hat{\boldsymbol{G}}(f_j)]^+ \qquad (5\text{-}92)$$

其中，f_0 为聚焦频率，$\hat{\boldsymbol{G}}(f_0)$ 为聚焦频率的采样矩阵，$[\cdot]^+$ 表示对矩阵求伪逆。

进而可求得聚焦变换后的相关矩阵为

$$\tilde{\boldsymbol{R}}(f_j) = \boldsymbol{T}_j \cdot E\{\boldsymbol{X}(f_j)\boldsymbol{X}^\mathrm{H}(f_j)\}\cdot \boldsymbol{T}_j^\mathrm{H};\ \boldsymbol{A}(f_0)\boldsymbol{R}_\mathrm{s}(f_j)\boldsymbol{A}^\mathrm{H}(f_0)+\sigma^2\boldsymbol{T}_j\boldsymbol{T}_j^\mathrm{H} \qquad (5\text{-}93)$$

对聚焦后的数据相关矩阵进行相加求平均后的相关矩阵为

$$\boldsymbol{R} = \frac{1}{J}\sum_{j=1}^{J}\boldsymbol{T}_j\cdot E\{\boldsymbol{X}(f_j)\boldsymbol{X}^\mathrm{H}(f_j)\}\cdot\boldsymbol{T}_j^\mathrm{H} = A(f_0)\sum_{j=1}^{J}\boldsymbol{R}_\mathrm{s}(f_j)\boldsymbol{A}^\mathrm{H}(f_0)+\sigma\sum_{j=1}^{J}\boldsymbol{T}_j\boldsymbol{T}_j^\mathrm{H} \qquad (5\text{-}94)$$

根据式（5-94）可知，聚焦后的相关矩阵只包含与聚焦频率有关的流形矩阵，故可对聚焦后的相关矩阵直接使用窄带信号波达方向估计算法。

5.3.2.3　基于阵列流形矩阵角频分离的聚焦矩阵的构造

基于阵列流形内插方法实现的聚焦矩阵的构造，具有避免角度预估计引起的误差的优点，但只能估计出信号的一维方向。一些改进的算法虽然可以实现信号的二维估

计，但大多针对特定的阵列，缺乏广泛的应用。本小节提出一种可应用于任意几何平面阵列结构基于角频分离实现宽带聚焦的算法。

文献[18-21]中阵列波场模型为实现流形矩阵的角度和频率的分离、构造与角度信息无关的聚焦矩阵打下了基础。文献[25]介绍了关于空域傅里叶变换的理论知识，给出了连带勒让德函数作为基的广义傅里叶级数。

根据文献[25]可知，针对球形阵列，第 k 个阵元接收的信号为

$$x_k = S \cdot \exp(j2\pi(f/c)R(\sin\theta\sin\theta_k\cos(\varphi-\varphi_k)+\cos\theta\cos\theta_k))+n_k \qquad (5-95)$$

其中，S 为信号源，n_k 为第 k 个阵元接收的加性噪声，R 为球阵列的半径，$(R\sin\theta_k\cos\varphi_k, R\sin\theta_k\sin\varphi_k, R\cos\theta_k)$ 为阵元位置。

第 k 个阵元上接收信号的导向矢量为 $\boldsymbol{a}=[\alpha(\theta_1,\varphi_1),\cdots,\alpha(\theta_d,\varphi_d),\cdots,\alpha(\theta_D,\varphi_D)]$，$d=1,2,\cdots,D$ 为信号源的个数，(θ_d,φ_d) 为信号源的波达方向。其中，$\alpha(\theta_d,\varphi_d)=\exp\big(j2\pi(f/c)R(\sin\theta_d\sin\theta_k\cos(\varphi_d-\varphi_k)+\cos\theta_d\cos\theta_k)\big)$，它可以用球贝塞尔函数及球函数的级数形式表示为

$$\alpha(\theta_d,\varphi_d) = 4\pi\sum_{n=0}^{\infty}\mathrm{i}^n j_n(2\pi fR/c)\sum_{l=-n}^{n}Y_n^l(\theta_d,\varphi_d)Y_n^{l*}(\theta_k,\varphi_k) \qquad (5-96)$$

其中，$j_n(\cdot)$ 为 n 阶球贝塞尔函数，$Y_n^l(\cdot)$ 为 n 阶 m 度的球函数，则 $Y_n^l(\cdot)$ 为归一化的球函数（存在着正交性）的表达式为

$$Y_n^l(\theta_d,\varphi_d) = \sqrt{\frac{(2n+1)}{4\pi}\frac{(n-l)!}{(n+l)!}}P_n^l(\cos\theta_d)\mathrm{e}^{\mathrm{i}l\varphi_d} \qquad (5-97)$$

$P_n^l(\cdot)$ 为 n 阶 m 度的连带勒让德函数，表达式为

$$P_n^l(x) = \frac{(1-x^2)^{l/2}}{2^n n!}\frac{d^{n+l}}{dx^{n+l}}(x^2-1)^n \qquad (5-98)$$

以上为球阵列模型的导向矢量基于球函数级数及球贝塞尔函数的分解。

本小节中，阵列的模型是任意的几何平面阵列，为了使阵列流形矩阵的频率和波达方向分离，可从另一角度思考，把任意的几何平面阵列模型转换为特殊的球坐标系下的模型，即把直角坐标系下的阵元位置表示转换为球坐标系下的形式，如阵列中第 m 个阵元的位置在球坐标系下可以表示为 $(R_m\sin\theta_m\cos\varphi_m, R_m\sin\theta_m\sin\varphi_m, R_m\cos\theta_m)$，其中

$$\begin{aligned} R_m &= \sqrt{x_m^2+y_m^2} \\ \theta_m &= 90° \\ \varphi_m &= \arctan\left(\frac{y_m}{x_m}\right) \end{aligned} \qquad (5-99)$$

在任意的几何平面阵列模型下，针对宽带信号，在第 j 个频段内的导向矢量中元素 $\alpha(\theta_d, \varphi_d, f_j)$ 在球坐标系下可以表示为

$$\alpha(\theta_d, \varphi_d, f_j) = \exp(j2\pi f_j R_m \sin\theta_d \cos((\varphi - \varphi_m) / c)) \tag{5-100}$$

则用级数形式又可表示为

$$\alpha(\theta_d, \varphi_d, f_j) = 4\pi \sum_{n=0}^{\infty} i^n j_n(2\pi f_j R_m / c) \sum_{l=-n}^{n} Y_n^l(\theta_d, \varphi_d) Y_n^{l*}(\theta_m, \varphi_m) \tag{5-101}$$

把式（5-98）和式（5-99）代入式（5-101）可得

$$\alpha(\theta_d, \varphi_d, f_j) = \sum_{n=0}^{\infty} i^n j_n(2\pi f_j R_m / c) \sum_{l=-n}^{n} CP_n^l(0) e^{-il\varphi_m} \cdot P_n^l(\cos\theta_d) e^{il\varphi_d} \tag{5-102}$$

其中，$C = 4\pi \cdot \dfrac{(2n+1)(n-l)!}{(n+l)!}$ 为常数。

故令 $g_n^l = i^n j_n(2\pi f_j R_m / c) \cdot e^{-il\varphi_m}$ ，$\xi_n^l = CP_n^l(0) \cdot P_n^l(\cos\theta_d) e^{il\varphi_d}$ 时，式（5-102）又可表示为

$$\alpha(\theta_d, \varphi_d, f_j) = \sum_{n=0}^{\infty} \sum_{l=-n}^{n} g_n^l \cdot \xi_n^l \tag{5-103}$$

从式（5-103）可以看出，可以把导向矢量中的元素分离为两项，一项仅与阵列的结构和频率有关，另一项仅与信号的波达方向有关，实现对阵列流形矩阵角度和频率的分离。

则仅与阵列的结构和频率有关的采样矩阵为 $\boldsymbol{G}(f_j) = [\boldsymbol{G}_1, \cdots, \boldsymbol{G}_m, \cdots, \boldsymbol{G}_M]^T$ ，$\boldsymbol{G}_m = [g_0^0, g_1^{-1}, g_1^0, g_1^1, \cdots]$ ，故导向矢量又可以表示为 $\boldsymbol{a}_m(f_j) = \boldsymbol{G}_m \cdot \boldsymbol{\xi}$ ，$\boldsymbol{\xi}$ 为关于 ξ_n^l 的向量。

因此，阵列流形矩阵被分为两个部分，一部分是只与阵列结构和频率有关的采样矩阵 $\boldsymbol{G}(f_j)$ ，另一部分是只与波达方向有关并由向量 $\boldsymbol{\xi}$ 组成的矩阵。

当 $n \to \infty$ ，球贝塞尔函数的一个近似表达式为

$$j_n(2\pi f_j R_m / c); \frac{(2\pi f_j R_m / c)^n}{1 \times 3 \times 5 \times \cdots \times (2n+1)} \tag{5-104}$$

根据式（5-104）可知，当 n 的值比较大时，球贝塞尔函数的值趋近于一个很小的值，可以忽略不计，故可选取合适的 n 值，得到一个有限的采样矩阵。根据文献[21]，对选择采样矩阵中的截断点数进行误差分析，很难得到一个关于截断点数 N_{cut} 的解析式，一般取 $N_{cut} = 2 \cdot (2\pi f_j R_m / c)$ 。

得到截断后 $M \times (N_{cut} + 1)^2$ 维的采样矩阵 $\boldsymbol{G}(f_j)$ 的第 m 行为

$$\boldsymbol{G}_m = [g_0^0, g_1^{-1}, g_1^0, g_1^1, \cdots, \ g_{N_{cut}}^{-N_{cut}}, \cdots, g_{N_{cut}}^{N_{cut}}] \tag{5-105}$$

$$g_n^l = i^n j_n (2\pi f_j R_m / c) \cdot e^{-il\varphi_m}$$ ，其中 $n = 0, 1, \cdots, N_{cut}$ ， $l = -N_{cut}, -N_{cut} + 1, \cdots, N_{cut}$ 。

根据基于波场模型的 AMI 方法，可以获得聚焦矩阵为

$$T_j = G(f_0) \left[G(f_j) \right]^+ \tag{5-106}$$

其中， $G(f_0)$ 为聚焦频率处的采样矩阵，与波达方向无关，选取聚焦频率为宽带信号的中心频率，$[\cdot]^+$ 表示对矩阵求伪逆。

为使得聚焦后的阵列流形矩阵与聚焦频点的流形矩阵之间的误差最小，文献[26]给出了两种求聚焦矩阵的方法。

方法 1：聚焦无损失时，聚焦矩阵 T_j 满足条件

$$\min \| G(f_0) - T_j G(f_j) \|_F^2$$
$$T_j^H T_j = I, j = 1, 2, \cdots, J \tag{5-107}$$

则式（5-107）的拟合解为

$$T_j = UV \tag{5-108}$$

其中， U 、 V 分别为 $G(f_0)G(f_j)^H$ 的左、右奇异矢量组成的矩阵，此聚焦变换的 AMI 方法称为旋转信号子空间（RSS-AMI）算法。

方法 2：极分解适用于方阵，令 $M = (N_{cut} + 1)^2$ ， $G(f_0)$ 和 $G(f_j)$ 的极分解分别为

$$G(f_0) = G_0 U_0 ， G(f_j) = G_j U_j \tag{5-109}$$

其中， G_0 和 G_j 是 Hermitian 半正定矩阵， U_0 、 U_j 满足关系式

$$U_0^H U_0 = I ， U_j^H U_j = I \tag{5-110}$$

根据矩阵分解理论，聚焦变换矩阵可以表示为

$$T_j = U_0 U_j^H \tag{5-111}$$

该聚焦变换方法可称为 PD-AMI 算法。

进而可求得聚焦变换后的相关矩阵为

$$\tilde{R}(f_j) = T_j \cdot E\{X(f_j) X^H(f_j)\} \cdot T_j^H; \; A(f_0) R_s(f_j) A^H(f_0) + \sigma^2 T_j T_j^H \tag{5-112}$$

对聚焦后的数据相关矩阵进行相加求平均后的相关矩阵为

$$R = \frac{1}{J} \sum_{j=1}^{J} T_j \cdot E\{X(f_j) X^H(f_j)\} \cdot T_j^H = A(f_0) \sum_{j=1}^{J} R_s(f_j) A^H(f_0) + \sigma \sum_{j=1}^{J} T_j T_j^H \tag{5-113}$$

相关矩阵 R 含有源信号的信息，而且可以视为一个窄带信号的相关矩阵，则可以利用窄带的方法对 R 进行特征值分解从而进行 DOA 估计，并且通过式（5-113）可以看出，此种方法相当于把信号的各个频率分量进行了平滑处理，它对相干信号具有解相干的能力。

根据上面的理论分析，在任意平面阵列模型下，采用角频分离构造聚焦矩阵的宽带相干二维 DOA 估计算法的步骤可总结如下：

（1）把阵列接收信号的快拍数分为 K 段，每段含有 L 个快拍，分别对每段数据进行 DFT，得到 J 个频段的阵列接收数据；

（2）分别对 J 个频段的接收数据构造频域采样空间相关矩阵 $\boldsymbol{R}(f_j) = \dfrac{1}{K}\sum_{k=1}^{K}\mathrm{E}\{\boldsymbol{X}_k(f_j)\boldsymbol{X}_k^{\mathrm{H}}(f_j)\}$；

（3）选择式（5-106）、式（5-108）、式（5-111）中任意一个求出聚焦变换矩阵 $\boldsymbol{T}_j$；

（4）根据式（5-113）得到组合加权后的相关矩阵，并进行特征值分解，得到噪声子空间和信号子空间；

（5）利用二维 MUSIC 算法进行 DOA 估计。

5.3.2.4　新聚焦矩阵构造方法的性能仿真及分析

仿真所用的阵列为任意分布的二维阵列，假设阵元个数为 10，阵元的位置随机生成，x 轴和 y 轴上的单位长度均为阵列接收信号最小频率的波长，随机生成的任意二维阵列的几何分布如图 5-18 所示。

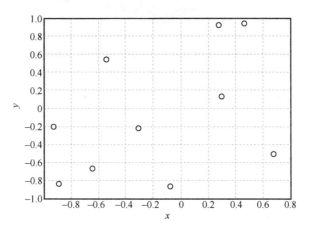

图 5-18　随机生成的任意二维阵列的几何分布

仿真验证算法的有效性及估计性能。假设阵列的接收信号为远场宽带信号，中心频率 $f_0 = 100\,\mathrm{Hz}$，信号相对带为 40%，采样频率 $f_s = 256\,\mathrm{Hz}$，噪声为加性零均值带通高斯白噪声，噪声与源信号相互独立，阵列接收数据的快拍数为 4 096 个，把数据分为 32 段，每段含有 128 个快拍。信号带宽为 40 Hz，可采用 FFT 把整个带宽划分为 41 个窄带的带宽信号，选择中心频率 f_0 为聚焦频率，仿真使用的阵列为图 5-18 中产生的阵列，根据截断原则，选取的截断点数为 9。

仿真 1：考虑 4 个相干的远场时域平稳的宽带信号，其均值为 0，设置阵列接收信号的快拍数为 4 096 个，信号到达角分别为(30°, 100°)、(40°, 150°)、(50°, 50°)、(60°, 125°)，信噪比为 20 dB，利用式（5-108）的基于 RSS 变换准则构造聚焦矩阵，仿真分析本小节算法对多个宽带相干信号二维波达方向估计的有效性。基于本小节算法的宽带相干信号估计的 MUSIC 空间谱如图 5-19 所示。基于本小节算法的宽带相干信号估计的 MUSIC 空间谱的曲面等高线如图 5-20 所示。

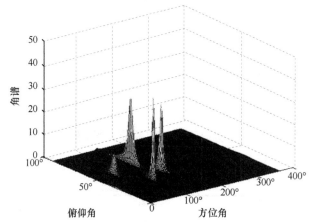

图 5-19　基于本小节算法的宽带相干信号估计的 MUSIC 空间谱

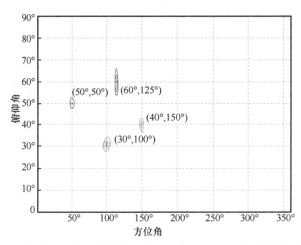

图 5-20　基于本小节算法的宽带相干信号估计的 MUSIC 空间谱的曲面等高线

由图 5-19 中的宽带相干信号的空间谱估计可以看出，在任意平面阵列结构的基础上，针对多个相干信号，本小节的算法仍能有效地估计出信号的二维波达方向，且由图 5-20 中的曲面等高线可知，本小节的算法对相干的宽带信号源具有很好的估计性能。该仿真证明了算法的有效性。

仿真 2：考虑两个完全相干的远场时域平稳的宽带信号，其均值为 0，信号到达角分别为(0°, 200°)、(6°, 200°)，利用式（5-108）的基于 RSS 变换准则构造聚焦矩阵。本小节只在俯仰角上进行仿真，分析其分辨率估计性能。在 20 dB 和 10 dB 的信噪比下，本小节算法对两个俯仰角相邻的宽带相干信号的估计如图 5-21 所示。在 0 dB 和−10 dB 的信噪比下，本小节算法对两个俯仰角相邻的宽带相干信号的估计如图 5-22 所示。

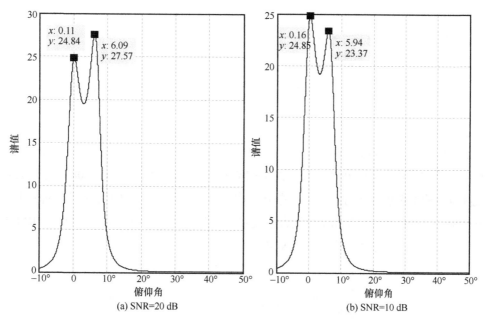

图 5-21 在 20 dB 和 10 dB 的信噪比下，本小节算法对两个俯仰角相邻的宽带相干信号的估计

可以计算得出，针对两个完全相干的宽带信号，在信噪比为 20 dB 的条件下，俯仰角为 0°和 6°的入射信号的估计误差分别为 0.11°和 0.09°；在信噪比为 10 dB 的条件下，俯仰角为 0°和 6°的入射信号的估计误差分别为 0.14°和 0.05°；在信噪比为 0 dB 的条件下，俯仰角为 0°和 6°的入射信号的估计误差分别为 0.16°和 0.06°；信噪比下降到−10 dB 时算法失效。通过仿真结果可以得出，在任意平面阵列结构上，采用角频分离构造聚焦矩阵的方法，对相干的宽带信号的二维 DOA 估计具有很好的仿真性能，而且当信噪比不小于 0 dB 时，对估计性能没有太大的影响。

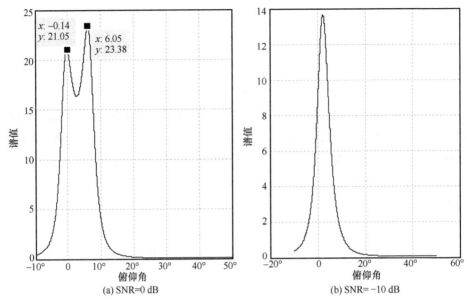

(a) SNR=0 dB (b) SNR=−10 dB

图 5-22 在 0 dB 和−10 dB 的信噪比下，本小节算法对两个俯仰角相邻的宽带相干信号的估计

仿真 3：考虑 2 个完全相干的远场时域平稳的宽带信号，其均值为 0，信号到达角分别为(33°, 141°)、(48°, 169°)。由于采样矩阵 G 不是方阵，在信噪比为 0~20 dB 的情况下，分别采用式（5-106）直接求逆来构造聚焦矩阵的方法和式（5-108）基于 RSS 变换准则构造聚焦矩阵的方法，经过 100 次独立仿真实验，仿真本小节算法对相干的宽带信号在俯仰角和方位角上的均方根误差及其克拉美罗界。俯仰角上估计的 RMSE 如图 5-23 所示，方位角上估计的 RMSE 如图 5-24 所示。

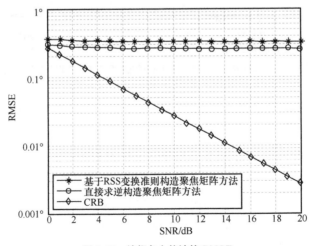

图 5-23 俯仰角上估计的 RMSE

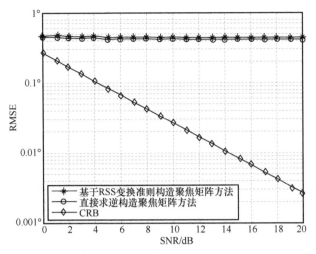

图 5-24 方位角上估计的 RMSE

当信噪比在 0～20 dB 范围内改变时，本小节提出的算法在俯仰角和方位角上估计的 RMSE 变化波动较小，而直接求逆构造聚焦矩阵的方法的估计性能略好于基于 RSS 变换准则构造聚焦矩阵方法的性能。当信噪比较低时，本小节提出的算法的估计性能略接近于克拉美罗界。随着信噪比的变化，在二维 DOA 估计上产生的均方根误差变化并不明显的原因是，本小节提出的算法采用了基于阵列流形内插的方法进行角频分离，不需要角度预估计，只有聚焦频率的选取和阵列流形矩阵才会影响聚焦变换矩阵，与信噪比等条件无关。仿真验证了本小节提出的算法在对宽带相干信号二维 DOA 估计方面具有较好的性能。

| 5.4　基于自适应波束成形的干扰抑制 |

通信安全是卫星通信系统需要考虑的重点问题之一，为了提供通信保障，通信卫星必须具有较强的抗干扰能力。在抗干扰技术研究领域，天线抗干扰技术是卫星通信中常用的抗干扰技术之一，该技术包括自适应调零、智能天线和相控阵天线等技术。卫星通信系统透明地分布在卫星运行轨道中，对卫星的干扰可能来自不同的地域和空域。因此，提高卫星的抗干扰能力需要解决的主要问题就是使卫星上的天线能够以最大的方向图增益接收期望信号，且同时实现对各种干扰信号的抑制或消除。卫星多波束天线技术可以通过控制点波束在检测到干扰的方向进行方向图调整，从而避免干扰源对系统的影响。自适应调零技术在美国 Milstar 上有所应用。智能天线可以根据实际的信道环境变化实时改变天线的方向图，从而使天线系统本身的性能保持在最佳状态，其核心部分为波束成形网络和自适应算法。通常，期望信号和干扰信号在幅度、频谱或空间方位等方面具有不同的特征，智能天线技术便是基于这些不同的特征实现的。其实现原理为：通过信号处理器对各个阵元进行自适应加权，以实现天线阵列方向图的自动控制和优化，使天线方向图上的零陷位置与干扰源的波达方向对齐，同时在期望信号的波达方向上保持最大的方向图增益。智能天线实现了空域滤波，一个智能天线可以同时抑制来自不同方向的多个干扰。相控阵天线技术在空域进行波束合成来抑制强干扰，从而保障卫星正常通信。相控阵天线技术可以根据实际情况调整波束的覆盖范围，实现运动物体位置的实时波束覆盖，同时还能够实现波束成形来避开干扰。

自适应数字波束成形算法的种类繁多，下面将结合卫星干扰源的 DOA 估计信息，对两种自适应调零方法进行研究：一种是基于不确定集的波束成形算法，另一种是修正的基于特征空间的多约束最小方差算法。

5.4.1　基于不确定集的波束成形算法

在期望信号的导向矢量确定的条件下，Capon 波束成形算法具有很好的分辨率和抗干扰能力。然而，在导向矢量失配的情况下，Capon 波束成形算法的性能急剧下降。在实际的研究中，对角加载方法和其他对角加载的衍生方法被广泛应用于提高 Capon 波束成形算法的鲁棒性。基于不确定集的波束成形算法[27-29]是对角加载方法的自然延伸，该方法应用最小方差准则，利用方向矢量的不确定集作为约束条件，是一种鲁棒的波束成形算法。与其他的对角加载方法不同，该方法明确了如何计算加载量。

通过对天线阵列接收数据的相应处理可以将信号空间分为信号子空间和噪声子空间。在输入信干比很大的情况下，容易通过特征分解求得干扰噪声子空间，干扰噪声子空间与期望信号的特征向量是正交的。本小节将利用这种正交关系，使用导向矢量的不确定集进行约束，对基于不确定集的波束成形算法进行修正。

5.4.1.1　子空间投影原理分析

考虑一个具有 M 个阵元的均匀直线阵列，假设有一个期望信号和 D 个相干干扰信号，以及 K 个独立干扰信号以窄带平面波的形式入射到该阵列上，且满足条件：$(1+D+K) \leqslant M$。将期望信号和 D 个相干干扰信号的导向矢量进行合并作为期望信号

的合成方向矢量 $\bar{a}$，$\bar{a}$ 的表达式为

$$\bar{a}(\theta) = \sum_{d=0}^{D} \rho_d a(\theta_d)$$

$$= a(\theta_0) + \sum_{d=1}^{D} \rho_d a(\theta_d) = a(\theta_0) + A_D \rho_D$$

（5-114）

其中，$a(\theta_0)$ 为真实期望信号的导向矢量；$A_D = [a(\theta_1), a(\theta_2), \cdots, a(\theta_D)]$，$a(\theta_d)$（$d = 1, 2, \cdots, D$）为 D 个相干干扰信号的导向矢量；$\rho_D = [\rho_1, \rho_2, \cdots, \rho_D]^T$，$\rho_d$（$d = 1, 2, \cdots, D$）为相干干扰信号相对于期望信号的衰减系数。

假设天线阵列接收了 P 个快拍，构造伪协方差矩阵 R_{XX}，并将其进行特征值分解，可得

$$R_{XX} = \sum_{m=0}^{M-1} \lambda_m e_m e_m^H = \lambda_s e_s e_s^H + \sum_{m=1}^{D+K} \lambda_m e_m e_m^H + \sum_{m=D+K+1}^{M-1} \lambda_m e_m e_m^H$$

$$= E_S \Sigma_S E_S^H + E_J \Sigma_J E_J^H + E_N \Sigma_N E_N^H$$

（5-115）

其中，E_S 是由特征向量 $[e_0]$ 张成的信号子空间，同时它也是由 $a(\theta_0)$ 张成的空间；E_J 表示由 $(D+K)$ 个特征矢量 $[e_1, \cdots, e_{D+K}]$ 张成的干扰子空间，同时它也是由 $[a(\theta_1), \cdots, a(\theta_D), a(\theta_{D+1}), \cdots, a(\theta_{D+K})]$ 张成的空间；E_N 是由余下的 $(M-D-K-1)$ 个特征矢量 $[e_{D+K+1}, \cdots, e_{M-1}]$ 张成的噪声子空间；Σ_S、Σ_J 和 Σ_N 分别是由构成各个相应子空间的特征向量所对应的特征值组成的对角矩阵。

定义干扰噪声联合子空间为：$H \triangleq [E_J \ E_N]$，信号子空间 S 为 $S \triangleq E_S$。因为 $H^H H = I$，则干扰噪声子空间 H 的投影矩阵为

$$P_H = H(H^H H)^{-1} H^H = H H^H$$

（5-116）

期望信号和干扰信号都与噪声互不相关，且所构造的伪协方差矩阵 R_{XX} 具有解相干特性，R_{XX} 为 Hermite 矩阵，R_{XX} 的各个特征向量相互正交，且 S 与 H 也是正交的。在 S 与 H 正交的情况下，根据期望信号导向矢量 $a(\theta_0)$ 与信号子空间 E_S 之间的关系可得：$a(\theta_0)$ 到 H 的投影为 0，即 $P_H a(\theta_0) = 0$。如果导向矢量失配，则 $P_H a(\theta_0) \neq 0$，即 S 与 H 不再正交。

5.4.1.2　获取最优权矢量

通过最小化期望信号的方向矢量在干扰噪声联合子空间的投影来建立优化函数，表示为

$$\min_{\boldsymbol{a}(\theta_0)} \left\| \boldsymbol{P}_{\mathrm{H}} \boldsymbol{a}(\theta_0) \right\|^2$$

$$\text{s.t.} \left\| \boldsymbol{a}(\theta_0) - \overline{\boldsymbol{a}}(\theta_0) \right\|^2 \leqslant \varepsilon \qquad (5\text{-}117)$$

$$\left\| \boldsymbol{a}(\theta_0) \right\|^2 = M$$

其中，$\|\cdot\|$ 表示向量的模，$\overline{\boldsymbol{a}}(\theta_0)$ 为期望信号方向矢量的估计。式（5-117）在不确定集内查找一个与入射信号的真实导向矢量最接近的 $\hat{\boldsymbol{a}}(\theta_0)$，$\hat{\boldsymbol{a}}(\theta_0)$ 满足：在不确定集内的所有导向矢量中拥有最小的 $\left\| \boldsymbol{P}_{\mathrm{H}} \hat{\boldsymbol{a}}(\theta_0) \right\|$ 值。

对于投影矩阵 $\boldsymbol{P}_{\mathrm{H}}$ 具有如下性质

$$\begin{cases} \boldsymbol{P}_{\mathrm{H}} \boldsymbol{P}_{\mathrm{H}} = \boldsymbol{P}_{\mathrm{H}}^2 = \boldsymbol{P}_{\mathrm{H}} \\ (\boldsymbol{P}_{\mathrm{H}})^{\mathrm{H}} = \boldsymbol{P}_{\mathrm{H}} \end{cases} \qquad (5\text{-}118)$$

因此，式（5-117）可以简化为

$$\min_{\boldsymbol{a}(\theta_0)} \boldsymbol{a}(\theta_0)^{\mathrm{H}} \boldsymbol{P}_{\mathrm{H}} \boldsymbol{a}(\theta_0)$$

$$\text{s.t.} \left\| \boldsymbol{a}(\theta_0) - \overline{\boldsymbol{a}}(\theta_0) \right\|^2 \leqslant \varepsilon \qquad (5\text{-}119)$$

$$\left\| \boldsymbol{a}(\theta_0) \right\|^2 = M$$

式（5-119）可使用拉格朗日乘子法进行求解，将 $\boldsymbol{a}(\theta_0)$ 和 $\overline{\boldsymbol{a}}(\theta_0)$ 分别简写为 $\boldsymbol{a}$ 和 $\overline{\boldsymbol{a}}$，然后再建立目标函数 $F(\boldsymbol{a}, \lambda, \mu)$ 如下

$$F(\boldsymbol{a}, \lambda, \mu) = \boldsymbol{a}^{\mathrm{H}} \boldsymbol{P}_{\mathrm{H}} \boldsymbol{a} + \lambda \left(\left\| \boldsymbol{a} - \overline{\boldsymbol{a}} \right\|^2 - \varepsilon \right) + \mu \left(\left\| \boldsymbol{a} \right\|^2 - M \right) \qquad (5\text{-}120)$$

其中，λ 和 μ 为拉格朗日乘子，且满足 $\lambda \geqslant 0$，$\boldsymbol{P}_{\mathrm{H}} + \mu \boldsymbol{I} \geqslant 0$。令 $F(\boldsymbol{a}, \lambda, \mu)$ 关于 $\boldsymbol{a}$ 求偏导数，并令该表达式为 0 可得

$$\frac{\partial F(\boldsymbol{a}, \lambda, \mu)}{\partial \boldsymbol{a}} = \boldsymbol{P}_{\mathrm{H}} \boldsymbol{a} - \lambda \overline{\boldsymbol{a}} + \mu \boldsymbol{a} = 0 \qquad (5\text{-}121)$$

由式（5-121）可以得到期望信号的导向矢量的最优估计 $\hat{\boldsymbol{a}}$ 为

$$\hat{\boldsymbol{a}} = \lambda (\boldsymbol{P}_{\mathrm{H}} + \mu \boldsymbol{I})^{-1} \overline{\boldsymbol{a}} \qquad (5\text{-}122)$$

令 $F(\boldsymbol{a}, \lambda, \mu)$ 关于 λ 求偏导数，并令该表达式为 0 可得

$$\frac{\partial F(\boldsymbol{a}, \lambda, \mu)}{\partial \lambda} = 2M - \boldsymbol{a}^{\mathrm{H}} \overline{\boldsymbol{a}} - \overline{\boldsymbol{a}}^{\mathrm{H}} \boldsymbol{a} - \varepsilon = 0 \qquad (5\text{-}123)$$

将式（5-122）代入式（5-123）可得

$$\hat{\lambda} = \frac{M - \varepsilon/2}{\overline{\boldsymbol{a}}^{\mathrm{H}} (\boldsymbol{P}_{\mathrm{H}} + \mu \boldsymbol{I})^{-1} \overline{\boldsymbol{a}}} \qquad (5\text{-}124)$$

令 $F(\boldsymbol{a}, \lambda, \mu)$ 关于 μ 求偏导数，并令该表达式为 0 可得

$$\frac{\partial F(\boldsymbol{a}, \lambda, \mu)}{\partial \mu} = \boldsymbol{a}^{\mathrm{H}} \boldsymbol{a} - M = 0 \tag{5-125}$$

将式（5-122）和式（5-123）代入式（5-125）可得

$$\frac{\overline{\boldsymbol{a}}^{\mathrm{H}} (\boldsymbol{P}_{\mathrm{H}} + \mu \boldsymbol{I})^{-2} \overline{\boldsymbol{a}}}{\left(\overline{\boldsymbol{a}}^{\mathrm{H}} (\boldsymbol{P}_{\mathrm{H}} + \mu \boldsymbol{I})^{-1} \overline{\boldsymbol{a}} \right)^2} = \frac{M}{(M - \varepsilon/2)^2} \tag{5-126}$$

对 $\boldsymbol{P}_{\mathrm{H}} + \mu \boldsymbol{I}$ 进行以下推导

$$\begin{aligned}
\boldsymbol{P}_{\mathrm{H}} + \mu \boldsymbol{I} &= \boldsymbol{H}\boldsymbol{H}^{\mathrm{H}} + \mu(\boldsymbol{H}\boldsymbol{H}^{\mathrm{H}} + \boldsymbol{S}\boldsymbol{S}^{\mathrm{H}}) \\
&= (1+\mu)\boldsymbol{H}\boldsymbol{H}^{\mathrm{H}} + \mu \boldsymbol{S}\boldsymbol{S}^{\mathrm{H}} \\
&= \begin{bmatrix} \boldsymbol{H} & \boldsymbol{S} \end{bmatrix} \begin{bmatrix} (1+\mu)\boldsymbol{I} & 0 \\ 0 & \mu \boldsymbol{I} \end{bmatrix} \begin{bmatrix} \boldsymbol{H}^{\mathrm{H}} \\ \boldsymbol{S}^{\mathrm{H}} \end{bmatrix}
\end{aligned} \tag{5-127}$$

可得

$$\begin{cases}
(\boldsymbol{P}_{\mathrm{H}} + \mu \boldsymbol{I})^{-1} = \dfrac{1}{(1+\mu)} \boldsymbol{H}\boldsymbol{H}^{\mathrm{H}} + \dfrac{1}{\mu} \boldsymbol{S}\boldsymbol{S}^{\mathrm{H}} \\[3mm]
(\boldsymbol{P}_{\mathrm{H}} + \mu \boldsymbol{I})^{-2} = \dfrac{1}{(1+\mu)^2} \boldsymbol{H}\boldsymbol{H}^{\mathrm{H}} + \dfrac{1}{\mu^2} \boldsymbol{S}\boldsymbol{S}^{\mathrm{H}}
\end{cases} \tag{5-128}$$

令 $\boldsymbol{Z}_{\mathrm{H}} = \overline{\boldsymbol{a}}^{\mathrm{H}} \boldsymbol{H}$ 和 $\boldsymbol{Z}_{\mathrm{S}} = \overline{\boldsymbol{a}}^{\mathrm{H}} \boldsymbol{S}$，并将其和式（5-128）一并代入式（5-126）可以得到

$$\frac{\boldsymbol{Z}_{\mathrm{H}} \boldsymbol{Z}_{\mathrm{H}}^{\mathrm{H}} / (1+\mu)^2 + \boldsymbol{Z}_{\mathrm{S}} \boldsymbol{Z}_{\mathrm{S}}^{\mathrm{H}} / \mu^2}{\left[\boldsymbol{Z}_{\mathrm{H}} \boldsymbol{Z}_{\mathrm{H}}^{\mathrm{H}} / (1+\mu) + \boldsymbol{Z}_{\mathrm{S}} \boldsymbol{Z}_{\mathrm{S}}^{\mathrm{H}} / \mu \right]^2} = \frac{M}{(M - \varepsilon/2)^2} \tag{5-129}$$

式（5-129）是关于 μ 的方程，应用牛顿迭代法即可求出 μ。将 λ 和 μ 代入式（5-122）即可以得到最优导向矢量 $\hat{\boldsymbol{a}}$ 的最优估计式为

$$\hat{\boldsymbol{a}} = (M - \varepsilon/2) \frac{(\boldsymbol{P}_{\mathrm{H}} + \mu \boldsymbol{I})^{-1} \overline{\boldsymbol{a}}}{\overline{\boldsymbol{a}}^{\mathrm{H}} (\boldsymbol{P}_{\mathrm{H}} + \mu \boldsymbol{I})^{-1} \overline{\boldsymbol{a}}} \tag{5-130}$$

最后，再将 $\hat{\boldsymbol{a}}$ 代入 Capon 波束成形器可求得最优权矢量 $\hat{\boldsymbol{W}}_{\mathrm{opt}}$ 如下所示

$$\begin{aligned}
\hat{\boldsymbol{W}}_{\mathrm{opt}} &= \frac{\boldsymbol{R}_{\mathrm{XX}}^{-1} \hat{\boldsymbol{a}}}{\hat{\boldsymbol{a}}^{\mathrm{H}} \boldsymbol{R}_{\mathrm{XX}}^{-1} \hat{\boldsymbol{a}}} = \\
&(M - \varepsilon/2) \frac{\left(\overline{\boldsymbol{a}}^{\mathrm{H}} (\boldsymbol{P}_{\mathrm{H}} + \mu \boldsymbol{I})^{-1} \overline{\boldsymbol{a}} \right) \boldsymbol{R}_{\mathrm{XX}}^{-1} (\boldsymbol{P}_{\mathrm{H}} + \mu \boldsymbol{I})^{-1} \overline{\boldsymbol{a}}}{\overline{\boldsymbol{a}}^{\mathrm{H}} (\boldsymbol{P}_{\mathrm{H}} + \mu \boldsymbol{I})^{-1} \boldsymbol{R}_{\mathrm{XX}}^{-1} (\boldsymbol{P}_{\mathrm{H}} + \mu \boldsymbol{I})^{-1} \overline{\boldsymbol{a}}}
\end{aligned} \tag{5-131}$$

5.4.1.3　部分参数确定

关于式（5-119）中的参数 ε 的选取将在本小节加以讨论。

对接收数据的协方差矩阵做特征值分解，此处用具有解相干作用的伪协方差矩阵进行代替，分解后可以得到 $\boldsymbol{R}_{\mathrm{XX}}$ 关于特征值和特征向量的表达形式

$$\boldsymbol{R}_{\mathrm{XX}} = \sum_{m=0}^{M-1} \lambda_m \boldsymbol{e}_m \boldsymbol{e}_m^{\mathrm{H}} \tag{5-132}$$

把特征值按照以下关系进行排列：$\lambda_0 \geqslant \lambda_1 \geqslant \cdots \geqslant \lambda_{D+K} \geqslant \lambda_{K+D+1} = \cdots = \lambda_{M-1} = \sigma^2$，将这些特征值分成两部分，即将前 $D+K+1$ 个大特征值和特征向量作为一部分，将剩下的小特征值和特征向量作为另一部分。则 $\boldsymbol{R}_{\mathrm{XX}}$ 可以表示为

$$\boldsymbol{R}_{\mathrm{XX}} = \sum_{m=0}^{D+K} \lambda_m \boldsymbol{e}_m \boldsymbol{e}_m^{\mathrm{H}} + \sum_{m=D+K+1}^{M-1} \lambda_m \boldsymbol{e}_m \boldsymbol{e}_m^{\mathrm{H}} = \boldsymbol{E}_{\mathrm{S}} \boldsymbol{\Sigma}_{\mathrm{S}} \boldsymbol{E}_{\mathrm{S}}^{\mathrm{H}} + \boldsymbol{E}_{\mathrm{N}} \boldsymbol{\Sigma}_{\mathrm{N}} \boldsymbol{E}_{\mathrm{N}}^{\mathrm{H}} \tag{5-133}$$

其中 $\boldsymbol{E}_{\mathrm{S}} = [\boldsymbol{e}_0, \boldsymbol{e}_1, \cdots, \boldsymbol{e}_{D+K}]$，称为信号干扰子空间，与信号的导向矢量所张成的空间相同；$\boldsymbol{E}_{\mathrm{N}} = [\boldsymbol{e}_{D+K+1}, \cdots, \boldsymbol{e}_{M-1}]$ 称为噪声子空间，$\boldsymbol{\Sigma}_{\mathrm{S}}$ 和 $\boldsymbol{\Sigma}_{\mathrm{N}}$ 分别为与各特征向量相对应的特征值组成的对角矩阵。对于方向向量 $\boldsymbol{a}_n$，设 $\boldsymbol{a}_{n/E_{\mathrm{S}}}$ 和 $\boldsymbol{a}_{n/E_{\mathrm{N}}}$ 分别为 $\boldsymbol{a}_n$ 在 $\boldsymbol{E}_{\mathrm{S}}$ 和 $\boldsymbol{E}_{\mathrm{N}}$ 上的投影向量，则有 $\boldsymbol{a}_n = \boldsymbol{a}_{n/E_{\mathrm{S}}} + \boldsymbol{a}_{n/E_{\mathrm{N}}}$。因为 $\boldsymbol{E}_{\mathrm{S}}$ 和 $\boldsymbol{E}_{\mathrm{N}}$ 正交，所以 $\boldsymbol{a}_n$ 在两个子空间的投影向量也相互正交，且满足 $\|\boldsymbol{a}_n\|^2 = \|\boldsymbol{a}_{n/E_{\mathrm{S}}}\|^2 + \|\boldsymbol{a}_{n/E_{\mathrm{N}}}\|^2$。

此外，因为有 $\boldsymbol{a}_n = \sum\limits_{m=0}^{D+K} c_m \boldsymbol{e}_m$，所以有

$$\begin{cases} \boldsymbol{a}_{n/E_{\mathrm{S}}} = \boldsymbol{E}_{\mathrm{S}} \boldsymbol{E}_{\mathrm{S}}^{\mathrm{H}} \boldsymbol{a}_n = \boldsymbol{E}_{\mathrm{S}} \sum\limits_{m=0}^{D+K} c_m \boldsymbol{E}_{\mathrm{S}}^{\mathrm{H}} \boldsymbol{e}_m \\ \boldsymbol{a}_{n/E_{\mathrm{N}}} = \boldsymbol{E}_{\mathrm{N}} \boldsymbol{E}_{\mathrm{N}}^{\mathrm{H}} \boldsymbol{a}_n = \boldsymbol{E}_{\mathrm{N}} \sum\limits_{m=0}^{D+K} c_m \boldsymbol{E}_{\mathrm{N}}^{\mathrm{H}} \boldsymbol{e}_m \end{cases} \tag{5-134}$$

其中 c_m（$0 \leqslant m \leqslant D+K$）为实常数。由于信号干扰子空间与噪声子空间的正交性，可以得到

$$\begin{cases} \|\boldsymbol{a}_{n/E_{\mathrm{S}}}\|^2 = M \\ \|\boldsymbol{a}_{n/E_{\mathrm{N}}}\|^2 = 0 \end{cases} \tag{5-135}$$

在以上分析的基础上，定义误差向量为 $\boldsymbol{e} = \boldsymbol{a} - \overline{\boldsymbol{a}}$，根据式（5-134）对误差向量做分解可以得到

$$\begin{aligned} \boldsymbol{e} &= \boldsymbol{E}_{\mathrm{S}} \boldsymbol{E}_{\mathrm{S}}^{\mathrm{H}} (\boldsymbol{a} - \overline{\boldsymbol{a}}) + \boldsymbol{E}_{\mathrm{N}} \boldsymbol{E}_{\mathrm{N}}^{\mathrm{H}} (\boldsymbol{a} - \overline{\boldsymbol{a}}) \\ &= \boldsymbol{E}_{\mathrm{S}} \boldsymbol{E}_{\mathrm{S}}^{\mathrm{H}} (\boldsymbol{a} - \overline{\boldsymbol{a}}) - \boldsymbol{E}_{\mathrm{N}} \boldsymbol{E}_{\mathrm{N}}^{\mathrm{H}} \overline{\boldsymbol{a}} \end{aligned} \tag{5-136}$$

其中，真实期望信号的导向矢量在噪声子空间的投影向量 $\boldsymbol{E}_{\mathrm{N}} \boldsymbol{E}_{\mathrm{N}}^{\mathrm{H}} \boldsymbol{a} = 0$。设 $\boldsymbol{a}_{\mathrm{S}} = \boldsymbol{E}_{\mathrm{S}} \boldsymbol{E}_{\mathrm{S}}^{\mathrm{H}} \boldsymbol{a}$，$\overline{\boldsymbol{a}}_{\mathrm{S}} = \boldsymbol{E}_{\mathrm{S}} \boldsymbol{E}_{\mathrm{S}}^{\mathrm{H}} \overline{\boldsymbol{a}}$，$\overline{\boldsymbol{a}}_{\mathrm{N}} = \boldsymbol{E}_{\mathrm{N}} \boldsymbol{E}_{\mathrm{N}}^{\mathrm{H}} \overline{\boldsymbol{a}}$，此时有

$$\left\|\boldsymbol{e}\right\|^2 = \left\|\boldsymbol{a}_{\mathrm{S}} - \overline{\boldsymbol{a}}_{\mathrm{S}}\right\|^2 + \left\|\overline{\boldsymbol{a}}_{\mathrm{N}}\right\|^2 \tag{5-137}$$

对于真实期望信号在两个空间的投影向量有 $M = \left\|\boldsymbol{a}_{\mathrm{S}}\right\|^2 + \left\|\boldsymbol{a}_{\mathrm{N}}\right\|^2$，因此可得 $\left\|\boldsymbol{a}_{\mathrm{S}}\right\|^2 = M$，结合该条件可构建关于导向矢量失配度的优化函数如下

$$\min_{\boldsymbol{a}_{\mathrm{S}}} \left\|\boldsymbol{a}_{\mathrm{S}} - \overline{\boldsymbol{a}}_{\mathrm{S}}\right\|^2 + M - \left\|\overline{\boldsymbol{a}}_{\mathrm{S}}\right\|^2 \quad \text{s.t.} \ \left\|\boldsymbol{a}_{\mathrm{S}}\right\|^2 = M \tag{5-138}$$

式（5-138）可使用拉格朗日乘子法对其求解。构造函数 $F(\boldsymbol{a}_{\mathrm{S}}, \lambda)$ 如下

$$F(\boldsymbol{a}_{\mathrm{S}}, \lambda) = \left\|\boldsymbol{a}_{\mathrm{S}} - \overline{\boldsymbol{a}}_{\mathrm{S}}\right\|^2 + M - \left\|\overline{\boldsymbol{a}}_{\mathrm{S}}\right\|^2 + \lambda\left(\left\|\boldsymbol{a}_{\mathrm{S}}\right\|^2 - M\right) \tag{5-139}$$

对 $F(\boldsymbol{a}_{\mathrm{S}}, \lambda)$ 关于 $\boldsymbol{a}_{\mathrm{S}}$ 求导并令之为 0 可得

$$\hat{\boldsymbol{a}}_{\mathrm{S}} = \frac{1}{1+\lambda} \overline{\boldsymbol{a}}_{\mathrm{S}} \tag{5-140}$$

将式（5-140）代入约束条件可得

$$\hat{\lambda} = \frac{\left\|\overline{\boldsymbol{a}}_{\mathrm{S}}\right\|}{\sqrt{M}} - 1 \tag{5-141}$$

进行整理后可得到在相应约束下的误差矢量和最小失配度如下

$$\begin{cases} \hat{\boldsymbol{e}} = \dfrac{\sqrt{M}}{\left\|\overline{\boldsymbol{a}}_{\mathrm{S}}\right\|} \overline{\boldsymbol{a}}_{\mathrm{S}} - \overline{\boldsymbol{a}} \\ \left\|\boldsymbol{e}\right\|_{\min}^2 = 2\left(M - \sqrt{M}\left\|\overline{\boldsymbol{a}}_{\mathrm{S}}\right\|\right) \end{cases} \tag{5-142}$$

假设最优失配度为 $\varepsilon_{\mathrm{opt}}$，并假设式（5-119）中使用的误差上界为 $\varepsilon_0 = \left\|\boldsymbol{e}\right\|_{\min}^2$，由式（5-142）得到 ε_0 为 $\boldsymbol{a}$ 和 $\overline{\boldsymbol{a}}$ 在满足特定约束条件下的最小失配度，并且与 $\varepsilon_{\mathrm{opt}}$ 存在如下关系：$\varepsilon_{\mathrm{opt}} \geqslant \varepsilon_0$。也就是说，$\varepsilon_0$ 与 $\varepsilon_{\mathrm{opt}}$ 之间还存在 $\Delta \varepsilon$ 的误差。在 ε_0 基础上继续进行估计，可以有效地修正这个误差，因此，可以通过迭代的方式逐步减小式（5-119）中导向矢量不确定集的半径，从而使导向矢量的估计更优。

假设第 i 次中用 ε_i 作为式（5-119）中的误差上界，那么经过多次迭代过程，所获得的导向矢量的最优估计 $\hat{\boldsymbol{a}}_i$ 就会慢慢地接近期望信号的真实导向矢量。同时，$\Delta \varepsilon$ 也会慢慢减小。在每次迭代后，都需要将式（5-130）中估计得到的导向矢量 $\hat{\boldsymbol{a}}$ 做归一化处理后作为下一次迭代中使用的参考矢量。进行多次迭代直至满足以下收敛条件

$$\varepsilon_i \leqslant \varepsilon_{\mathrm{th}} \tag{5-143}$$

当导向矢量的估计矢量收敛至实际导向矢量时，ε_i 趋近于 0，因此收敛阈值 $\varepsilon_{\mathrm{th}}$ 应取一较小值。

根据以上分析和推导，本小节所阐述的基于不确定集和投影子空间的自适应波束成形算法的步骤如下：

（1）根据天线阵列的 P 个快拍数，构造出伪协方差矩阵 R_{xx}；

（2）对 R_{xx} 进行特征值分解，构造干扰噪声联合子空间 H，并根据式（5-116）求取投影矩阵 P_H，同时得到信号干扰子空间 E_s 并设 $\hat{a}_0 = \bar{a}$；

（3）在第 i 次迭代中，利用式（5-142）估计出导向矢量失配度 ε_i，应用牛顿迭代法对式（5-129）进行求解，求出拉格朗日乘子 μ，并将其代入式（5-130）求取最优导向矢量 $\hat{a}$；

（4）更新参考矢量 $\bar{a} = \sqrt{M} \dfrac{\hat{a}_i}{\|\hat{a}_i\|}$，再进行第 $i+1$ 次迭代直至满足式（5-142）；

（5）将得到的最优导向矢量 $\hat{a}$ 代入式（5-131）求出最优权矢量 $\hat{W}_{opt}$。

文献[30]所提出的稳健的 Capon 波束成形算法的主要计算部分为对角加载因子的求取和权矢量求取时的求逆部分，该算法的复杂度为 $O(M^3)$；文献[31]基于迭代的稳健的 Capon 波束成形算法（AR-RCB）在 RCB 算法的基础上需要经过多次迭代来求取最优导向矢量，因而该算法的复杂度为 $O(pM^3)$，其中 p 为迭代次数。本小节算法的计算复杂度也为 $O(pM^3)$。

5.4.1.4 数值仿真分析

在仿真中，选择稳健的 Capon 波束成形算法[30]、基于迭代的稳健的 Capon 波束成形干扰抑制算法[31]与本小节算法进行对比。分别将波束方向图和阵列输出 SINR 作为衡量算法性能的指标，其中输出信干噪比的定义式为

$$\text{SINR} = \frac{\sigma_s^2 \left| \hat{W}_{opt} \hat{a} \right|}{\hat{W}_{opt}^H R_{in} \hat{W}_{opt}} \tag{5-144}$$

其中 $\sigma_s^2 = E\left(\left|s(t)\right|^2\right)$ 为期望信号的功率，R_{in} 为干扰噪声的协方差矩阵，$\hat{W}_{opt}$ 为最优权矢量。

仿真中使用阵元间距 $d = \lambda/2$ 的均匀直线阵列作为接收阵列，λ 为期望信号波长。仿真中所设置的期望信号的到达角为 20°，其他 3 个干扰信号的到达角为 25°（与期望信号相干）、30°（与期望信号相关）和 40°（独立干扰）。同时假设噪声为加性高斯白噪声。

仿真 1：假设期望信号波达方向存在的偏差 $\Delta\theta = 1.8°$，即期望信号的估计值 $\hat{\theta}_0 = 21.8°$，期望信号的导向矢量的估计为 $\bar{a}(\hat{\theta}_0)$，假设信噪比为 0 dB，信干比为 30 dB，快拍数为 100 个。将 RCB 算法、AR-RCB 算法和本小节算法的波束方向图进行比较，如图 5-25 所示。

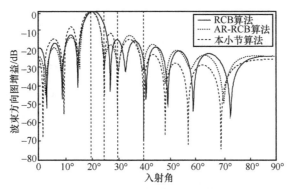

图 5-25　3 种算法的波束方向图比较

从图 5-25 可以看出，AR-RCB 算法和本小节算法得到的方向图的主瓣信号都对准了真实期望信号的波达方向，而 RCB 算法的主瓣明显偏离真实期望信号的波达方向。此外，从图 5-25 中可以看出，本小节算法在各个干扰方向能够形成较深的零陷，分别达到−44.97 dB、−46.63 dB 和−67.44 dB；AR-RCB 算法能在干扰方向形成零陷，但零陷深度较浅，而 RCB 算法在干扰方向上的零陷出现的偏差较大。由此可见，本小节算法通过对阵列接收数据进行相应处理后重构协方差矩阵，有效地去除了信号之间的相干性，同时应用于约束的不确定集具有可变半径，可以修正期望信号导向矢量的估计误差，从而使常规波束成形算法能够对相干、相关和独立干扰信号进行有效的抑制。

仿真 2：假设期望信号波达方向存在的偏差 $\Delta\theta=1°$，即期望信号的估计值 $\hat{\theta}_0=21.0°$，期望信号的导向矢量的估计为 $\bar{a}(\hat{\theta}_0)$，信噪比为 0 dB，信干比为 30 dB，快拍数为 100 个。比较 RCB 算法、AR-RCB 算法和本小节算法在不同信噪比下的阵列输出信干噪比曲线，如图 5-26 所示。

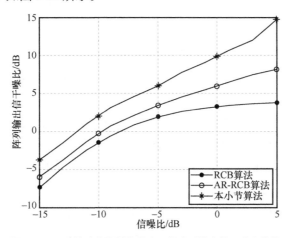

图 5-26　3 种算法在不同信噪比下的阵列输出信干噪比曲线

从图 5-26 可以看出，在期望信号的波达方向角度偏差为 1° 的情况下，RCB 算法、AR-RCB 算法和本小节算法阵列输出 SINR 都随信噪比的增加而增加。当信噪比小于 −7 dB 时，3 种算法的阵列输出 SINR 的增长都较快且增长速率几乎相等。但随着信噪比的增大，RCB 算法的 SINR 的增长速率逐渐缓慢，AR-RCB 算法次之，而本小节算法依旧保持较快的阵列输出 SINR 增长速率。说明本小节算法较其他两种算法在 SINR 方面具有更优的性能。在干扰信号功率很强且信噪比很高的情况下，容易对信号空间进行分离。本小节算法利用这个特征分离出干扰噪声联合子空间，然后利用投影的性质建立代价函数，并且结合迭代方法使得代价函数中用于约束的不确定集的半径逐渐变小，可以更加准确地估计出期望信号的方向矢量，从而使波束成形器能抑制各个干扰信号，使阵列输出增益在期望信号方向上尽可能最大，提高了波束成形的输出信干噪比。

仿真 3：假设期望信号波达方向存在的偏差 $\Delta\theta = 1.5°$，即期望信号的估计值 $\hat{\theta}_0 = 21.5°$，期望信号的导向矢量的估计为 $\bar{a}(\hat{\theta}_0)$，假设信噪比为 5 dB，信干比为 30 dB。比较 RCB 算法、AR-RCB 算法和本小节算法在不同快拍数下的阵列输出信干噪比，如图 5-27 所示。

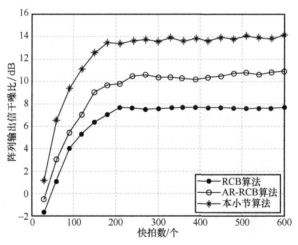

图 5-27　3 种算法的阵列输出 SINR 随快拍数的变化曲线

由图 5-27 可以看出，在输入信号的 SNR 为 5 dB 的情况下，快拍数从 30 个变化到 600 个的过程中，3 种算法的阵列输出 SINR 先随快拍数的增加而显著增加，当快拍数增加到 200 个以上时，阵列输出 SINR 的变化趋于平缓。本小节算法在快拍数大于 200 个以后的阵列输出 SINR 相对于其他两种算法保持在一个较高的水平。因此，本小节算法在干扰噪声子空间投影的基础上使用可变半径的不确定集作为约束，可有效修正期望信号的估计导向矢量，从而使本小节算法在快拍数变化的条件下相对于其他两种算法具有更强的鲁棒性。

仿真 4：假设信噪比为 5 dB，信干比为 30 dB，快拍数为 200 个。比较 RCB 算法、AR-RCB 算法和本小节算法在不同角度偏差下的阵列输出信干噪比，以此来比较几种算法对误差的敏感程度。比较的曲线如图 5-28 所示。

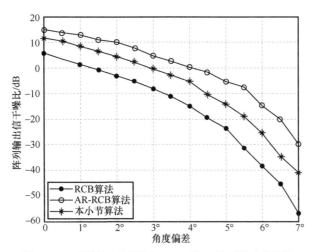

图 5-28　3 种算法的阵列输出 SINR 随角度偏差的变化曲线

由图 5-28 可以看出，在 DOA 估计角度偏差从 0°到 7°的变化过程中，3 种算法对误差的敏感程度有所不同，其中 AR-RCB 算法较 RCB 算法具备更高的鲁棒性，而本小节算法相对 AR-RCB 算法性能更优，尤其是在 DOA 估计误差较大的情况下。

综合以上的仿真结果，本小节给出了一种基于不确定集和投影子空间的自适应波束成形算法。首先对阵列的接收数据进行相应处理获得一个新的互相关矩阵 R_{XX}，在 R_{XX} 的基础上划分出不同的信号空间，再利用投影性质建立最优化函数，用信号干扰子空间来求取迭代过程中不确定集约束的半径，直至误差矢量的失配度满足收敛条件，最后求得期望信号的最优方向矢量。仿真分析表明，本小节算法能在导向矢量失配的条件下对不同类型的干扰进行抑制，同时保持期望信号方向上的增益达到最大，提高了阵列的输出信干噪比，且在信噪比变化或快拍数变化条件下具有较强的鲁棒性。

5.4.2　修正的基于特征空间的多约束最小方差算法

MCMV 算法和 EMCMV 算法对相干的干扰能够进行有效的抑制，然而，这两个算法对不相干或者是其他相关干扰的抑制效果却不尽如人意，还必须采取其他的干扰抑制措施。扩展的多波束最小方差方法从另外一个角度进行分析，考虑在波束成形过程中不针对相干和不相干来区分干扰信号，对所有的干扰信号都实现零陷约束，只在期望信号方向上保留最大的方向图增益。相干干扰信号相对于期望信号在信号包络上具有一个衰减因子，多波束约束的思想[32]通过不同子空间的正交性，求得相干信号的最优衰减因子矢量，然后将该矢量作为约束矢量。这样就可以通过约束使期望信号的功率和相干干扰的功率进行叠加输出，使阵列的有用信号功率最大化。本小节应用多波束约束的思想，在少量快拍数条件下构建伪协方差矩阵，利用该矩阵来替代常规波束成形算法中的协方差矩阵，获得信号子空间和噪声子空间，然后利用这两个子空间之间的正交关系来获得相干信号的最优衰减因子，最后将该最优衰减因子代入 EMCMV 波束成形器求取最优权矢量。

5.4.2.1　信号模型和子空间分解原理

对于一个具有 M 个阵元的均匀直线阵列，设有一个期望信号、D 个相干干扰信号和 K 个独立干扰信号以窄带平面波的形式入射到该阵列上，且满足条件：$(1+D+K) \leqslant M$。将期望信号和 D 个相干干扰信号的导向矢量进行合并作为期望信号的合成方向矢量 $\bar{a}$，其表达式为

$$\bar{a}(\theta) = a(\theta_0) + A_D \rho_D \tag{5-145}$$

其中，$a(\theta_0)$ 为真实期望信号的导向矢量；$A_D = [a(\theta_{01}), a(\theta_{02}), \cdots, a(\theta_{0D})]$，$a(\theta_{0d})$（$d = 1, 2, \cdots, D$）为 D 个相干干扰的导向矢量；$\rho_D = [\rho_1, \rho_2, \cdots, \rho_D]^{\mathrm{T}}$，$\rho_d$（$d = 1, 2, \cdots, D$）为相干干扰信号的衰减系数（相对于期望信号来说）。假设期望信号为 $S_0(t)$，其他独立干扰信号为 $S(t) = [S_1(t), S_2(t), \cdots, S_K(t)]^{\mathrm{T}}$，则阵列在 t 时刻的接收信号可以表示为

$$\begin{aligned} X(t) &= \bar{a}(\theta) S_0(t) + \sum_{k=1}^{K} a(\theta_k) S_k(t) + N(t) \\ &= a(\theta_0) S_0(t) + A_D \rho_D S_0(t) + A_K S(t) + N(t) \end{aligned} \tag{5-146}$$

其中，$A_K = [a(\theta_1), a(\theta_2), \cdots, a(\theta_K)]$，为独立干扰信号的导向矢量。式（5-146）表明，阵列接收信号可以视为一个复合信号和 K 个独立干扰信号。根据多波束约束的思想，可求出相干信号的衰减因子，保留期望信号和相干干扰信号的叠加输出，同时对相干干扰信号外的所有干扰信号进行抑制。

不严格针对信号的相干和不相干进行划分，而是假设从独立信号外的干扰中除了

相干干扰信号外所剩下的干扰分量相对于期望信号的包络为 ρ_{0k} $(k=1,2,\cdots,K)$，则式（5-146）可以表示为

$$X(t)=\left(a(\theta_0)+A_D\rho_D\right)S_0(t)+A_K\left(S(t)+\rho_K S_0(t)\right)+N(t) \tag{5-147}$$

其中，$\rho_K=[\rho_{01},\rho_{02},\cdots,\rho_{0K}]^{\mathrm{T}}$，令整个阵列的流形矩阵为 $A=[a(\theta_0)\ A_D\ A_K]$，同时令 $\rho=[1,\rho_D^{\mathrm{T}},\rho_K^{\mathrm{T}}]^{\mathrm{T}}$，则式（5-147）可以重写为

$$X(t)=A\rho S_0(t)+A_K S(t)+N(t) \tag{5-148}$$

在上述信号模型下构造伪协方差矩阵 R_{XX}，用该方法构造的伪协方差矩阵替代常规算法中的接收信号协方差矩阵，可以解决由于快拍数少、接收信号中同时存在相干或相关信号时造成的协方差矩阵的秩亏问题，从而得到较为准确的信号子空间和噪声子空间。将 R_{XX} 进行特征值分解可得

$$\begin{aligned} R_{\mathrm{XX}} &= \sum_{m=0}^{D+K} \lambda_m e_m e_m^{\mathrm{H}} + \sum_{m=D+K+1}^{M-1} \lambda_m e_m e_m^{\mathrm{H}} \\ &= E_S \Sigma_S E_S^{\mathrm{H}} + E_N \Sigma_N E_N^{\mathrm{H}} \end{aligned} \tag{5-149}$$

式（5-149）中，特征值满足以下排列：$\lambda_0 \geqslant \lambda_1 \geqslant \cdots \geqslant \lambda_{D+K} \geqslant \lambda_{K+D+1} = \cdots = \lambda_{M-1} = \sigma^2$；$E_S$ 为前 $D+K+1$ 个特征矢量 $[e_0,\cdots,e_{D+K}]$ 构成的信号子空间；后 $M-D-K-1$ 个特征矢量 $[e_{D+K+1},\cdots,e_{M-1}]$ 构成噪声子空间 E_N。Σ_S 和 Σ_N 分别为由构成 E_S 和 E_N 的特征向量所对应的各个特征值构成的对角矩阵。

5.4.2.2　获取最优权矢量

在式（5-148）的阵列接收信号模型下，若通过求解得到的自适应权矢量为 W，则所有导向矢量的阵列响应可以表示为[33]

$$F = W^{\mathrm{H}}A\rho \tag{5-150}$$

在理论分析中，将对与期望信号不相干的干扰信号进行消除或抑制，因而在该方向上的衰减因子应置为 0，即仅保持相干信号和期望信号上的增益，因此可以将所有导向矢量的阵列相应问题简化为合成导向矢量 $\bar{a}(\theta)$ 的阵列响应问题，即

$$F_{\mathrm{a}} = W^{\mathrm{H}}\bar{a}(\theta)\rho_{\mathrm{a}} \tag{5-151}$$

其中，$\rho_{\mathrm{a}}=[1,\rho_D^{\mathrm{T}}]^{\mathrm{T}}$。由于 $\bar{a}(\theta)$ 位于 E_S 内，因此 $\bar{a}(\theta)$ 正交于 Σ_N，$\bar{a}(\theta)$ 在 Σ_N 上的投影分量为 0。令 $P_N = E_N(E_N^{\mathrm{H}}E_N)^{-1}E_N^{\mathrm{H}} = E_N E_N^{\mathrm{H}}$，则有 $P_N\bar{a}(\theta)\rho_{\mathrm{a}}=0$。利用该性质建立最优化函数

$$\min_{\boldsymbol{\rho}_a} \left\| \boldsymbol{P}_N \bar{\boldsymbol{a}}(\theta) \boldsymbol{\rho}_a \right\|^2 = \min_{\boldsymbol{\rho}_D} \left\| \boldsymbol{P}_N \left(\boldsymbol{a}(\theta_0) + \boldsymbol{A}_D \boldsymbol{\rho}_D \right) \right\|^2$$
$$\text{s.t. } \left\| \boldsymbol{a}(\theta_0) + \boldsymbol{A}_D \boldsymbol{\rho}_D \right\|^2 = M \tag{5-152}$$

其中，$M > 0$，该约束条件用来防止发生零解。根据投影矩阵的性质，有 $\boldsymbol{P}_N^2 = \boldsymbol{P}_N$ 和 $(\boldsymbol{P}_N)^H = \boldsymbol{P}_N$，因此将 $\boldsymbol{a}(\theta_0)$ 简写为 $\boldsymbol{a}$ 后式（5-152）可以简化为

$$\min_{\boldsymbol{\rho}_D} \left(\boldsymbol{a} + \boldsymbol{A}_D \boldsymbol{\rho}_D \right)^H \boldsymbol{P}_N \left(\boldsymbol{a} + \boldsymbol{A}_D \boldsymbol{\rho}_D \right) \text{ s.t. } \left\| \boldsymbol{a} + \boldsymbol{A}_D \boldsymbol{\rho}_D \right\|^2 = M \tag{5-153}$$

由于向量二范数具有相容性，式（5-153）可以转化为

$$\min_{\boldsymbol{\rho}_a} \boldsymbol{\rho}_a^H \boldsymbol{\Phi} \boldsymbol{\rho}_a \text{ s.t. } \left\| \boldsymbol{\rho}_a \right\|^2 = \frac{M}{\left\| \bar{\boldsymbol{a}}(\theta_0) \right\|^2} \tag{5-154}$$

其中，$\boldsymbol{\Phi} = \boldsymbol{A}_C^H \boldsymbol{P}_N \boldsymbol{A}_C$，$\boldsymbol{A}_C = [\boldsymbol{a}(\theta_0) \quad \boldsymbol{A}_D]$。通常取 $M / \left\| \bar{\boldsymbol{a}}(\theta_0) \right\|^2 = 1$，易得 $\hat{\boldsymbol{\rho}}_a$ 的最优解为 $\boldsymbol{\Phi}$ 的最小特征值所对应的特征向量[33]。为保证在期望信号方向上的输出增益为 1，可将 $\hat{\boldsymbol{\rho}}_a$ 中期望信号所对应位置的元素置 1，从而得到新的衰减因子向量 $\hat{\boldsymbol{\rho}}_a = [1, \hat{\rho}_1, \cdots, \hat{\rho}_D]^T$。令 $\hat{\boldsymbol{\rho}} = [1, \hat{\rho}_1, \cdots, \hat{\rho}_D, 0, \cdots, 0]^T$，对所有干扰进行约束。利用 $\hat{\boldsymbol{\rho}}$ 和伪协方差矩阵 $\boldsymbol{R}_{XX}$ 代替多约束最小方差算法中的多个线性约束量 $\boldsymbol{e}$ 和 $\boldsymbol{R}_{XX}$，以此来增大合成的阵列响应。此时可以得到新的最优加权向量为

$$\hat{\boldsymbol{W}}_{MCMV} = \boldsymbol{R}_{XX}^{-1} \boldsymbol{A} (\boldsymbol{A}^H \boldsymbol{R}_{XX}^{-1} \boldsymbol{A})^{-1} \hat{\boldsymbol{\rho}} \tag{5-155}$$

从而可以得到 EMCMV 方法的最优权矢量表达式

$$\hat{\boldsymbol{W}}_{EMCMV} = \hat{\boldsymbol{E}}_S \hat{\boldsymbol{E}}_S^H \hat{\boldsymbol{W}}_{MCMV} \tag{5-156}$$

根据以上分析和推导，本小节修正的基于特征空间的多约束最小方差算法的步骤可以总结如下：

（1）使用天线阵列的 P 个快拍数构造出伪协方差矩阵 $\boldsymbol{R}_{XX}$；

（2）对 $\boldsymbol{R}_{XX}$ 进行特征值分解，根据式（5-149）得到信号子空间 $\boldsymbol{E}_S$ 和噪声子空间 $\boldsymbol{E}_N$；

（3）得到噪声子空间的投影矩阵 $\boldsymbol{P}_N$，根据式（5-154）建立最优化函数并求出衰减系数 $\hat{\boldsymbol{\rho}}$；

（4）应用式（5-155）进行求解得到 $\hat{\boldsymbol{W}}_{MCMV}$；

（5）将 $\hat{\boldsymbol{W}}_{MCMV}$ 代入式（5-156）求出最优权矢量 $\hat{\boldsymbol{W}}_{EMCMV}$。

在复杂度方面，本小节算法伪协方差矩阵的复杂度为 $O(M^3 + M^2 + PM)$。相比于 EMCMV 算法，为求取相干信号的衰减因子，增加了 $(D+1)M^2 + (D+1)^2 M$ 次矩阵乘法，此外，还增加了一次特征分解的计算量为 $O(M^3)$。

5.4.2.3 数值仿真分析

通过仿真验证本小节算法的性能，选择标准 MCMV 波束成形算法、EMCMV 波束成形算法与本小节算法进行对比。分别将波束方向图和输出信干噪比作为衡量算法性能的指标，其中输出信干噪比的定义同式（5-144）。在仿真中，接收阵列设为阵元数为 15 个、阵元间距为 $d = \lambda/2$（λ 为信号波长）的均匀直线阵列；期望信号是入射角为 20°的窄带信号；3 个窄带同频干扰的波达方向分别为 25°（相关干扰）、30°（相干干扰）和 40°（独立干扰）；同时假设阵列噪声为加性高斯白噪声。

仿真 1：假设期望信号波达方向存在的偏差 $\Delta\theta = 0.15°$，即期望信号的估计值 $\hat{\theta}_0 = 19.85°$，其他干扰信号的指向误差分别为 0.1°、0.03°和 0.05°。假设信噪比为 –10 dB，信干比为 20 dB，快拍数为 150 个，对 3 种算法的波束方向图增益进行仿真对比，仿真结果如图 5-29 所示。

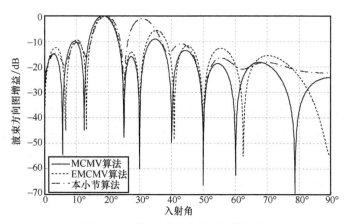

图 5-29　3 种算法的波束方向图增益对比

从图 5-29 可知，在存在指向误差的情况下，MCMV 算法和 EMCMV 算法均能在干扰方向上形成较深的零陷，但由于 MCMV 对指向误差较为敏感，因而无论是在零陷深度方面还是在零陷分辨率方面的性能都不如 EMCMV 算法。本小节算法因对相干干扰信号采取适当保留，因而没有在相干干扰方向形成主瓣，但在另外两个干扰方向的零陷深度分别达到了–42.05 dB 和–65.89 dB，形成较深零陷，且具有较好的零陷分辨率。相比 MCMV 算法和 EMCMV 算法，本小节算法具有较深的零陷，对短时间内的运动干扰源能够达到较好的干扰抑制效果。

仿真 2：假设期望信号波达方向存在的偏差 $\Delta\theta = 0.05°$，即期望信号的估计值

$\hat{\theta}_0=20.05°$，其他干扰信号的指向误差均为 0.01°。信干比为 20 dB，快拍数为 150 个。比较 MCMV 算法、EMCMV 算法和本小节算法在不同信噪比下的阵列输出信干噪比，如图 5-30 所示。

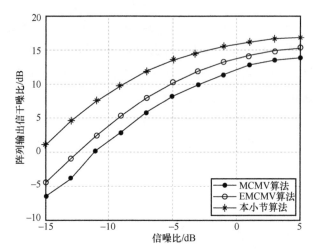

图 5-30　3 种算法的阵列输出 SINR 随信噪比的变化曲线

从图 5-30 可以看出，在存在较小的指向误差的情况下，MCMV 算法、EMCMV 算法和本小节算法的阵列输出信干噪比都随信噪比的增加而呈现上升趋势。其中，EMCMV 算法优于 MCMV 算法，而本小节算法在 EMCMV 算法的基础上，将约束条件替换为最优的相干信号衰减因子，使得有用信号的输出功率最大化，因此在同等信噪比情况下本小节算法的阵列输出 SINR 明显优于 MCMV 算法和 EMCMV 算法。尤其是在低信噪比情况下，本小节算法能够得到一个较高的阵列输出 SINR，说明了本小节算法在低信噪比情况下具有较强的鲁棒性。

仿真 3：假设期望信号波达方向存在的偏差 $\Delta\theta = 0.08°$，即期望信号的估计值 $\hat{\theta}_0=20.08°$，其他干扰信号的指向误差分别为 0.1°、0.03°和 0.01°。假设信噪比为 0 dB，信干比为 20 dB。比较 MCMV 算法、EMCMV 算法和本小节算法在不同快拍数下的阵列输出信干噪比，如图 5-31 所示。

从图 5-31 中的对比曲线中可以看出，在阵列输出 SINR 方面，MCMV 算法的性能在 3 种算法中最差，而 EMCMV 算法次之，与图 5-30 所示的算法性能变化趋势一致。由此可以说明，在多波束约束中，通过本小节算法对约束条件进行修正，可有效地提高阵列输出 SINR，提高算法在低信噪比和低快拍数条件下的鲁棒性。

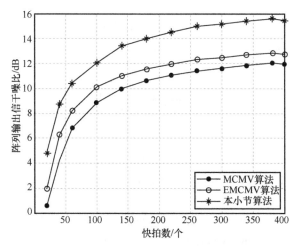

图 5-31　3 种算法的阵列输出 SINR 随快拍数的变化

| 5.5　本章小结 |

　　本章对宽带信号 DOA 估计的方法进行分析和总结，并指出其不足之处。首先针对阵列流形内插方法的基本原理进行简单介绍，然后根据该方法一般都是针对信号的一维 DOA 进行估计，且之后的改进方法大多是在特殊结构的阵列基础上实现信号的二维 DOA 估计，提出了一种可应用到任意几何平面阵列结构的基于角频分离实现宽带聚焦的方法。通过把二维直角坐标系下的阵元位置转换到球坐标系下，根据球阵列的导向矢量可以用球函数的级数形式表示的广义傅里叶性质，得到任意平面几何结构阵列的导向矢量球函数的级数表示形式，实现阵列流形矩阵的角频分离，在无角度预估计误差对算法估计带来的影响下，构造聚焦变换矩阵。最后的相关矩阵构造利用了频域平滑处理的方法，故本章所提算法也具有解相干的能力。与文献[21-24]中的算法相比，本章所提算法在不限制阵列几何结构的模型下，对宽带相干信号实现了二维的波达方向估计。理论分析和仿真实验证明了本章所提算法的有效性，并与 CRB 分析比较，本章所提算法具有较好的估计性能。

　　本章在已知入射信号 DOA 信息的基础上，提出了两种自适应波束成形改进算法：基于不确定集和投影子空间的波束成形算法和修正的基于特征空间的多约束最小方差算法。在提出的基于不确定集和投影子空间的波束成形算法中，先对接收数据进行解相干处理，并根据在较高信干比条件下容易划分出干扰子空间的特点，得到干扰噪声联合子空间并建立最优函数，使用投影子空间的性质对不确定约束集的半径进行修正，通过多次迭代获得期望信号的最优方向矢量。

| 参考文献 |

[1] PILLAI S U, KWON B H. Forward/backward spatial smoothing techniques for coherent signal identification[J]. IEEE Transactions on Acoustics, Speech, and Signal Processing, 1989, 37(1): 8-15.

[2] DU W, KIRLIN R L. Improved spatial smoothing techniques for DOA estimation of coherent signals[J]. IEEE Transactions on Signal Processing, 1991, 39(5): 1208-1210.

[3] KUNDU D. Modified MUSIC algorithm for estimating DOA of signals[J]. Signal Processing, 1996, 48(1): 85-90.

[4] 陈冬生, 刘振东. 基于均匀圆阵的相干信源二维角估计方法[J]. 计算机与网络, 2005, 31(10): 51-52.

[5] YANG X P, LONG T, SARKAR T K. Effect of geometry of planar antenna arrays on Cramer-Rao Bounds for DOA estimation[C]//Proceedings of IEEE 10th International Conference on Signal Processing Proceedings. Piscataway: IEEE Press, 2010: 389-392.

[6] KUNDA D. Modified MUSIC algorithm for estimating DOA of signal[J]. Signal Processing, 1996, 48(l): 85-90

[7] 李忠念. 基于信号循环平稳特性的 DOA 估计[D]. 哈尔滨: 哈尔滨工程大学, 2012.

[8] DORAN M A, DORON E, WEISS A J. Coherent wide-band processing for arbitrary array geometry[J]. IEEE Transactions on Signal Processing, 1993, 41(1): 414.

[9] PILLAI S U, KWON B H. Forward/backward spatial smoothing techniques for coherent signal identification[J]. IEEE Transactions on Acoustics, Speech, and Signal Processing, 1989, 37(1): 8-15.

[10] DI A, TIAN L P. Matrix decomposition and multiple sources location[J]. Processing. IEEE ICASSP, 1984, 33-34.

[11] KITADA T, OZAWA J, CHENG J, et al. DOA estimation based on 2D-ESPRIT algorithm with multiple subarrays in hexagonal array[C]//Proceedings of 2010 International Conference on Wireless Communications & Signal Processing (WCSP). Piscataway: IEEE Press, 2010: 1-6.

[12] ROY R, PAULRAJ A, KAILATH T. ESPRIT: a subspace rotation approach to estimation of parameters of cisoids in noise[J]. IEEE Transactions on Acoustics, Speech, and Signal Processing, 1986, 34(5): 1340-1342.

[13] 顾陈, 何劲, 李洪涛, 等. 基于扩展孔径 ESPRIT 算法的高精度无模糊二维 DOA 估计[J]. 兵

工学报, 2012, 33(1): 103-108.

[14] SCHMIDT R. Multiple emitter location and signal parameter estimation[J]. IEEE Transactions on Antennas and Propagation, 1986, 34(3): 276-280.

[15] WAX M, SHAN T J, KAILATH T. Spatio-temporal spectral analysis by eigenstructure methods[J]. IEEE Transactions on Acoustics, Speech, and Signal Processing, 1984, 32(4): 817-827.

[16] WANG H, KAVEH M. Coherent signal-subspace processing for the detection and estimation of angles of arrival of multiple wide-band sources[J]. IEEE Transactions on Acoustics, Speech, and Signal Processing, 1985, 33(4): 823-831.

[17] DORON M A, WEISS A J. On focusing matrices for wide-band array processing[J]. IEEE Transactions on Signal Processing, 1992, 40(6): 1295-1302.

[18] DORON M A, DORON E. Wavefield modeling and array processing. I. algorithms[J]. IEEE Transactions on Signal Processing, 1994, 42(10): 2560-2570.

[19] DORON M A, DORON E. Wavefield modeling and array processing. II. algorithms[J]. IEEE Transactions on Signal Processing, 1994, 42(11): 2560-2570.

[20] DORON M A, DORON E. Wavefield modeling and array processing. III. algorithms[J]. IEEE Transactions on Signal Processing, 1994, 42(12): 2560-2570.

[21] DORAN M A, DORON E, WEISS A J. Coherent wide-band processing for arbitrary array geometry[J]. IEEE Transactions on Signal Processing, 1993, 41(1): 414.

[22] 潘捷, 周建江, 汪飞. 基于流形分离技术的稀疏均匀圆阵快速 DOA 估计方法[J]. 电子与信息学报, 2010, 32(4): 963-966.

[23] 卢海杰, 章新华, 熊鑫. 流形分离在非均匀圆阵上的应用[J]. 兵工学报, 2011, 32(9): 1113-1117.

[24] 林晋美, 侯卫民, 涂英, 等. 傅立叶-勒让德级数展开的宽带聚焦[J]. 声学技术, 2007, 26(6): 1235-1239.

[25] 陈丰. Fourier 变换在平面、柱、球阵波束成形和 DOA 估计中的应用[D]. 杭州: 浙江大学, 2006.

[26] 李刚, 赵春晖, 宁海春. 用于宽带测向的广义阵列流行内插算法[J]. 弹箭与制导学报, 2008, 28(1): 277-279, 282.

[27] JIAN L, STOICA P, WANG Z S. On robust Capon beamforming and diagonal loading[J]. IEEE Transactions on Signal Processing, 2003, 51(7): 1702-1715.

[28] LI J, STOICA P, WANG Z. Doubly constrained robust Capon beamformer[J]. Signal Processing, IEEE Transactions on, 2004, 52(9): 2407-2423

[29] SAHMOUDI M, AMIN M G. Optimal robust beamforming for interference and multipath mitigation in GNSS arrays[C]//Proceedings of 2007 IEEE International Conference on Acoustics, Speech and Signal Processing - ICASSP '07. Piscataway: IEEE Press, 2018: 690-693.

[30] LACOSS R T. Data adaptive spectral analysis methods[J]. Geophysics, 2012, 36(36): 661-675.

[31] ZHANG T, SUN L G. Iterative robust beamformer with an estimation of uncertainty level[C]//Proceedings of 2013 IEEE International Wireless Symposium. Piscataway: IEEE Press, 2013: 1-3.

[32] LEE J H, HSU T F. Adaptive beamforming with multiple-beam constraints in the presence of coherent jammers[J]. Signal Processing, 2000, 80(11): 2475-2480

[33] 王科文. 智能天线中的 DOA 估计和波束成形算法研究[D]. 泉州: 华侨大学, 2012.

[34] 邓超升. 卫星干扰源定位与自适应波束成形技术研究[D]. 成都: 电子科技大学, 2016.

[35] 王爱莹. 卫星干扰源定位及干扰抑制技术研究[D]. 成都: 电子科技大学, 2014.

第 6 章

基于盲源信号分离的卫星通信强干扰消除技术

在卫星通信系统中，卫星信道的开放性使其容易受到外界信号的干扰，超强信号的干扰对卫星通信系统影响较大，甚至导致正常的卫星通信无法进行，因此研究在超强干扰信号条件下获得弱目标混合信号是一个很有意义的研究内容。本章研究卫星通信系统中强干扰信号条件下弱目标混合信号的盲源信号分离算法。在该理论框架实际执行过程中分成了两个部分：第一部分是强干扰信号为合作信号，此时只需要直接采用本章所提出的干扰抵消算法（Interference Cancellation Algorithm，IC-Algorithm）即可，然后再利用本章提出的 K-means 聚类算法优化的 FastICA 算法（KM-FastICA 算法）就可以完成盲源信号分离；第二部分是强干扰信号为非合作信号，此时由于强干扰信号为未知信号，不能直接进行干扰消除，把强干扰信号作为一路源信号，直接采用 KM-FastICA 算法进行盲源信号分离，把分离出来的强干扰信号作为已知信号，再运用干扰抵消算法消除强干扰信号，对消除强干扰信号后的弱目标混合信号运用 KM-FastICA 算法就可以实现盲源信号的分离。

| 6.1　强干扰信号为合作信号 |

在强干扰弱目标信号的盲源信号分离中，如果强干扰信号为合作信号，则强干扰信号的信息已知，可以通过先验信息重构强干扰信号，然后利用干扰抵消算法消除强干扰信号。为了更好地说明算法的实用性，本章结合卫星通信系统的应用背景，提出了干扰抵消算法。

6.1.1　概述

强干扰下的卫星通信系统的信号由强干扰信号和弱目标混合信号组成。两部分组成的强干扰信号是合作信号，信号参数已知，由于强干扰信号的功率远大于弱目标信号的功率，因此在强干扰信号的干扰下很难获得弱目标信号。与此同时，弱目标信号是一个混合信号，将每一个信号从弱目标混合信号中分离出来是另一个具有挑战性的任务。

有一些信号处理的算法与目标信号检测相关，例如 Relax 算法[1]、CLEAN 技术[2]、信号分离方法[3]、JJM 算法和 FastICA 算法[4-6]等。尽管这些算法与弱目标信号分离有关，但是这些算法不适用于卫星通信系统。因此，仍然有必要为卫星通信系统探索更高效的目标信号检测算法。

本章提出了一种新的干扰抵消算法和一种由 K-means 聚类算法优化的 FastICA 算法，从受到强干扰的卫星通信系统中提取和分离弱目标混合信号。

6.1.2 系统模型分析

算法模型可分为两步：第一步用干扰抵消算法消除源混合信号中的强干扰信号，由于强干扰信号是合作信号，可以通过已知的强干扰信号参数重构强干扰信号，然后利用干扰抵消算法消除强干扰信号；第二步利用 KM-FastICA 算法进行弱目标混合信号的盲源信号分离。由于 FastICA 算法的迭代效果受初始向量的影响比较大，而用 K-means 聚类算法选择的初始迭代向量具有一般性，从而增加了 FastICA 算法的稳定性和收敛性。在以上两个步骤中，由于消除强干扰信号后的残余信号会作为噪声影响盲源信号分离的效果，因此，强干扰信号重构的精确程度将直接影响盲源信号分离的性能。接下来将介绍干扰抵消算法和 KM-FastICA 算法。

6.1.3 干扰抵消算法

由于本小节处理的对象是四相移相键控（QPSK）调制的信号，因此，在介绍干扰抵消算法之前，先分析 QPSK 调制的原理。

6.1.3.1 QPSK 调制原理

QPSK 调制利用数字基带信号去调制载波相位。调制是利用数字基带信号对载波相位的控制传递数字信息，其调制表达式[7-8]

$$S_{QPSK}(t) = A\cos(2\pi f_c t + \theta_n), n = 1, 2, 3, 4 \tag{6-1}$$

其中，A 是信号幅度，f_c 是信号频率，θ_n 是调制相位。QPSK 的星座图显示了其星座点位于 x 轴和 y 轴，这意味着 QPSK 调制信号有同相支路（I 路）和正交支路（Q 路）。

图 6-1 为 QPSK 调制波形，图 6-2 为 QPSK 调制框图。图 6-2 的实现如下：信号分离模块也称作串并转换模块，是将码元序列进行 I/Q 分离，转换规则可以设定为奇数位为 I、偶数位为 Q。串并转换模块是将 1 转换为幅度为 A 的电平，0 转换成幅度为 $-A$ 的电平[9]。

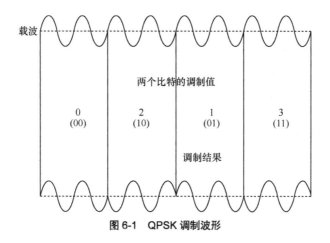

图 6-1　QPSK 调制波形

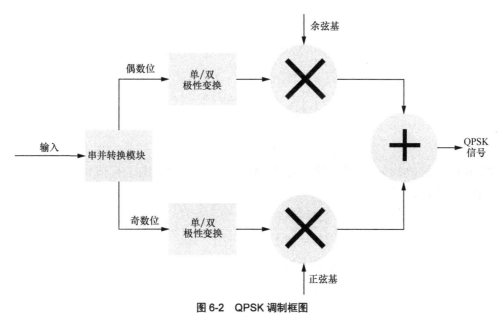

图 6-2　QPSK 调制框图

6.1.3.2　干扰抵消算法原理

在卫星通信系统中，如果干扰信号功率很强，并且目标混合信号功率很弱，可以用干扰抵消算法来消除 QPSK 调制下的强干扰信号，从而得到弱目标混合信号[10]。干扰抵消算法的框图如图 6-3 所示，其中，$[S_1, S_2, S_3, S_4]$ 是源混合信号，S_1、S_2、S_3 是弱目标信号，S_4 是强干扰信号，$[S_1', S_2', S_3', S_4', n]$ 是源混合信号 $[S_1, S_2, S_3, S_4]$ 经过高斯信道后生成的信号[11]，这里 $n = [n_1, n_2, n_3, n_4]$ 是背景噪声，并且

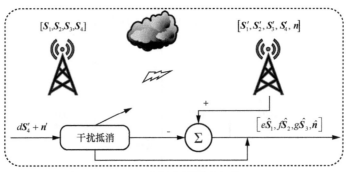

图 6-3 干扰抵消算法的框图

$$\begin{bmatrix} S_1' \\ S_2' \\ S_3' \\ S_4' \\ n \end{bmatrix} = \begin{bmatrix} a_1 & a_2 & a_3 & a_4 & 1 \\ b_1 & b_2 & b_3 & b_4 & 1 \\ c_1 & c_2 & c_3 & c_4 & 1 \\ d_1 & d_2 & d_3 & d_4 & 1 \end{bmatrix} \cdot \begin{bmatrix} S_1 \\ S_2 \\ S_3 \\ S_4 \\ n \end{bmatrix} \tag{6-2}$$

假定有 4 个接收天线，接收到 4 组混合信号为：l_1, l_2, l_3, l_4，则有

$$\begin{bmatrix} l_1 \\ l_2 \\ l_3 \\ l_4 \end{bmatrix} = \begin{bmatrix} a_1 & a_2 & a_3 & a_4 \\ b_1 & b_2 & b_3 & b_4 \\ c_1 & c_2 & c_3 & c_4 \\ d_1 & d_2 & d_3 & d_4 \end{bmatrix} \cdot \begin{bmatrix} S_1 \\ S_2 \\ S_3 \\ S_4 \end{bmatrix} + \begin{bmatrix} n_1 \\ n_2 \\ n_3 \\ n_4 \end{bmatrix} \tag{6-3}$$

图 6-3 中的 $dS_4' + n'$ 是强干扰信号 S_4 通过高斯信道得到的干扰估计信号。由于 $|d| \|S_4'\| \gg \|n'\|$，可以得到

$$\frac{|d_i| \cdot \|S_4'\| + \|n_i'\|}{|d_j| \cdot \|S_4'\| + \|n_j'\|} = \frac{\hat{d}_i}{\hat{d}_j} \approx \frac{|d_i|}{|d_j|}, i,j = 1,2,3,4 \tag{6-4}$$

由于强干扰信号是合作信号（假设已经完成对强干扰信号的侦察并且获得干扰特征参数，则强干扰信号认为是合作信号），信号参数是已知的，所以能根据信道参数估计出强干扰信号。然后，通过以下过程把强干扰信号从混合信号中消除。

$$\begin{cases} l_1 - (l_1 + l_2 + l_3 + l_4)\dfrac{\hat{d}_1}{\hat{d}_1 + \hat{d}_2 + \hat{d}_3 + \hat{d}_4} \approx e_1 S_1 + f_1 S_2 + g_1 S_3 = \hat{L}_1 \\[3mm] l_2 - (l_1 + l_2 + l_3 + l_4)\dfrac{\hat{d}_2}{\hat{d}_1 + \hat{d}_2 + \hat{d}_3 + \hat{d}_4} \approx e_2 S_1 + f_2 S_2 + g_2 S_3 = \hat{L}_2 \\[3mm] l_3 - (l_1 + l_2 + l_3 + l_4)\dfrac{\hat{d}_3}{\hat{d}_1 + \hat{d}_2 + \hat{d}_3 + \hat{d}_4} \approx e_3 S_1 + f_3 S_2 + g_3 S_3 = \hat{L}_3 \\[3mm] l_4 - (l_1 + l_2 + l_3 + l_4)\dfrac{\hat{d}_4}{\hat{d}_1 + \hat{d}_2 + \hat{d}_3 + \hat{d}_4} \approx e_4 S_1 + f_4 S_2 + g_4 S_3 = \hat{L}_4 \end{cases} \tag{6-5}$$

因此，经过式（6-5）可以得到有用的弱目标混合信号，记为：Y_1, Y_2, Y_3，则有

$$\begin{bmatrix} Y_1 \\ Y_2 \\ Y_3 \end{bmatrix} = \begin{bmatrix} e_1 & f_1 & g_1 \\ e_2 & f_2 & g_2 \\ e_3 & f_3 & g_3 \end{bmatrix} \cdot \begin{bmatrix} S_1 \\ S_2 \\ S_3 \end{bmatrix} \tag{6-6}$$

综上所述，根据式（6-3）～式（6-5）消除了强干扰信号。最后，获得了弱目标混合信号，在图 6-3 中，$e\hat{S}_1 + f\hat{S}_2 + g\hat{S}_3 + \hat{n}$ 表示消除强干扰后得到的弱目标混合信号和背景噪声。此外，可以根据获得的矢量信号构造矢量空间 $\hat{L} = \{\hat{L}_1, \hat{L}_2, \hat{L}_3, \hat{L}_4\}$。在这个向量空间中的向量满足以下性质[12]。

（1）加法的封闭性

$\forall x = (x_1, x_2, \cdots, x_n), y = (y_1, y_2, \cdots, y_n) \in \hat{L}$，则有

$$x + y = (x_1 + y(1), x_2 + y(2), \cdots, x_n + y(n)) \in \hat{L} \tag{6-7}$$

（2）数乘的封闭性

$\forall x = (x_1, x_2, \cdots, x_n) \in \hat{L}$，$\forall \lambda \in R$，则有

$$\lambda_x = (\lambda x_1, \lambda x_2, \cdots, \lambda x_n) \in \hat{L} \tag{6-8}$$

以上给出了干扰抵消算法的运算过程，从运算过程可以看出干扰抵消算法可以有效地消除混合信号中的强干扰信号，得到弱目标混合信号。接下来将讨论干扰抵消算法的性能，包括计算复杂度和收敛性。

（1）计算复杂度分析

由于干扰抵消算法大致分为两个过程：借助强干扰估计信道参数和基于信道参数从混合信号中消除强干扰信号，因此，干扰抵消算法的复杂度可以分两个部分进行详细说明[13]。

① 借助强干扰估计信道参数

在式（6-6）中，假设系数矩阵的阶数为 $L \times K$，源信号矩阵的阶数为 $K \times N$，则乘法的复杂度为 $O(K \times N \times L)$，加法的复杂度为 $O(K \times N \times L)$。

② 基于信道参数从混合信号中消除强干扰信号

为了计算算法复杂度，式（6-3）～式（6-6）可以写成矩阵的形式

$$\begin{bmatrix} \boldsymbol{l}_1 \\ \boldsymbol{l}_2 \\ \boldsymbol{l}_3 \\ \boldsymbol{l}_4 \end{bmatrix} - \begin{bmatrix} \dfrac{\hat{d}_1}{\hat{d}_1 + \hat{d}_2 + \hat{d}_3 + \hat{d}_4} & 0 & 0 & 0 \\ 0 & \dfrac{\hat{d}_2}{\hat{d}_1 + \hat{d}_2 + \hat{d}_3 + \hat{d}_4} & 0 & 0 \\ 0 & 0 & \dfrac{\hat{d}_3}{\hat{d}_1 + \hat{d}_2 + \hat{d}_3 + \hat{d}_4} & 0 \\ 0 & 0 & 0 & \dfrac{\hat{d}_4}{\hat{d}_1 + \hat{d}_2 + \hat{d}_3 + \hat{d}_4} \end{bmatrix} \tag{6-9}$$

$$\cdot \begin{bmatrix} \boldsymbol{l}_1 + \boldsymbol{l}_2 + \boldsymbol{l}_3 + \boldsymbol{l}_4 \\ \boldsymbol{l}_1 + \boldsymbol{l}_2 + \boldsymbol{l}_3 + \boldsymbol{l}_4 \\ \boldsymbol{l}_1 + \boldsymbol{l}_2 + \boldsymbol{l}_3 + \boldsymbol{l}_4 \\ \boldsymbol{l}_1 + \boldsymbol{l}_2 + \boldsymbol{l}_3 + \boldsymbol{l}_4 \end{bmatrix} = \begin{bmatrix} e_1 & f_1 & g_1 \\ e_2 & f_2 & g_2 \\ e_3 & f_3 & g_3 \\ e_4 & f_4 & g_4 \end{bmatrix} \cdot \begin{bmatrix} \boldsymbol{S}_1 \\ \boldsymbol{S}_2 \\ \boldsymbol{S}_3 \end{bmatrix}$$

在式（6-9）中，接收信号的矩阵为 $L \times N$，系数矩阵为 $L \times K$，接收到的信号加法矩阵为 $K \times N$，则乘法的复杂度为 $O(K \times N \times L)$，加法的复杂度为 $O(K \times N \times L)$。因此，整体复杂度便可以确定为 $O(K \times N \times L)$。

（2）收敛性分析

考虑到噪声的影响，矢量空间 $\hat{\boldsymbol{L}}$ 具有不确定性。显然，这个不确定性会阻碍迭代过程，并且矢量空间 $\hat{\boldsymbol{L}}$ 的不确定性也会影响算法收敛。假设在干扰抵消算法更新规则下有个不稳定的收敛点，那么收敛过程中很小的偏差就会造成干扰抵消算法的收敛点发生偏移。对于矢量空间 $\hat{\boldsymbol{L}}$ 的不确定性，可以采用每一步迭代都使 $\| \boldsymbol{L}_i - \hat{\boldsymbol{L}}_i \|$ 最小化来避开。接下来讨论干扰抵消算法的收敛点[14]。

定理 设 $\hat{\boldsymbol{L}} = \{\hat{L}_1, \hat{L}_2, \hat{L}_3, \hat{L}_4\}$ 表示估计矢量空间，则对于干扰抵消算法的任意初始值，极限 $\lim\limits_{i \to \infty}$ 都是存在的，即干扰抵消算法是收敛的[15]。

证明 构造单调递增序列 $(L_{1n}, L_{2n}, L_{3n}, L_{4n}) \in \hat{\boldsymbol{L}}(L_{1n}, L_{2n}, L_{3n}, L_{4n}) \in \hat{\boldsymbol{L}}$。由于噪声的影响，序列有一个上界。那么，对于 $\forall \varepsilon > 0$，$\exists N$，当 $n > N$ 时，则有

$$\| \|(L_{1n}, L_{2n}, L_{3n}, L_{4n})\| - \|(L_{10}, L_{20}, L_{30}, L_{40})\| \| < \varepsilon \tag{6-10}$$

即

$$\lim\limits_{n \to \infty}(L_{1n}, L_{2n}, L_{3n}, L_{4n}) = (L_{10}, L_{20}, L_{30}, L_{40}) \tag{6-11}$$

从以上过程可知，干扰抵消算法具有收敛性。

6.1.4　KM–FastICA 算法

以上介绍的是干扰抵消算法的过程及性能分析，从理论的角度分析了干扰抵消算法的可行性和鲁棒性。带有强干扰信号的混合信号经过干扰抵消算法可以有效地消除强干扰信号，接下来要做的是进行弱目标混合信号的盲源信号分离。下面介绍由 K-means 聚类算法优化的 FastICA 算法，并用该算法分离弱目标混合信号。

6.1.4.1　FastICA 算法原理

FastICA 算法是一种基于批处理的顺序提取算法，在算法运算过程中每次只提取一个源信号[16]。FastICA 算法在盲源信号分离中具有很广泛的应用。根据大数定律，多个相互独立的随机变量之和趋向于高斯分布。因此，当提取的信号非高斯性达到最大时，信号间的独立性也达到最大。根据非高斯性的度量不同，常用基于负熵的方法。负熵的计算式为[17]

$$N_g(Y) = H(Y_{Gauss}) - H(Y) \tag{6-12}$$

这里的 Y_{Gauss} 与 Y 是具有相同协方差的随机变量，$H(Y)$ 是熵计算公式，定义为[18]

$$H(Y) = -\int P_Y(\xi) \log(P_Y(\xi)) \mathrm{d}\xi \tag{6-13}$$

这里的 $P_Y(\xi)$ 是概率密度函数。FastICA 算法的详细步骤如下：

（1）标准化数据；

（2）选择初始矢量 W_0，并且单位化，使 $\|W_0\| = 1$；

（3）选择一个非二次函数，例如

$$g_1(y) = \tanh(y) \tag{6-14}$$

$$g_2(y) = y^{\frac{y^2}{2}} \tag{6-15}$$

$$g_3(y) = y^3 \tag{6-16}$$

（4）令

$$W_p = E\left\{Z_g(W_p^T)\right\} - E\left\{g'(W_p^T)\right\} W_0 \tag{6-17}$$

（5）令

$$W_p = W_p - \sum(W_p^T W_j) W_j, j = 1, 2, \cdots, p-1 \tag{6-18}$$

（6）令

$$W_p = \frac{W_j}{\|W_j\|} \tag{6-19}$$

（7）如果 W_p 收敛则进行步骤（8），如果 W_p 不收敛则转到步骤（4）；

（8）假设 p 是抽取的信号个数，m 是源信号个数，令 $p=p+1$，如果 $p \leqslant m$，则转到步骤（2）。

虽然 FastICA 算法是有效的，但是 FastICA 算法的性能和稳定性在很大程度上依赖初始矢量 $\boldsymbol{W}_0$ 的选择[19-20]。这里，给出用 K-means 聚类算法设置 $\boldsymbol{W}_0$ 的方法，使得原有的 FastICA 算法具有好的分离性能和稳定性。

6.1.4.2　KM–FastICA 算法原理

K-means 聚类算法是目前最受欢迎并且最简单的分类算法之一[21-25]。

K-means 聚类算法是基于属性和特征在若干组中进行分类或分组，这些组是计算每个数据与相应的聚类中心的距离实现的。K-means 聚类算法的主要步骤如下[26-28]：

（1）提供一个初始化聚类数 K；

（2）计算从每个目标点到每个聚类中心的欧式距离的平方 d，并把每个目标点分到最近的类；

（3）最小化类内目标平方和（WCSS）的值，并且更新每个类的聚类中心；

（4）基于新的数据关系重新计算欧式距离的平方 d；

（5）重复步骤（3）和步骤（4），直到没有目标点可以移动。

给定一组观测值 $(\boldsymbol{X}_1, \boldsymbol{X}_2, \cdots, \boldsymbol{X}_N)$，这里的每一个观测值都是一个 N 维矢量，K-means 聚类算法的目的是把 N 个观测值分到 K 个类中 $(\boldsymbol{S}_1, \boldsymbol{S}_2, \cdots, \boldsymbol{S}_K)$，$(\boldsymbol{S}_1, \boldsymbol{S}_2, \cdots, \boldsymbol{S}_N)$ $(K \leqslant N)$，最小化函数的计算式为

$$\text{WCSS} = \min \sum_{i=1}^{k} \sum_{X_j \in S_i} \| X_j - \boldsymbol{\mu}_i \|^2 \qquad (6\text{-}20)$$

这里的 $\boldsymbol{\mu}_i$ 是 S_i 类的均值矢量，$i = 1, 2, \cdots, K$。

K-means 聚类算法输出的是均值矢量 $(\boldsymbol{\mu}_1, \boldsymbol{\mu}_2, \cdots, \boldsymbol{\mu}_K)$。原始数据和分类如图 6-4 所示，聚类后得到聚类中心如图 6-5 所示。可以看到 $\boldsymbol{\mu}_i (i = 1, 2, \cdots, K)$ 是聚类中心并且代表对应类的特征。因此，在 $\boldsymbol{\mu}_i (i = 1, 2, \cdots, K)$ 中选择初始矢量 $\boldsymbol{W}_0$，这样的选择可以使算法具有较好的鲁棒性和收敛性。干扰抵消算法流程如图 6-6 所示。

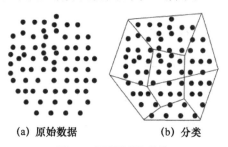

(a) 原始数据　　　　　　　(b) 分类

图 6-4　原始数据和分类

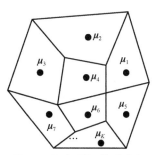

图 6-5　聚类后得到聚类中心

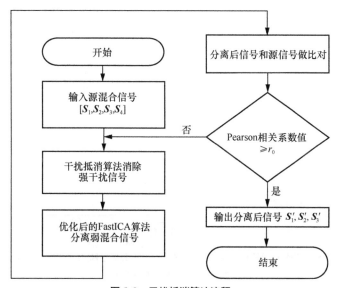

图 6-6　干扰抵消算法流程

6.1.5　仿真实验分析

本小节通过仿真实验验证本章所提出的干扰抵消算法和 KM-FastICA 算法。在实验中，信号使用 QPSK 调制方式，经过本章提出的算法处理，QPSK 调制信号将从弱混合信号中分离出来。

首先介绍实验中的参数设置。设置采样率 $f_b = 2 \times 10^4\,\mathrm{Hz}$，传输比特率 $R_b = 10^3\,\mathrm{bit/s}$，调制频率 $f_0 = 2 \times 10^3\,\mathrm{Hz}$，比特数 $m = 80\,\mathrm{B}$，初始信号数为 MK = 4 个。

发送的源信号波形如图 6-7 所示。横坐标表示的是采样点数，纵坐标表示的是标准化后的幅度，在本书中幅度的标准化计算式为

$$\text{Amp} = A \cdot m(N)\cos\left(2\pi \cdot \frac{f_c}{f_s} \cdot N\right) \qquad (6\text{-}21)$$

从图 6-7 中可以看出 QPSK 源信号 1～3 是弱目标信号时，QPSK 源信号 4 是强干扰信号。这里的目的是从发送源混合信号中分离出每个弱目标信号。

源信号在经过高斯信道后，接收的混合信号波形如图 6-8 所示，在图 6-8 中，横坐标表示的是采样点数，纵坐标表示的是标准化后的幅度，采用 4 副接收天线，接收到 4 路混合信号。经过信道的混合，图 6-8 中 4 路混合信号的幅度也不同于图 6-7 中的 4 路源信号。

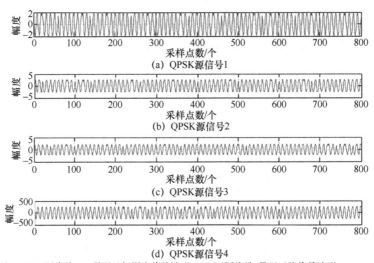

注：QPSK源信号1～3是弱目标混合信号波形，QPSK源信号4是强干扰信号波形。

图 6-7　发送的源信号波形

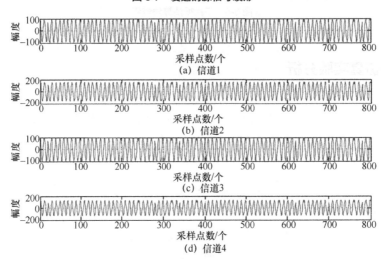

图 6-8　经过高斯信道后接收的混合信号波形

利用干扰抵消算法处理图 6-8 中的混合信号，可以把强干扰信号有效地消除，消除强干扰后的弱混合信号波形如图 6-9 所示。在图 6-9 中，由于采用了 4 副接收天线，所以会有 4 路弱混合信号，图中横坐标表示的是采样点数，纵坐标表示的是标准化后的幅度。从图 6-9 可以看出，混合信号中不再含有强干扰信号，由于采用了 4 副接收天线，所以接收到的弱目标混合信号仍然为 4 路信号。运用干扰抵消算法消除强干扰，实验效果除了依赖算法本身还和信道参数有关。

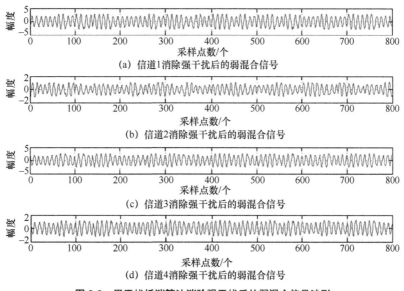

图 6-9　用干扰抵消算法消除强干扰后的弱混合信号波形

6.1.5.1　信道参数估计

本小节提出依靠强干扰信号和背景噪声的比值判别信道环境优劣的方法。从式（6-4）可以看出，强干扰信号和背景噪声差距越大，利用式（6-5）消除强干扰信号的效果越好，因此，可以根据强干扰信号和背景噪声的比值判定信道环境对干扰抵消算法的影响。

强干扰信号信道参数估计误差如图 6-10 所示。横坐标为 S_q / N_0，S_q / N_0 是强干扰信号与背景噪声的比值，纵坐标为误差。计算误差的步骤可以分为如下两步[29-30]。

（1）矢量标准化：假设矢量是 $\boldsymbol{a} = (a_1, a_2, a_3)$，其标准化矢量为

$$\frac{\boldsymbol{a}}{\|\boldsymbol{a}\|} = \left(\frac{a_1}{\|\boldsymbol{a}\|}, \frac{a_2}{\|\boldsymbol{a}\|}, \frac{a_3}{\|\boldsymbol{a}\|}\right) \qquad (6\text{-}22)$$

（2）误差函数为

$$\text{误差} = \left\|\frac{\hat{\boldsymbol{a}}}{\|\hat{\boldsymbol{a}}\|} - \frac{\boldsymbol{a}}{\|\boldsymbol{a}\|}\right\|_2 \qquad (6\text{-}23)$$

这里的 $\hat{\boldsymbol{a}} = (\hat{a}_1, \hat{a}_2, \hat{a}_3)$ 是矢量 $\boldsymbol{a} = (a_1, a_2, a_3)$ 的估计值。

从图 6-10 中可以看出，误差的值是随着 S_q / N_0 的增加而变低的，这说明强干扰信号功率相对于背景噪声的功率越大，信道估计就越准确，这和从式（6-4）和式（6-5）推算出来的结论是一致的。

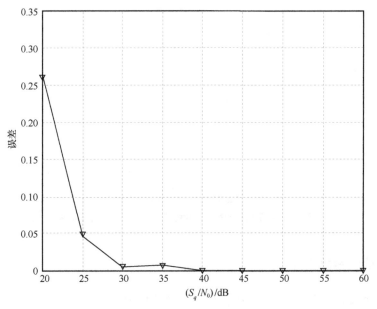

图 6-10　强干扰信号信道参数估计误差

6.1.5.2　弱目标混合信号的分离

混有强干扰信号的源混合信号，经过干扰抵消算法消除强干扰后得到了 4 路弱混合信号，信号波形如图 6-9 所示。使用 KM-FastICA 算法得到的盲源信号分离波形如图 6-11 所示。在图 6-11 中，3 个源信号被分离出来，并且图 6-7 中 3 路弱目标信号的波形和图 6-11 很相似。

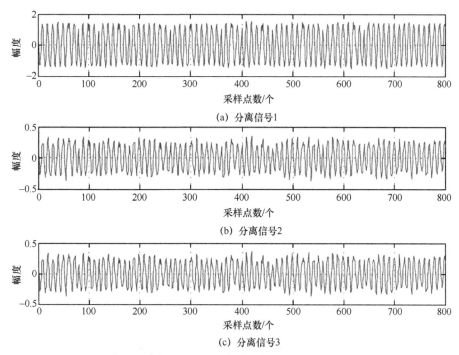

(a) 分离信号1

(b) 分离信号2

(c) 分离信号3

图 6-11 使用 KM-FastICA 算法得到的盲源信号分离波形

6.1.5.3 分离性能分析

为了衡量算法的性能，这里采用比较客观的评价方法对比图 6-11 和图 6-7 中 3 路弱目标信号波形，并进一步和经典 FastICA 算法的分离性能进行比较。在客观的评价方法中用 Pearson 相关系数作为评价标准，Pearson 相关系数的定义如下

$$r = \frac{\sum_{i=1}^{n}(x_i - \overline{x})(y_i - \overline{y})}{\sqrt{\sum_{i=1}^{n}(x_i - \overline{x})^2 \cdot \sum_{i=1}^{n}(y_i - \overline{y})^2}} \tag{6-24}$$

不同干信比（JSR）条件下盲源信号分离性能如图 6-12 所示，在干信比为 5 dB 的时候运用盲源信号分离算法的 Pearson 相关系数均大于 0.9，而传统的 FastICA 算法的 Pearson 相关系数为 0.6~0.7。从这个结果可以得出：盲源信号分离算法可以有效地进行强干扰条件下的弱目标信号的盲源信号分离，并且从图 6-12 中还可以看出盲源信号分离算法的分离性能比传统的 FastICA 算法好。

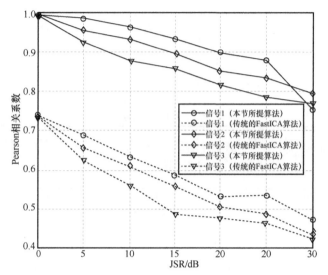

图 6-12　不同干信比条件下的盲源信号分离性能

｜6.2　强干扰信号为非合作信号｜

第 6.1 节给出了合作信号的干扰抵消算法，但是在实际应用中，很多情况下强干扰信号是非合作信号，强干扰信号的参数是未知的，此时不能重构强干扰信号，因此，第 6.1 节提出的干扰抵消算法不能直接得到应用。下面给出了强干扰信号为非合作信号情况下的干扰抵消算法。

在卫星通信系统中，如果接收到的混合信号包括强干扰信号和弱目标信号。强信号是干扰信号，又是非合作信号，弱信号是目标信号，并且是混合信号。这种情况在隐蔽通信和实际工程中经常遇到。

6.2.1　对包含未知强干扰信号在内的混合信号进行盲源信号分离

由于强干扰信号是非合作信号，不能直接运用干扰抵消算法。因此，需要首先运用 KM-FastICA 算法对包含未知强干扰信号在内的混合信号进行盲源信号分离，然后再消除强干扰信号。未知强干扰信号条件下的盲源信号分离框图如图 6-13 所示。$[S_1, S_2, S_3, S_4]$ 是源混合信号，S_1, S_2, S_3 是弱目标信号，S_4 是未知强干扰信号，$\hat{S}_4$ 是利用 KM-FastICA 算法重组的强干扰信号。图 6-13 中，利用 KM-FastICA 算法对包含未知强干扰信号在内的混合信号 $[S_1, S_2, S_3, S_4]$ 进行盲源信号分离，从而得到强干扰混合信号 $\hat{S}_4$，接下来把得到的强干扰信号作为已知信号，利用干扰抵消算法消除强干扰。

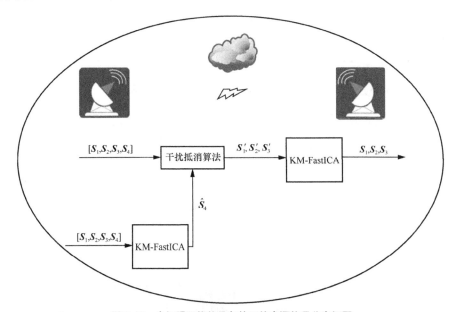

图 6-13　未知强干扰信号条件下的盲源信号分离框图

6.2.2　利用干扰抵消算法消除未知强干扰信号

将第 6.2.1 小节分离得到的强干扰信号 $\hat{S}_4$ 作为未知强干扰的先验信息,利用干扰抵消算法把干扰信号消除，从而得到弱目标混合信号。把得到的弱目标混合信号 $[S_1', S_2', S_3', n]$ 作为已知信号，再运用 KM-FastICA 算法进行盲源信号分离，最终得到分离后的弱目标信号。

6.2.3　仿真实验分析

本小节将验证强干扰信号为非合作信号的盲源信号分离算法。在仿真实验中，参数设置如下：采样率 $f_b = 2 \times 10^4$ Hz，传输比特率为 $R_b = 10^3$ bit/s，调制频率为 $f_0 = 2 \times 10^3$ Hz，比特数为 $m = 80$，初始信号数 MK = 4。在信号样本图中，横坐标表

示的是采样点数，纵坐标表示的是标准化后的幅度，幅度的标准化计算式为

$$\text{Amp} = \boldsymbol{A} \cdot m(\boldsymbol{N}) \cos\left(2\pi \cdot \frac{f_c}{f_s} \cdot \boldsymbol{N}\right) \tag{6-25}$$

根据图 6-13，先用 KM-FastICA 算法进行盲源信号分离得到强干扰信号的估计信号 $\hat{\boldsymbol{S}}_4$。源信号波形如图 6-14 所示，源信号 1~3 为弱目标信号，源信号 4 为强干扰信号。源信号在经过高斯信道后，接收的 4 路混合信号的波形如图 6-15 所示，采用 4 副接收天线，接收到 4 路混合信号。应用 KM-FastICA 算法进行盲源信号分离得到强干扰信号的估计信号如图 6-16 所示，可以看出强干扰信号被成功估计出来。

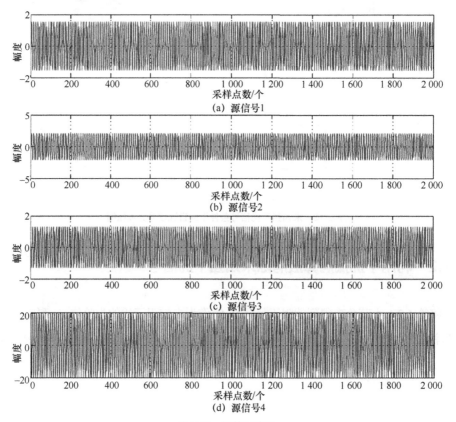

图 6-14　源信号波形

在得到强干扰信号的估计信号 $\hat{\boldsymbol{S}}_4$ 后，应用干扰抵消算法消除强干扰信号，消除强干扰信号后的弱混合信号波形如图 6-17 所示。可以看出，混合信号中不再含有强干扰信号，接下来需要做的是把图 6-17 中的信号作为已知信号应用 KM-FastICA 算法进行

盲源信号分离，分离后的信号波形如图 6-18 所示。

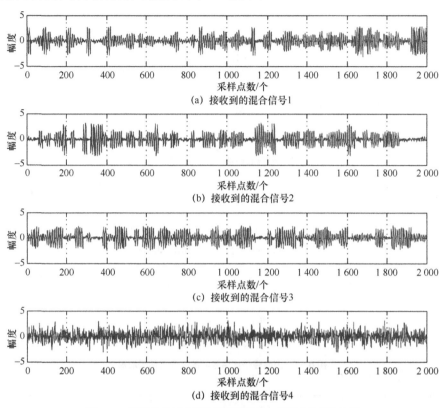

(a) 接收到的混合信号1

(b) 接收到的混合信号2

(c) 接收到的混合信号3

(d) 接收到的混合信号4

图 6-15　源信号经过高斯信道后接收的 4 路混合信号的波形

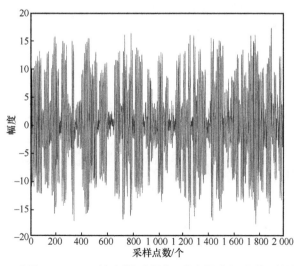

图 6-16　应用 KM-FastICA 算法进行盲源信号分离得到强干扰信号的估计信号

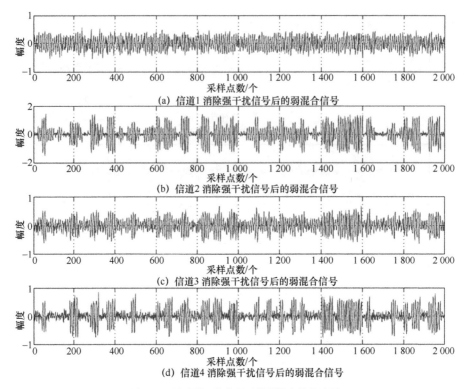

(a) 信道1 消除强干扰信号后的弱混合信号

(b) 信道2 消除强干扰信号后的弱混合信号

(c) 信道3 消除强干扰信号后的弱混合信号

(d) 信道4 消除强干扰信号后的弱混合信号

图 6-17　消除强干扰信号后的弱混合信号波形

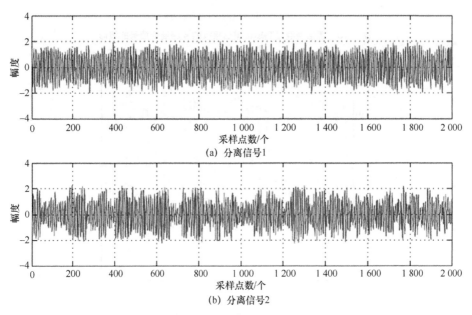

(a) 分离信号1

(b) 分离信号2

图 6-18　运用 KM-FastICA 算法盲源信号分离后的信号波形

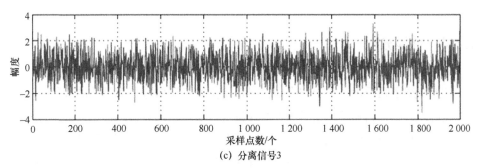

(c) 分离信号3

图 6-18 运用 KM-FastICA 算法盲源信号分离后的信号波形（续）

为了说明本节所提出的算法具有优良的分离性能,选择一个评估函数对比图 6-14 中的源信号波形和图 6-18 中的分离后信号波形,利用误差性能分析 PI 函数作为评估标准,误差性能分析 PI 函数的定义为

$$\mathrm{PI} = E\left\{\frac{\left\|\boldsymbol{A}\right\| - \left\|\hat{\boldsymbol{A}}\right\|}{\left\|\boldsymbol{A}\right\|}\right\} \qquad (6\text{-}26)$$

其中,$\boldsymbol{A}$ 是混合矩阵,$\hat{\boldsymbol{A}}$ 是估计的混合矩阵。

与传统的 JADE 盲源信号分离算法进行比较,未知强干扰信号消除后的盲源信号分离效果如图 6-19 所示。从图 6-19 可以看出在信噪比为 5 dB 时本节所提算法的分离性能就已经趋于稳定,从算法稳定的角度发现本节所提算法优于传统的 JADE 算法。从分离效果的角度看,本节所提出的盲源信号分离算法在信噪比为 5 dB 时 PI 值已经达到约 0.1,而传统 JADE 盲源信号分离算法的 PI 值只约为 0.25;从分离性能的角度看,本节提出的盲源信号分离算法的性能优于传统的 JADE 盲源信号分离算法[31]。

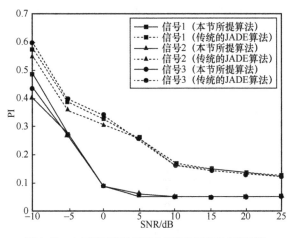

图 6-19 未知强干扰信号消除后的盲源信号分离效果

6.2.4　性能分析

以上介绍了强干扰信号为非合作信号情况下的盲源信号分离算法的过程。从算法的过程可以看出，当强干扰信号为非合作信号时虽然不能直接运用干扰抵消算法，但是可以运用 KM-FastICA 算法得到强干扰信号的估计，然后再运用干扰抵消算法消除强干扰信号。接下来将从迭代终止条件、算法的鲁棒性两个方面讨论强干扰信号为非合作信号情况下的盲源信号分离的性能。

6.2.4.1　迭代终止条件

选择性能误差（Performance Error，PE）作为迭代终止的限制条件，PE 的计算式为[32]

$$\mathrm{PE} = \left\| \frac{\|\boldsymbol{A}\| - \|\hat{\boldsymbol{A}}\|}{\|\boldsymbol{A}\|} \right\|_F \tag{6-27}$$

这里，$\hat{\boldsymbol{A}}$ 是估计混合矩阵，$\boldsymbol{A}$ 是初始混合矩阵，当估计混合矩阵的范数值足够靠近初始混合矩阵的范数值时迭代终止，假定 ε 是预先设定的门限，当 $\mathrm{PE} < \varepsilon$ 时迭代终止，这里取 $\varepsilon = 10^{-2}$。

6.2.4.2　算法鲁棒性分析

在接收到源混合信号后，根据信号能量值估计信道参数，在信道参数的估计中，由于强干扰信号远大于弱目标混合信号，因此，有以下结论[33]

$$\frac{d_i S_1' + n_i'}{d_j S_1' + n_j'} = \frac{d_i + \dfrac{n_i'}{S_1'}}{d_j + \dfrac{n_j'}{S_1'}}, i,j = 1,2,3,4 \tag{6-28}$$

依据式（6-28），由于 $dS_4' \gg n'$，可以得出

$$\lim_{S_1 \to \infty} \frac{d_i + \dfrac{n_i'}{S_1'}}{d_j + \dfrac{n_j'}{S_1'}} = \frac{d_i}{d_j}, i,j = 1,2,3,4 \tag{6-29}$$

从式（6-29）可以看出，在 $dS_4' \gg n'$ 条件下，该算法对背景噪声不敏感。

|6.3　本章小结 |

　　本章研究了卫星通信系统中两种场景下的盲源信号分离。一种场景是强干扰信号为合作信号,另一种场景是强干扰信号为非合作信号。第一种场景下,由于强干扰信号为合作信号,因此,可以直接运用强干扰信号的参数重构强干扰信号,然后运用干扰抵消算法来消除强干扰信号。接着,提出了 KM-FastICA 算法,KM-FastICA 算法的鲁棒性比 FastICA 算法有明显的提高,并且最后的仿真实验也验证了本章所提出的算法的可行性和有效性。第二种场景下,由于强干扰信号为非合作信号,强干扰信号的参数是未知的,所以无法直接采用干扰抵消算法消除强干扰信号。本章把强干扰信号作为一路已知信号运用 KM-FastICA 算法进行盲源信号分离,然后把分离出的强干扰信号作为已知信号,利用干扰抵消算法进行强干扰信号的消除。在这个场景中,降低了对强干扰信号的依赖性,具有更广的应用场景。在第 6.1 节和第 6.2 节的最后,均讨论了在这两种场景下所提出算法的性能,虽然这两种场景下的盲源信号分离的效果不一样,但是由于强干扰信号的功率远大于背景噪声的信号功率,通过分析可知,这两种算法对噪声均不敏感。也就是说,本章所提出的在这两种场景下的盲源信号分离算法都具有较好的鲁棒性。

| 参考文献 |

[1]　TAN D K P, SUN H, LU Y, et al. Passive radar using Global System for Mobile communication signal: theory, implementation and measurements[J]. IEEE Proceedings - Radar, Sonar and Navigation, 2005, 152(3): 116.

[2]　JIAN L, LIU G Q, JIANG N Z, et al. Airborne phased array radar: clutter and jamming suppression and moving target detection and feature extraction[J]. Proceedings of the 2000 IEEE Sensor Array and Multichannel Signal Processing Workshop SAM 2000 (Cat No 00EX410), 2000: 240-244.

[3]　GOUGH P T. A fast spectral estimation algorithm based on the FFT[J]. IEEE Transactions on Signal Processing, 1994, 42(6): 1317-1322.

[4]　ZISKIND I, WAX M. Maximum likelihood localization of multiple sources by alternating projection[J]. IEEE Transactions on Acoustics, Speech, and Signal Processing, 1988, 36(10):

1553-1560.

[5] 陈辉, 苏海军. 强干扰/信号背景下的 DOA 估计新方法[J]. 电子学报, 2006, 34(3): 530-534.

[6] YANG C H, SHIH Y H, CHIUEH H. An 81.6 Hz FastICA processor for epileptic seizure detection[J]. IEEE Transactions on Biomedical Circuits and Systems, 2015, 9(1): 60-71.

[7] DERMOUNE A, WEI T W. FastICA algorithm: five criteria for the optimal choice of the nonlinearity function[J]. IEEE Transactions on Signal Processing, 2013, 61(8): 2078-2087.

[8] MORELOS-ZARAGOZA R H, LIN S. QPSK block-modulation codes for unequal error protection[J]. IEEE Transactions on Information Theory, 1995, 41(2): 576-581.

[9] PORTER R, TADIC V, ACHIM A. Blind separation of sources with finite rate of innovation[C]//Proceedings of 2014 22nd European Signal Processing Conference (EUSIPCO). Piscataway: IEEE Press, 2014: 136-140.

[10] CHOI S, CROUSE D, WILLETT P, et al. Multistatic target tracking for passive radar in a DAB/DVB network: initiation[J]. IEEE Transactions on Aerospace and Electronic Systems, 2015, 51(3): 2460-2469.

[11] COLONE F, O'HAGAN D W, LOMBARDO P, et al. A multistage processing algorithm for disturbance removal and target detection in passive bistatic radar[J]. IEEE Transactions on Aerospace and Electronic Systems, 2009, 45(2): 698-722.

[12] DORDEVIC O, LEVI E, JONES M. A vector space decomposition based space vector PWM algorithm for a three-level seven-phase voltage source inverter[J]. IEEE Transactions on Power Electronics, 2013, 28(2): 637-649.

[13] RAVASI M, MATTAVELLI M. High-abstraction level complexity analysis and memory architecture simulations of multimedia algorithms[J]. IEEE Transactions on Circuits and Systems for Video Technology, 2005, 15(5): 673-684.

[14] YANG S M, YI Z, YE M, et al. Convergence analysis of graph regularized non-negative matrix factorization[J]. IEEE Transactions on Knowledge and Data Engineering, 2014, 26(9): 2151-2165.

[15] OJA E, YUAN Z J. The FastICA algorithm revisited: convergence analysis[J]. IEEE Transactions on Neural Networks, 2006, 17(6): 1370-1381.

[16] JACOB B, BAIJU M R. A new space vector modulation scheme for multilevel inverters which directly vector quantize the reference space vector[J]. IEEE Transactions on Industrial Electronics, 2015, 62(1): 88-95.

[17] KOLDOVSKY Z, TICHAVSKY P, OJA E. Efficient variant of algorithm FastICA for independent component analysis attaining the cramér-Rao lower bound[J]. IEEE Transactions on Neural Networks, 2006, 17(5): 1265-1277.

[18] VAN L D, WU D Y, CHEN C S. Energy-efficient FastICA implementation for biomedical signal separation[J]. IEEE Transactions on Neural Networks, 2011, 22(11): 1809-1822.

[19] PORTA A, GUZZETTI S, MONTANO N, et al. Entropy, entropy rate, and pattern classification as tools to typify complexity in short heart period variability series[J]. IEEE Transactions on Bio-Medical Engineering, 2001, 48(11): 1282-1291.

[20] WEI T W. A convergence and asymptotic analysis of the generalized symmetric FastICA algorithm[J]. IEEE Transactions on Signal Processing, 2015, 63(24): 6445-6458.

[21] CHEN M Q, ZHOU P. A novel framework based on FastICA for high density surface EMG decomposition[J]. IEEE Transactions on Neural Systems and Rehabilitation Engineering: a Publication of the IEEE Engineering in Medicine and Biology Society, 2016, 24(1): 117-127.

[22] STEINHAUS H. Sur la division des corps materiels en parties[J]. Bulletin de l'Academie Polonaise des Sciences, 1957, 4(12): 801-804.

[23] LLOYD S P. Least squares quantization in PCM[J]. IEEE Transactions on Information Theory, 1982, 28(2): 129-137.

[24] BALL G H, HALL D J. A clustering technique for summarizing multivariate data[J]. Behavioral Science, 1967, 12(2): 153-155.

[25] MACQUEEN J. Some methods for classification and analysis of multivariate observations[J]. in Proceedings of the 5th Berkeley Symposium on Mathematical Statistics and Probability, 1967, 1(1): 281-296.

[26] LEE S, PARK C H, CHANG J H. Improved Gaussian mixture regression based on pseudo feature generation using bootstrap in blood pressure estimation[J]. IEEE Transactions on Industrial Informatics, 2016, 12(6): 2269-2280.

[27] ABAWAJY J H, CHOWDHURY M, KELAREV A. Hybrid consensus pruning of ensemble classifiers for big data malware detection[J]. IEEE Transactions on Cloud Computing, 2020, 8(2): 398-407.

[28] BALOUCHESTANI M, SUGAVANESWARAN L, KRISHNAN S. Advanced K-means clustering algorithm for large ECG data sets based on K-SVD approach[C]//Proceedings of 2014 9th International Symposium on Communication Systems, Networks & Digital Sign (CSNDSP). Piscataway: IEEE Press, 2014: 177-182.

[29] LOGESWARI G, SANGEETHA D, VAIDEHI V. A cost effective clustering based anonymization approach for storing PHR's in cloud[C]//Proceedings of 2014 International Conference on Recent Trends in Information Technology. Piscataway: IEEE Press, 2014: 1-5.

[30] SARKAR A, MAULIK U. Rough based symmetrical clustering for gene expression profile analysis[J]. IEEE Transactions on Nanobioscience, 2015, 14(4): 360-367.

[31] WAN J, TU S L, LIAO C H, et al. Theory and technology on blind source separation of commu-

nication signals[M]. National Defense Industry Press, 2012.

[32] PAJOVIC M, PREISIG J C. Performance analysis and optimal design of multichannel equalizer for underwater acoustic communications[J]. IEEE Journal of Oceanic Engineering, 2015, 40(4): 759-774.

[33] MOREAU E. A generalization of joint-diagonalization criteria for source separation[J]. IEEE Transactions on Signal Processing, 2001, 49(3): 530-541.

第 7 章

卫星通信抗干扰智能决策技术

7.1 针对静态干扰的智能决策算法

静态干扰是干扰样式不随时间变化而变化的干扰。静态干扰主要有音频干扰、窄带干扰、扫频干扰等。智能决策系统选择合适的频段、发送功率以及调制方式去对抗干扰，最终目标为达到低误比特率、高通信速率及低发送功率。

7.1.1 有模型的强化学习

强化学习[1]是和人类学习过程最相似的智能学习算法，智能体通过与环境不断地交互来学习知识。知识指的是智能体对当前环境的一个反馈，即在当前环境下，智能体为了获得回报而选择动作的策略。在不同的环境中，智能体选择对应的动作，最终达到目标。需要注意的是，智能体采取的动作不仅与它当前面临的状态有关，还与之后的状态有关。换句话说，就是智能体有一定的预测能力，"考虑"问题从长远出发，不会被当前状态带来的"好处"欺骗。

强化学习的框架主要分为智能体和环境两部分。智能体是做出决策选择动作与环境进行交互，并从环境得到回报的具有学习能力的部分；其余所有部分被称为环境，环境对智能体选择的动作做出反应，包括对智能体的回报以及环境自身的改变等。

强化学习主要由以下几个要素组成：状态（State，S）、动作（Action，A）和回报（Reward，R）。其中状态和环境有关，是环境抽象成的、方便智能体交互的智能体对环境的一个归纳和总结。动作是智能体对环境采用的某些行为，是智能体与环境交互的第一步，智能体通过动作影响环境，准确地说是影响状态的转换。回报分为短期回报和长期回报，短期回报是智能体采取了某个动作和环境进行交互后立刻得到的回报，而长期回报是该动作在未来得到的收益。回报表征了整个系统的优化目标，并且通过短期回报和长期回报的配合，做到了既着眼于当下，又兼顾未来。

智能体与环境的交互过程如下：在 t 时隙，智能体对环境采取了动作 A_t，环境产生回报，其中一部分是短期回报 R_{t+1}，另一部分是长期回报 R_{t+2}、R_{t+3}、R_{t+4}、$\cdots$。此外，由于智能体采取了动作 A_t，当前的状态也由 S_t 向 S_{t+1} 转变。具体交互行为如下：$S_0, A_0, R_1, S_1, A_1, R_2, S_2, A_2, R_3, \cdots$。

根据得到的回报，智能体对当前状态下做出的动作进行评估，判断在当前环境下这个动作的好坏，以便再次遇到相同状态时能够更好地进行决策。强化学习中智能体与环境的交互示意如图 7-1 所示。

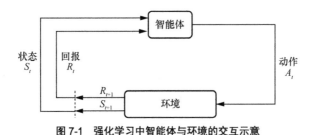

图 7-1 强化学习中智能体与环境的交互示意

7.1.1.1 值函数

强化学习的最终目的是找到一个最优的策略来达到目标，目标又可以通过回报函数来表征，即得到最大的回报之和。策略就是在某一状态下选取某一个动作的概率。策略 $\pi(a|s)$ 代表在状态 s 下，选取动作 a 的概率为 p，并且有 $\sum_{a \in A} p(a|s) = 1$。

在交互过程中，需要评估每个状态的"好坏"。状态的"好坏"指的是此状态在未来可能获得的回报多少。同时，每个状态的"好坏"还与智能体在该状态以及该状态之后状态采取的动作有关，即每个状态的"好坏"还和智能体采取的策略有关。一般采用值函数对状态进行评估。值函数定义为某一策略下，当前状态未来可能得到的收益。由于策略表示的是在某一状态下选择某一个动作的概率，所以状态值函数用均值来表示。比如如果在每个状态下按照策略 π 选取动作，那么该策略下的值函数如式（7-1）所示。

$$v_\pi(s) = E\big(G_t \mid S_t = s\big) = E_\pi\left(\sum_{k=0}^{\infty} \gamma^k R_{t+k+1} \mid S_t = s\right) \tag{7-1}$$

其中，$s \in S$。

与值函数类似，如果要对某一个状态下的某一个动作进行评估，需要用到状态–动作值函数。比如在策略 π，状态 s 的前提下，智能体选用动作 a 的状态–动作值函数如式（7-2）所示。

$$q_\pi(s,a)=E\left(G_t\,|\,S_t=s;A_t=a\right)=E_\pi\left(\sum_{k=0}^{\infty}\gamma^k R_{t+k+1}\,|\,S_t=s;A_t=a\right) \qquad (7\text{-}2)$$

其中，$s\in S$，$a\in A$。

如果想要直接求某一个状态的状态值函数或者状态–动作值函数，计算的复杂度很高，尤其是在没有终止态的任务中，直接计算是不可能的。因为如果想要计算一个状态的值函数，也就是计算该状态未来可能的收益，必须要遍历该状态以后所有可能的状态，直到终止态；但是在没有终止态的任务中，如果想要精确计算该状态的值函数，必须无限地跳转下去，无法求得精确的值。除非选取一个极小值 Δ，当衰减后的回报函数小于 Δ 后，就认为在此以后状态的回报可以忽略不计。

考虑到马尔可夫决策过程的特殊性，在知道当前状态以及当前动作的前提下，跳转到下一个状态的概率是已知的，即在给定状态 s 时，智能体选取动作 a，那么状态将以概率 $P(s'|s,a)$ 转移到 s'。因此由贝尔曼方程可以得到值函数，具体如式（7-3）所示。

$$\begin{aligned}
v_\pi(s)&=E\left(G_t\,|\,S_t=s\right)E_\pi\left(\sum_{k=0}^{\infty}\gamma^k R_{t+k+1}\,|\,S_t=s\right)=E_\pi\left(R_{t+1}+\sum_{k=1}^{\infty}\gamma^k R_{t+k+1}\,|\,S_t=s\right)\\
&=\sum_{a\in A}\pi(a\,|\,s)E_\pi\left(R_{t+1}+\sum_{k=1}^{\infty}\gamma^k R_{t+k+1}\,|\,S_t=s\right)\\
&=\sum_{a\in A}\pi(a\,|\,s)\sum_{s'}p(s'\,|\,s,a)\left(r(s,a,s')+\gamma E_\pi\left(\sum_{k=0}^{\infty}\gamma^k R_{t+k+1}\,|\,S_t=s'\right)\right)\\
&=\sum_{a\in A}\pi(a\,|\,s)\sum_{s'}p(s'\,|\,s,a)\left(r(s,a,s')+\gamma v_\pi(s')\right)
\end{aligned} \qquad (7\text{-}3)$$

由式（7-3）可以看到，状态值函数存在一个递归的关系。值函数递归如图 7-2 所示，在状态 s 的值函数可以由下一个状态的 s' 得到。

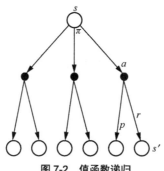

图 7-2　值函数递归

与之类似的，状态–动作值函数也有贝尔曼方程，具体如式（7-4）所示。

$$
\begin{aligned}
q_\pi(s,a) &= E_\pi\left(G_t \mid S_t = s; A_t = a\right) \\
&= E_\pi\left(R_{t+1} + \sum_{k=1}^{\infty} \gamma^k R_{t+k+1} \mid S_t = s; A_t = a\right) \\
&= \sum_{s'} p(s' \mid s,a)\left(r(s,a,s') + \gamma E_\pi\left(\sum_{k=1}^{\infty} \gamma^k R_{t+k+1} \mid S_t = s'\right)\right) \\
&= \sum_{s'} p(s' \mid s,a)\left(r(s,a,s') + \gamma v_\pi(s')\right)
\end{aligned} \tag{7-4}
$$

即当前状态下的某一个动作的状态–动作值函数可以由下一个状态的值函数加上短期回报得到。

可以注意到，状态值函数是该状态在策略 π 下所有的状态–动作值函数的期望，如式（7-5）所示。

$$
v_\pi(s) = \sum_a \pi(a \mid s) q_\pi(s,a) \tag{7-5}
$$

其中，$a \in A$。

因为策略 π 是在状态 s 下选取某一个动作的概率，所以有

$$
0 \leqslant \pi(a \mid s) = P(a \mid s) \leqslant 1 \tag{7-6}
$$

结合式（7-4）和式（7-5）有

$$
v_\pi(s) \leqslant \max_a \left\{q_\pi(s,a)\right\} \tag{7-7}
$$

7.1.1.2　最优值函数

强化学习的最终目的是找到一个最优策略，即找到回报函数期望最大的策略。如果策略 π 在每个状态的回报函数都大于策略 π' 的回报函数，那么策略 π 比策略 π' 要好。由于状态值函数代表的是在当前状态可以得到的回报的期望，所以只要策略 π 所有状态的值函数大于策略 π' 的值函数，那么一定有策略 π 优于策略 π'。如果策略 π 优于所有的策略 π'，那么策略 π 就被称为最优策略 π^*，有可能最优策略并不唯一，但最大的状态值函数只有一个。最大的状态值函数被称为最优状态值函数 $v^*(s)$，详见式（7-8）。

$$
v^*(s) = \max_\pi \left\{v\pi(s)\right\} \tag{7-8}
$$

其中，$s \in S$。

与状态值函数类似，最优策略对应的状态–动作值函数 q^* 如式（7-9）所示。

$$
q^*(s,a) = \max_\pi \left\{q_\pi(s,a)\right\} \tag{7-9}
$$

其中，$s \in S$，$a \in A$。

最优值函数是最优策略的值函数，所以最优策略值函数也满足贝尔曼方程。结合式（7-3），最优状态–动作值函数的贝尔曼方程为

$$q^*(s,a) = \sum_{s'} p(s'\,|\,s,a)\big(r(s,a,s') + \gamma v^*(s')\big) \tag{7-10}$$

因为状态值函数是状态–动作值函数的加权和，所以最优值函数就是最大的状态–动作值函数。最优状态值函数为

$$
\begin{aligned}
v^*(s) &= \max_a \big\{ q_\pi^*(s,a) \big\} \\
&= \max_a \Big\{ \sum_{s'} p(s'\,|\,s,a)\big(r(s,a,s') + \gamma v^*(s')\big) \Big\}
\end{aligned} \tag{7-11}
$$

其中，$a \in A$。

结合式（7-9）和式（7-10）有

$$q^*(s,a) = \sum_{s'} p(s'\,|\,s,a)\Big(r(s,a,s') + \gamma \max_a \big\{ q_\pi^*(s',a') \big\}\Big) \tag{7-12}$$

其中，$a \in A$。

式（7-10）和式（7-11）分别被称为最优状态值函数和最优状态–动作值函数的贝尔曼方程。

最优策略选择 $q(s,a)$ 最大的动作如图 7-3 所示，在状态 s 的前提下，最优策略选择了状态–动作值最大的那个动作。

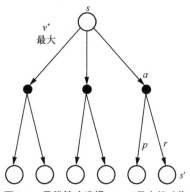

图 7-3　最优策略选择 $q(s,a)$ 最大的动作

7.1.1.3　动态规划

解决多阶段决策问题最常用的方法是动态规划。动态规划把一连串的决策问题分

解成单个的决策问题，通过对单个问题的求解解决多阶段决策问题。如果是出现多次的小问题，那么动态规划会把小问题的答案存储下来，以节省时间。

（1）值函数求解

由值函数的贝尔曼方程可知，当前状态的值函数可以由下一个状态的值函数得到。那么经过多次迭代，就可以估算出当前状态的值函数。具体如式（7-13）所示。

$$v_{k+1}(s)=\sum_{a\in A}\pi(a|s)\sum_{s'}p(s'|s,a)\big(r(s,a,s')+\gamma v_k(s')\big) \tag{7-13}$$

当 k 足够大时，就可以得到状态值函数。实际应用中，一般可以取一个极小值 θ，当迭代前后两个状态值函数差值的绝对值小于 θ 时，就认为状态值函数已经收敛。

值函数的迭代算法如下。

输入：策略 π，门限值 $\theta(\theta>0)$，且 θ 极小。

输出：值函数 $V(s)$，其中 $s\in S$。

算法：

$\Delta\leftarrow 0$，$V(s)\leftarrow 0$，其中 $s\in S$。

循环：

　　每个循环 $s\in S$：

　　　　$v\leftarrow V(s)$

　　　　$V(s)\leftarrow\sum_{a\in A}\pi(a|s)\sum_{s'}p(s'|s,a)\big(r(s,a,s')+\gamma V(s')\big)$

　　　　$\Delta\leftarrow\max\big\{\Delta,|v-V(s)|\big\}$

直到 $\Delta<\theta$。

（2）策略迭代

强化学习需要找到一个最优策略。第 7.1.1.2 小节计算了每个状态的值函数。对于一个给定的策略 π，使用值函数就可以对其进行评估。

策略 π 以及 π'，如果策略 π' 优于策略 π，必然有式（7-14）。

$$v_{\pi'}(s)>v_\pi(s) \tag{7-14}$$

其中，$s\in S$。

若策略 π 在状态 s 下是随机选取动作，新的策略 π' 是在状态 s 下选取状态–动作函数值最大的动作，以后状态的策略与 π 一样。那么有

$$v_{\pi'}(s)=\max_{a\in A}\big\{q(a|s)\big\} \tag{7-15}$$

结合式（7-6）可以得到

$$v_{\pi'}(s)=\max_{a\in A}\{q(a\,|\,s)\}\geqslant v_{\pi}(s) \tag{7-16}$$

综上可知新的策略 π' 比旧的策略 π 好。因此，在状态 s 下，可以根据该状态下的状态–动作值函数更新改进策略 π。而状态–动作值函数可以由式（7-3）得到。只要选取状态 s 下的最大的状态–动作值函数对应的动作，就可以对策略进行优化。

对于一个初始随机策略 π，可以依照式（7-12）求值函数 $v_{\pi}(s)$，按照上述方法就可以得到一个更好的策略 π'，以 π' 为策略进行值函数的迭代，得到更新后的值函数 $v_{\pi'}(s)$；然后对策略进行更新得到 π''，再以 π'' 为策略更新值函数 $v_{\pi''}(s)$，直到得到最优策略 $\pi*$。详细迭代过程如式（7-17）所示。

$$\pi_0\xrightarrow{E}v_{\pi 0}\xrightarrow{I}\pi_1\xrightarrow{E}v_{\pi 1}\xrightarrow{I}\pi_2\xrightarrow{E}v_{\pi 2}\xrightarrow{I}\cdots\pi^*\xrightarrow{E}v_{\pi}. \tag{7-17}$$

其中，E 为评估当前策略，I 为更新当前策略。

上述这种寻找最优策略的方法被称为策略迭代，策略迭代的算法如下。

初始化：$V(s)\leftarrow 0$，其中 $s\in S$；$\pi(s)$ 为随机策略；门限值 $\theta(\theta>0)$，且 θ 极小。

策略评估：

$\Delta\leftarrow 0$

循环：

每个循环 $s\in S$：

$v\leftarrow V(s)$

$V(s)\leftarrow\sum_{a\in A}\pi(a\,|\,s)\sum_{s'}p(s'\,|\,s,a)\big(r(s,a,s')+\gamma V(s')\big)$

$\Delta\leftarrow\max\{\Delta,|v-V(s)|\}$

直到 $\Delta<\theta$。

策略迭代：

policy $-$ stable $\leftarrow$ true

对于每个 $s\in S$：

old $-$ action $\leftarrow\pi(s)$

$\pi(s)\leftarrow\arg\max_{a}\left\{\sum_{s'}p(s'\,|\,s,a)\big(r(s,a,s')+\gamma V*(s')\big)\right\}$

如果 old $-$ action $\neq\pi(s)$，则 policy $-$ stable $\leftarrow$ false

如果 policy $-$ stable $\leftarrow$ false，则停止并返回 $V\approx v^*$ 和 $\pi\approx\pi^*$，否则转到策略评估。

（3）值迭代

策略迭代在每一次迭代过程中都需要对策略进行评估，而每一次评估都需要计算一次状态值函数。而每一次计算状态值函数都要把所有状态的值函数计算一次，算法复杂度很高。

通过最优状态值函数可以看到，在某一个状态下，如果选取最优动作，就可以得到最优状态值函数。如果得到了最优状态值函数，在最优状态值函数的基础上，每一个状态都选取最优动作，就可以得到最优策略。这种算法被称为值迭代。值迭代计算如式（7-18）所示。

$$v_{k+1}(s)=\max_a \sum_{s'} p(s'\,|\,s,a)\big(r(s,a,s')+\gamma v_k(s')\big) \tag{7-18}$$

在值迭代过程中没有策略的参与，所以不需要在每次的迭代中为了评估策略而计算每个状态的值函数，从而降低了算法复杂度，提高了算法的收敛速度。

值迭代的算法如下。

初始化：门限值 $\theta(\theta>0)$，且 θ 极小；$V(s)\leftarrow 0$，其中 $s\in S$。

值迭代：

$\varDelta\leftarrow 0$

循环：

每个循环 $s\in S$：

$\qquad v\leftarrow V(s)$

$\qquad V(s)\leftarrow \max_{a\in A}\sum_{s'} p(s'\,|\,s,a)\big(r(s,a,s')+\gamma V(s')\big)$

$\qquad \varDelta\leftarrow \max\big\{\varDelta,|v-V(s)|\big\}$

直到 $\varDelta<\theta$

输出：$\pi\approx\pi^*$

$$\pi(s)=\arg\max_a\left\{\sum_{s'} p(s'\,|\,s,a)\big(r(s,a,s')+\gamma V^*(s')\big)\right\}$$

7.1.2 智能抗干扰模型

机器学习算法具有智能化的特点，可以不断地学习新知识，具有更好的适应性。大多数的机器学习算法需要大量的数据进行前期训练，但是通信中很难获得大量的数据。强化学习是一种不需要大量数据的机器学习算法，它通过与环境的交互获得数据并更新自己的算法，很适合在通信中使用。现有的通信系统体制大多是固定的，不能有效应对临时的人为恶意干扰，没有智能性。将强化学习应用到现有的通信系统中，可以使通信系统具有智能性。强化学习算法在找到当前问题最优解的同时也在不停学习，以便在遇到类似的问题时快速得到最优解。在智能抗干扰过程中，智能体通过改变通信的一些参数，达到抗干扰的目的。

系统整体由通信系统和智能决策系统两部分构成。有干扰存在时，智能决策系统做出决策，改变通信系统的通信参数，改善通信状态。同时，通信系统把通信的结果反馈给智能决策系统，让智能决策系统进行训练和学习，以便更好地决策。智能决策系统框图如图 7-4 所示。

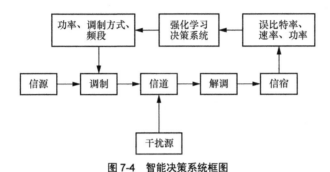

图 7-4 智能决策系统框图

7.1.2.1 通信模型

通信模型分为正常通信以及干扰产生两个部分，其中干扰产生部分是为了仿真人为恶意干扰。由于智能决策系统主要在物理层上采取抗干扰措施，所以通信部分主要考虑调制解调。通信系统框图如图 7-5 所示。

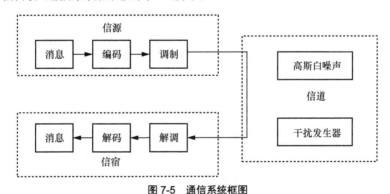

图 7-5 通信系统框图

系统主要分为信源、信宿、信道。其中信源发出消息，信宿接收消息，信道传输消息。在信道部分，会有高斯白噪声，同时为了仿真，也会加上干扰发生器产生的干扰信号。

（1）正常通信部分

WGS 系统是美国的宽带全球卫星系统，采用 Ka 频段和 X 频段进行通信，其中 X 频段有 9 个波束，Ka 频段有 10 个波束[2]，并且利用了最新的相控阵天线技术和数字信道化技术。其中 X 频段可用频谱为 500 MHz，Ka 频段可用频谱为 1 GHz，每个主信道为 125 MHz[3]，每个主信道又被分成 48 个独立的子信道。测试中使用 16APSK 调制，速率可达到 440 Mbit/s[4]蜂窝通信。

通信部分参考 WGS 系统并结合蜂窝通信小区频率复用方案，如图 7-6 所示。每个子信道为 2.6 MHz，每个小区占用一个子信道。正常通信情况下，即无干扰时，每个小区各占用 1 个子信道采用频分复用方案进行通信。在特殊情况下，即受到干扰时，此时将邻近的 7 个蜂窝小区看作一个大区，7 个子信道组成一个整体由智能决策部分调配使用。为了保证某个小区的通信需求，应忽略其他小区的需求。此时，该特定小区的可用频谱为正常通信时的 7 倍，抗干扰能力大大增强。此时 7 个小区组成的大区选用了一个频段，那么周围的小区可以选用其余 6 个频段进行通信，不会造成内部的干扰。

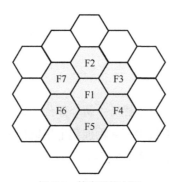

图 7-6　蜂窝通信小区

（2）干扰产生部分

干扰信号是干扰方为了妨碍正常通信而发出的人为噪声信号。在没有干扰的正常通信过程中，信号通过信道受到高斯白噪声的影响，但是在信噪比足够高的前提下，接收方可以解调出正确的信息。如果在信号经过信道过程中，受到了干扰方恶意干扰信号的影响，接收方接收到的信号就会被污染，将造成误比特率升高的问题，严重时甚至无法解调出有效信息，阻碍正常通信。

7.1.2.2　强化学习模型

对于通信系统来说，需要解决的问题是在正常通信受到影响的时候如何来抗干扰，减少干扰信号对正常通信的影响。而强化学习解决的是一个马尔可夫决策问题，所以需要把通信抗干扰问题建模成一个马尔可夫决策过程。

（1）优化目标与回报函数

评价通信系统的一个有效指标为误比特率（Bit Error Rate，BER），指的是接收方接收到的消息与发送方发送的消息相比较的错误率。误比特率衡量了通信中传输消息的准确度。除了误比特率，通信中还有一个指标为通信速率（Rate，R），即传输消息的速度，单位为 bit/s。通常来说，通信系统想在误比特率很低的前提下提高通信速率，而通信速率又受限于信道容量。根据香农公式（式（7-19）），信道容量与信道带宽、信噪比有关。在带宽和信道中噪声一定的前提下，可以通过增加发射功率提高信道容量。但是在实际工程中，发射方通常想要降低信号发射功率。

$$C = B \log\left(1 + \frac{S}{N}\right) \tag{7-19}$$

在通信系统中，为了保持正常通信，通常要求较低的误比特率，降低误比特率可以通过提高信号功率和提高信噪比的方式达到。除了很低的误比特率，通信系统还需要很高的通信速率，但是提高通信速率除了需要较大的通信功率，还需要高阶的调制方式，高阶的调制方式又会带来误比特率的提高。通信系统需要权衡误比特率、通信速率和发射功率这三者的关系，在这三者之间达到一个平衡。在适当的功率的前提下，提高通信速率，降低误比特率。

因此强化学习的目标可以由误比特率、通信速率和发射功率加权得到。由于本次主要针对的是人为恶意干扰，所以发射功率用信干比代替。在强化学习中，目标通过回报函数体现，所以回报函数可以由式（7-20）定义。

$$\text{Reward} = -\omega_1 \log(\text{BER}) - \omega_2 \text{SIR} + \omega_3 R / R_{\max} \tag{7-20}$$

其中，$R_{\max}$ 表示最大通信速率。

由于在强化学习中追求的目标是回报函数最大化，而实际通信系统要求误比特率以及功率尽可能低，所以在二者组成回报函数前加了负号。$(\omega_1, \omega_2, \omega_3)$ 是三者的权值，代表三者的重要程度。权值越大，就代表该参数在优化过程中越重要。如果误比特率前的数字最大，那么代表系统更看重误比特率，希望得到一个误比特率小的优化结果。

（2）强化学习中的动作选择

干扰信号对通信信号造成了影响。干扰信号主要通过以下几个方面来影响通信信号：一是干扰信号的频率与通信信号的频率相同，在信道中二者叠加，影响通信信的波形，而且在接收方无法通过滤波器除去干扰；二是干扰信号在很宽的频带范围内都存在，通过降低信号的信噪比来影响通信。通过以上分析可以看出，干扰信号主要在频域和功率域对信号进行影响。

针对以上的干扰措施，可以同样从频域以及功率域来进行抗干扰。针对频域的干扰，通信信号可以选择没有干扰信号的频带进行信号传输，主动地对干扰信号进行躲避。针对功率域的干扰，有两种方案可以选择，扩频或者提高信号功率。由于扩频会大大降低信号的通信速率，所以在功率域采取了提高信号功率的方式来应对干扰。

除此之外，为了提高信号的传输速率，通信系统还可以选用更高的调制方式来进行信号的调试。

因此，强化学习的动作可以从频域、功率、调制方式 3 个方面选择合适的动作来达到抗干扰的目的。针对频域，由于在特殊情况下，该特定小区会占用相邻 6 个小区的子信道进行通信，所以动作可以选择不同的子信道进行通信，一共 7 个小区，共 7 个动作。针对功率，用信干比的方式进行选择，比如信干比为 20 dB、10 dB、0 dB 这 3 个动作。针对调制方式，选择抗干扰能力较强的 BPSK 和高阶调制 16PSK 两种调制方式作为候选，共 2 个动作。以上 3 种抗干扰措施一共 12 个动作。动作集合如式（7-21）所示。

$$A = \{F_1, F_2, F_3, F_4, F_5, F_6, F_7, 20, 10, 0, \text{BPSK}, 16\text{PSK}\} \qquad (7\text{-}21)$$

其中 $F_i, i = 1, 2, 3, \cdots, 7$，对应不同的子信道；20, 10, 0 对应不同的信干比；BPSK, 16PSK 对应两种调制方式。

（3）强化学习中的状态定义

在强化学习中，状态是对环境的一个总结，为了方便智能体与环境进行交互，智能体要应对的环境是各种各样的，甚至是不同领域的。为了让智能体能够对环境进行认知，需对环境进行建模，即强化学习中的状态。智能体要与环境进行交互，选择一些动作来影响环境。状态要反映环境的改变，把智能体与环境的交互体现出来。

强化学习是从马尔可夫决策过程发展而来的，所以强化学习解决问题的状态也要满足马尔可夫性质，即后一个状态只与当前状态以及当前动作有关。所以在总结环境建立状态模型的时候一定要考虑模型是否具有马尔可夫性质。

在通信系统中，智能体是为了系统可以具有智能抗干扰的能力而加上的，所以对于智能体而言，整个通信系统都可以看作环境，包括通信参数、干扰参数、通信质量等。在静态干扰下，干扰对整个系统而言是不变的。通信质量又与通信参数以及干扰参数有关，所以可以选取通信参数作为状态的参数，不同的通信参数代表不同的状态。考虑到强化学习的动作，强化学习状态的参数由频域、功率以及调制方式 3 个参数确定。频域有 7 种选择，功率有 3 种选择，调制方式有 2 种选择，所以一共有 42 个不同的状态。每一个状态可以用一组参数 $S_z = \{F_i, P_j, M_k\}$ 表示，其中 $1 \leqslant z \leqslant 42$, $1 \leqslant i \leqslant 7$, $1 \leqslant j \leqslant 3$, $1 \leqslant k \leqslant 2$。状态与参数的映射关系如图 7-7 所示。

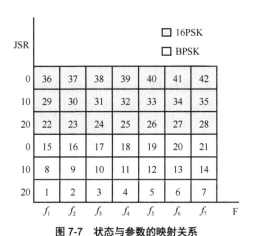

图 7-7　状态与参数的映射关系

强化学习中的动作对于状态的影响就是改变状态 3 个参数中的一个，下一个状态只与当前的动作以及当前的状态有关，即满足马尔可夫性质，所以该过程为马尔可夫决策过程。

7.1.3　仿真及结果分析

使用 MATLAB 进行仿真验证。在正常通信的基础上分别叠加了单一的干扰样式和两种干扰叠加的复合干扰样式。利用强化学习算法来进行抗干扰智能决策。经过仿真可以证明，基于强化学习值迭代的决策系统在通信抗干扰中有较好的效果。

7.1.3.1　仿真参数

通信系统中的仿真参数见表 7-1。参数设置参考了 WGS 系统，并且把数字处理部分搬到 70 MHz 中心频点附近。

表 7-1   通信系统中的仿真参数

参数	值
码率/（Mbit·s^{-1}）	1.3
采样率/（Mbit·s^{-1}）	26
符号数/个	100 000
中心频点/MHz	71.5、74.1、76.7、9.3、81.9、84.5、87.1
调制方式	BPSK/16PSK
信噪比/dB	0～10

　　干扰分为单一类型干扰与复合干扰。单一类型干扰信号的仿真参数见表7-2。复合干扰信号的仿真参数见表7-3。复合干扰由两种干扰叠加而成。这里分别仿真了音频干扰、窄带干扰、扫频干扰3种单一的干扰样式以及其中任意二者叠加的复合干扰样式。

表 7-2   单一类型干扰信号的仿真参数

类型	参数	值
音频干扰	频率/MHz	71、72、73
窄带干扰	频率/MHz	71～75
扫频干扰	频率/MHz	71～75
	扫描频率/（MHz·s^{-1}）	13
所有干扰信号的信干比/dB		20、10、0

表 7-3   复合干扰信号的仿真参数

类型	参数	值
音频干扰	频率/MHz	85、86、87
窄带干扰	频率/MHz	75～80
扫频干扰	频率/MHz	71～75
	扫描频率/（MHz·s^{-1}）	13
所有干扰信号的信干比/dB		20、10、0

　　强化学习的参数见表7-4。折扣因子是强化学习中的参数，是累计回报收敛的必要条件。强化学习中的一个重要概念是累计回报，即短期回报和长期回报之和。其中短期回报是当前动作产生的回报，长期回报是当前动作未来可能获得的回报的期望。对于有终止态的模型来说，长期回报为当前动作之后终止态之前所有动作产生的短期回

报之和；对于没有终止态的模型来说，如果把每一次的短期回报直接叠加，那么累计回报是发散的、不收敛的。为了让累计回报收敛，且考虑到当前回报确实要比未来回报更重要，所以对未来回报要乘以折扣因子再叠加。时隙 t 的累计回报函数如式（7-22）所示。

$$r_t = \sum_{i=0}^{\infty} \gamma^i R_{t+i}$$ （7-22）

表 7-4　强化学习的参数

参数	值
折扣因子 γ	0.9
权重 $(\omega_1, \omega_2, \omega_3)$	$(0.8, 0.1, 0.1)$

目标函数由误比特率、速率和功率三者归一化后加权构成。对于通信系统来说，最重要的肯定是误比特率，需要在保证误比特率小的前提下尽可能提高通信速率并降低通信功率，所以三者权重选取时给予误比特率最大的权重 0.8，另外两项各自 0.1。

7.1.3.2　仿真结果

由于强化学习算法最终求解方式是利用动态规划的思想一步一步迭代出来的，所以首先需要判断当前决策是否收敛，如果收敛，得到收敛的结果，并在通信系统中对收敛的结果进行验证。

（1）单一类型干扰

在通信系统受到干扰时，智能决策系统与通信系统进行交互，同时进行学习，最终找到最佳的抗干扰措施。

状态值函数表示的是该状态以后可能获得的回报的期望。一般来说，如果状态值函数越大，那么就代表该状态以后的可能回报越大，代表该状态越好。状态值函数由贝尔曼公式迭代得到，最终收敛到一个稳定值。

当通信系统受到音频干扰时，状态值函数收敛示意如图 7-8 所示。

从图 7-8 中可以看到值函数在大概 30 次迭代后达到稳定，进入收敛状态。值函数的后续小波动是由通信系统信道部分中的高斯白噪声以及音频干扰的随机初始相位引起的，不会影响总体的收敛状态。

强化学习经过与环境交互并收敛以后，收敛后的值函数可以根据式（7-23）得到最优策略。

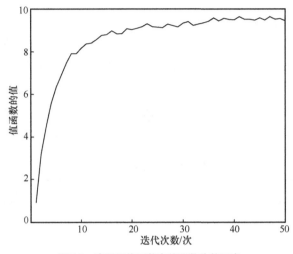

图 7-8　音频干扰下状态值函数收敛示意

$$\pi(s) = \arg\max_{a} \left\{ \sum_{s'} p(s' \mid s, a) \big(r(s, a, s') + \gamma V^*(s') \big) \right\} \tag{7-23}$$

整个系统被建模成了马尔可夫随机过程，最优策略应该是状态的转移概率。坏的状态不停地向好的状态转变，直到转移到最优状态然后在最优状态自循环，即停在最优状态。最优状态可能不止一个。音频干扰下状态转移如图 7-9 所示。

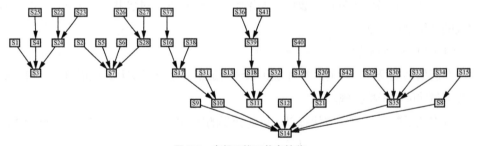

图 7-9　音频干扰下状态转移

整个系统一共有 42 个状态，但是经过强化学习的交互学习，最后系统的决策收敛到 3 个状态上，意味着这 3 个状态都是最优状态，都可以得到较好的结果。把这 3 个状态的参数应用在通信系统中，采用不同的信噪比，可以得到在该决策下的结果，不同状态在加性高斯白噪声（AWGN）信道下的性能如图 7-10 所示。其中状态 3、状态 7 采用的都是 BPSK 调制，信干比都为 20 dB，不同的是采用了不同的中心频点，分别为 76.7 MHz 和 87.1 MHz；状态 14 采用 BPSK 调制，信干比为 10 dB，中心频点为 87.1 MHz；

所以决策系统不仅保证了得到最小的误比特率，并且还要求系统的功率尽可能低，通信速率尽可能高。

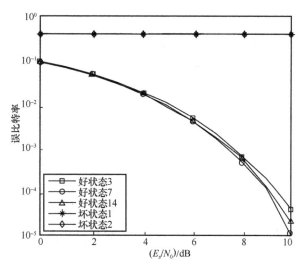

图 7-10　不同状态在 AWGN 信道下的性能

图 7-10 中共有 5 个不同的状态，其中 2 个是任意选的坏状态，剩余 3 个是从图 7-9 中得到的最优状态。从图 7-10 中可以看出，好状态相比坏状态有更低的误比特率，所以基于强化学习的决策系统的决策是正确的，针对音频干扰有较好的性能。

除了音频干扰，基于强化学习的决策系统对于其他的窄带干扰、扫频干扰都有很好的效果。其他单一类型干扰的收敛示意如图 7-11 所示，可以看出智能决策算法面对其他的两种单一类型的干扰都可以达到收敛，得到最优状态。

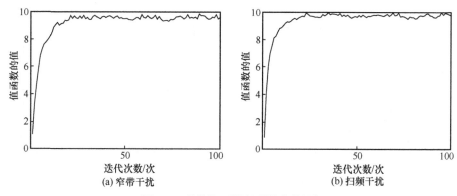

图 7-11　其他单一类型干扰的收敛示意

以上收敛图对应的状态转移如图 7-12 所示。可以看到，无论哪种单一类型干扰，最后都收敛到了最优状态。

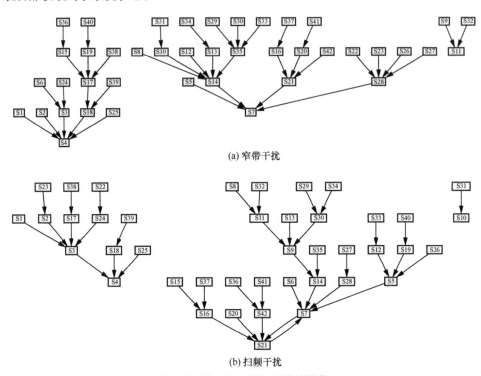

(a) 窄带干扰

(b) 扫频干扰

图 7-12　其他单一类型干扰状态转移

其他单一类型的干扰效果如图 7-13 所示。可以看到，针对不同的单一类型干扰，智能决策系统都能有效地找到了最优状态，在通信系统中得到了最优结果。

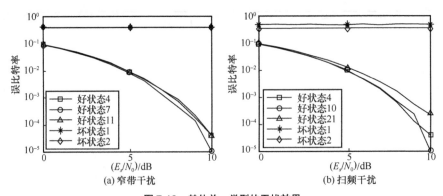

(a) 窄带干扰　　　　(b) 扫频干扰

图 7-13　其他单一类型的干扰效果

除了这 3 种干扰，还有宽带干扰和脉冲干扰。由于这里提出的智能决策系统抗干
扰的主要策略是主动地躲避干扰，因此无法处理占满整个频带的宽带干扰与脉冲干扰。
由于宽带干扰功率大，并且占满整个频带，因此干扰源位置很容易暴露，这样就可以
使用其余手段来达到抗干扰的目的。脉冲干扰在时间上是时断时续、动态的，可以使
用针对动态干扰的智能决策算法进行抗干扰。

　　（2）复合干扰

　　在通信系统中遇到复合干扰时，智能决策系统同样与环境进行交互学习，然后得
到最优状态。音频干扰与窄带干扰的收敛示意如图 7-14 所示，可看出迭代 30 次左右后，
状态值函数就可以收敛。音频干扰与窄带干扰的状态转移如图 7-15 所示。可以看到最
优状态有 2 个，在通信系统中音频干扰与窄带干扰最优状态的效果如图 7-16 所示。

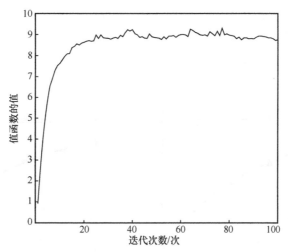

图 7-14　音频干扰与窄带干扰的收敛示意

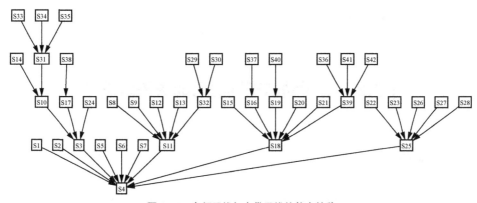

图 7-15　音频干扰与窄带干扰的状态转移

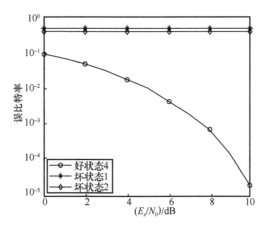

图 7-16　音频干扰与窄带干扰最优状态的效果

除了音频干扰与窄带干扰这种复合干扰，另外的几种复合干扰问题在基于强化学习的智能决策系统中，都可以很快地收敛并且达到最优状态，其他复合干扰最优状态的效果如图 7-17 所示。可以看到，智能决策系统给出的最优状态在通信系统中的表现都比较好，具有很低的误比特率。

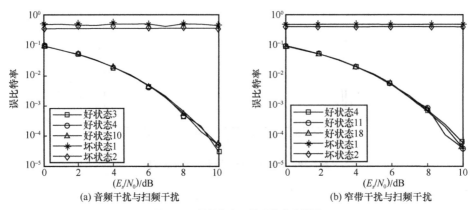

图 7-17　其他复合干扰最优状态效果

┃ 7.2　针对动态干扰的智能决策算法 ┃

7.2.1　概述

干扰与抗干扰是一个博弈过程，抗干扰手段提高的同时，干扰手段也在提高，发展出了更加多样、复杂的干扰方式。除了一些静态的干扰类型，还有一种动态的干扰类型。此时，干扰不再局限于常见的几种，而是会随时间变化。除此之外，干扰也会变得有一定的智能性，会随着通信参数的变化而改变干扰的样式。

在面临动态干扰时，传统的针对静态干扰的抗干扰方式就不再适用，需要新的干扰手段进行抗干扰。参考认知无线电的思想，通信信号的参数不再是确定的，而是根据干扰情况而变化的，这样就可以应对更加智能的干扰。

7.2.2　问题分析建模以及干扰策略

7.2.2.1　问题分析建模

在通信系统中，频谱资源是十分珍贵的。因此，频谱资源是干扰方与通信方必争的资源。干扰方的目的是阻碍正常通信的进行，其会和通信方选择一样的频谱资源，来干扰通信信号。与之对抗的通信方自然想要正常通信，并且在正常通信的前提下，还要提高频谱利用率，提高通信速率。

除了频谱资源外，时间资源对于干扰方与通信方来说也很重要。干扰方要尽可能在通信方通信的时候发送干扰信号，而通信方要在没有干扰时进行通信。因此通信时间和干扰时间对于双方来说都是一个很重要的因素。

通过以上分析，再考虑到通信中的时频资源块的概念，把干扰方与通信方二者争夺的资源定为时频资源块。这样既顾及了双方在频域的争夺，也顾及了双方在时域的争夺。通信中干扰与抗干扰的问题就转变为干扰方和通信方对于时频资源块的争夺问题。干扰方要选择与通信方相同的时频资源块，而通信方要选用没有干扰的时频资源块。

时频资源块如图 7-18 所示，以七色蜂窝小区为基础，可选用的频谱资源有 7 个。时域上也选用 7 个时隙，其中第 8 个虚线时隙是未来的时隙，是还没有发生的，是下一时刻干扰方与通信方要争夺的时隙。前 7 个时隙是已经过去的时隙，干扰方与通信方已经在该时频资源块上进行了博弈。

在双方争夺下一时隙 t_8 上的频谱资源 f_1、f_2、f_3、f_4、f_5、f_6、f_7 时，需要参考前面 7 个时隙的情况。通信方和干扰方经过对前面时隙的分析来智能决定下一时隙的策略。此时，干扰与抗干扰变成了动态的博弈问题，根据之前发生的情况来进行决策，以便在下一时隙获得更好的结果。在考虑系统长期效率的情况下，不要只关注当前一个时隙的得失，即在一段时间内，通信方要正常通信，而干扰方要阻止通信方正常通信。

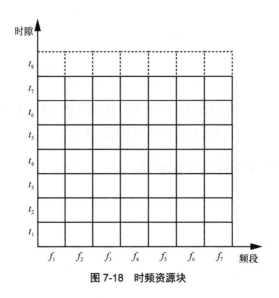

图 7-18　时频资源块

7.2.2.2　两种典型的干扰策略

本章主要研究的内容是智能抗干扰策略，但是由于干扰与抗干扰是一组对立关系，想要研究抗干扰策略，首先要明确干扰策略有哪些。

（1）跟随式策略

在干扰方与通信方之间的博弈中，一种典型的思路是干扰方直接学习通信方，通信方选用何种策略，那么干扰方也选用该策略。此时，通信方处于先手，有更多的选择；干扰方处于后手，但是干扰方有更多的信息，因为干扰方知道了上一时隙通信方的选择。

此种策略被称为跟随式策略。跟随式策略是一种比较简单的智能干扰策略。干扰的主要思想是干扰方直接跟随上一时隙的通信方采用的策略，即上一时隙通信方选用哪些时频资源块，那么当前时刻干扰方就选用哪些时频资源块。

如果通信方按照传统通信方式进行通信，即没有实时改变通信参数，那么通信方就会被干扰方严重影响。传统通信与跟随式干扰如图 7-19 所示，通信方按照传统的通信方式在 t_1 选取了 f_1、f_3、f_5 共 3 个频段，并且在之后时间内都没有改变。干扰方在 t_1 时隙随机选取 f_4、f_6、f_7 共 3 个频段，但是由于有了 t_1 时隙通信方的策略信息，在 t_2 之后的时隙，干扰方跟随通信方选取了 f_1、f_3、f_5 共 3 个频段，此时，由于通信方的策略没有变化，所以干扰成功，对信号造成了干扰，影响了通信的正常进行。

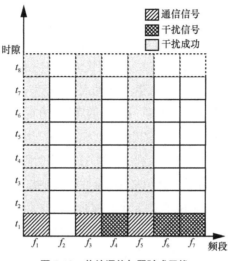

图 7-19　传统通信与跟随式干扰

　　理想状态下，通信方有一定的智能性，那么肯定会意识到干扰方的跟随式策略，从而在不同时隙选取不同的策略，躲避干扰方的干扰信号，达到正常抗干扰的目的，完成通信需求。智能通信与跟随式干扰如图 7-20 所示。通信方在 t_1 时隙选择了 f_1、f_3、f_5 共 3 个频段，干扰方得到 t_1 时隙通信方的策略信息，故在 t_2 时隙选择了和 t_1 时隙通信方相同的 3 个频段 f_1、f_3、f_5，但是由于通信方有智能性，所以通信方在 t_2 时隙选择了 f_2、f_6、f_7 共 3 个频段，避开了干扰方的干扰。同理，在接下来的通信时隙中，通信方都智能地避开了干扰方的干扰，完美地达到了智能抗干扰的目的。

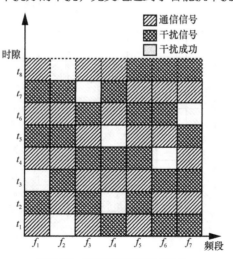

图 7-20　智能通信与跟随式干扰

（2）贪婪式策略

通过对跟随式策略的分析可以看到，跟随式干扰只对传统通信起作用，且一旦通信方发现干扰方的跟随式策略，通信方可以很快地做出决策，轻松地避开干扰。

跟随式策略容易被发现和避开的原因是跟随式策略有很明显的特征，当前时隙 t 的干扰策略与通信方前一个时隙 $t-1$ 的策略一样。只要通信方在时隙 t 的策略与前一个时隙 $t-1$ 的策略不同就可以避开干扰。可以注意到，干扰方在做出干扰策略时，只利用了通信方前一个时隙 t 的信息，如果干扰方不仅仅利用通信方前一个时隙的策略信息，而是利用通信方前 n 个时隙的策略信息，那么干扰策略的隐蔽性和抗干扰的难度会大大提高。

贪婪式策略是指干扰方利用了前 7 个时隙通信方的策略信息，干扰方根据通信方前 7 个时隙中选取最多的前 3 个频段进行干扰。此时相当于干扰方有了归纳总结能力，不再是简单的跟随。干扰方总结归纳通信方容易选用的频段，然后进行干扰。

如果通信方按照传统方式进行通信，即没有实时改变通信的参数，那么通信就会受到严重干扰。传统通信与贪婪式干扰如图 7-21 所示。在前 7 个时隙，通信方选择了 f_1、f_3、f_5 共 3 个频段，并且在 t_8 时隙，仍旧选取了 f_1、f_3、f_5 共 3 个频段。干扰方在前 7 个时隙随机选取频段，但是在 t_8 时隙，干扰方得到了通信方前 7 个时隙的策略信息，根据贪婪式策略，找到使用最多的 3 个频段 f_1、f_3、f_5，并选取了这 3 个频段进行干扰。此时干扰信号成功地干扰了通信的正常进行。

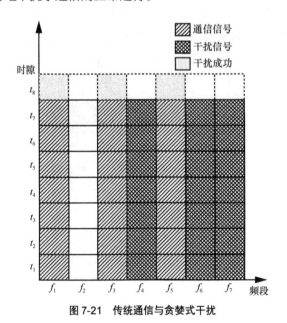

图 7-21　传统通信与贪婪式干扰

理想状态下，通信方具有智能性，那么通信方会尽量选择自己前 7 个时隙选取最少的频段进行通信，以达到避开干扰的目的。智能通信与贪婪式干扰如图 7-22 所示。在前 7 个时隙，通信方选用最多的 3 个频段是 f_1、f_2、f_5，所以干扰方根据贪婪式策略对这 3 个频段进行了干扰，但是由于通信方有智能性，已经学习到了干扰方的干扰策略，所以此时通信方选取了前 7 个频段中使用最少的 f_4、f_6、f_7 共 3 个频段，成功地避开了干扰。

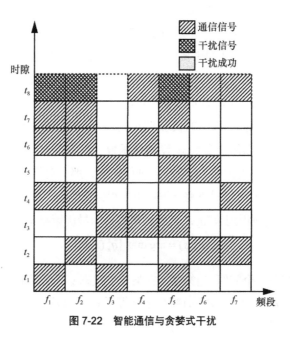

图 7-22　智能通信与贪婪式干扰

7.2.3　Q 学习算法简介

对于有模型的强化学习算法，不管是策略迭代还是值迭代，迭代过程中均主要对状态值函数进行迭代更新，用状态值函数来评估每个状态的好坏。当状态值函数收敛以后，由于知道状态转移，所以可以由式（7-24）得到最优策略。

$$\pi^*(s) = \arg\max_a \left\{ \sum_{s'} p(s'\,|\,s,a)\left(r(s,a,s') + \gamma V^*(s')\right) \right\} \tag{7-24}$$

但是无模型的强化学习不知道状态转移概率 $p(s'\,|\,s,a)$，策略迭代和值迭代无法应用于无模型的强化学习中。在无模型的强化学习算法中，需要评估的是状态–动作值函

数 $q(s,a)$ ，它代表了在状态 s 下，选用动作 a 的未来回报的期望。得到了 $q(s,a)$ ，就可以得到最优策略 $\pi^*(s)$ ，如式（7-25）所示。

$$\pi^*(s) = \arg\max_a \{q(s,a)\} \tag{7-25}$$

针对没有模型的强化学习，即不知道状态转移概率的强化学习，蒙特卡洛方法可以用来计算状态–动作值函数。对于有终止态的模型，要估计策略 π 下的状态–动作值函数，使用该策略与环境进行交互，直到达到终止态。这样就产生了一个实例，根据该实例，可以估计每个状态下某一动作的长期收益，即可以估算出状态–动作值函数。如果多次重复上述过程，产生足够多的实例，然后对估算出的状态–动作值函数取平均值，那么最终估计到的值就会收敛到真实值。对于没有终止态的模型来说，由于折扣因子 γ 的存在，且此时 $\gamma<1$ ，当 n 足够大时， $\gamma^n \to 0$ ， $\gamma^n R_{t+n} \to 0$ ，则以后的状态不需要再考虑，只需要考虑 n 以前的状态即可。这样就与有终止态的模型类似，只要找到足够多的实例，就可以估计出状态–动作值函数，对策略 π 进行评估。

类似于策略迭代，如果可以对策略 π 进行评估，那么对策略 π 评估完后，根据得到的状态–动作值函数就可以对策略 π 进行更新得到策略 π' ，如式（7-26）所示。然后继续评估策略 π' ，更新得到策略 π'' ，直到最后得到最优策略 π^* 。

$$\pi'(s) = \arg\max_a \{q_\pi(s,a)\} \tag{7-26}$$

此种算法会存在一个问题，当策略 π 在某一个状态 s 下永远不会选择到某一个动作 a ，即 $\pi(s,a)=p(s,a)=0$ 时， $q(s,a)$ 将会永远等于 0 ，也就意味着不断更新的策略在状态 s 下永远也不会选择动作 a 。因此初始策略 π_0 十分重要，如果初始策略没有覆盖到最优策略，那么算法将永远无法得到最优策略。

为了解决上面提到的问题，选用 ε 贪婪式策略，即该策略以 ε 的可能选择其他的策略 π 中没有涉及的动作，然后以 $1-\varepsilon$ 的概率选择策略 π 中的动作，如式（7-27）所示。

$$\pi^\varepsilon(x) = \begin{cases} \pi(x) & , \ P = 1-\varepsilon \\ A\text{中以均匀概率选取的动作} & , \ P = \varepsilon \end{cases} \tag{7-27}$$

此时，最优动作被选到的概率为 $1-\varepsilon+\dfrac{\varepsilon}{|A|}$ ，非最优动作被选到的概率为 $\dfrac{\varepsilon}{|A|}$ ，此时所有的可能都会被探索到，经过足够多次的迭代肯定会收敛到最优策略。

蒙特卡洛方法产生了 t 个实例，那么状态–动作值函数为

$$q_t^\pi(s,a) = \frac{1}{t}\sum_{i=1}^{t} r_i \tag{7-28}$$

其中，r_i 为每一个实例的长期回报函数。

当产生第 $t+1$ 个实例后，结合式（7-28），可以得到增量式进行的状态–动作值函数，如式（7-29）所示。

$$q_{t+1}^{\pi}(s,a) = \frac{1}{t+1}\sum_{i=1}^{t+1} r_i = \frac{1}{t+1}\left(\sum_{i=1}^{t} r_i + r_{t+1}\right)$$

$$= \frac{t}{t+1}\frac{1}{t}\sum_{i=1}^{t} r_i + \frac{1}{t+1}r_{t+1} = \left(1 - \frac{1}{t+1}\right)q_t^{\pi}(s,a) + \frac{1}{t+1}r_{t+1} \quad (7\text{-}29)$$

$$= q_t^{\pi}(s,a) + \frac{1}{t+1}\left(r_{t+1} - q_t^{\pi}(s,a)\right)$$

即产生新的实例后，只需要给 $q_t^{\pi}(s,a)$ 加上增量 $\frac{1}{t+1}\left(r_{t+1} - q_t^{\pi}(s,a)\right)$ 即可。一般把 $\frac{1}{t+1}$ 写成 α_{t+1}，代表更新步长。令 α_t 为一个很小的正数 α，更新步长越大，代表越靠后的累计奖赏越重要。

考虑到折扣因子 γ 计算长期回报，此时 $r_{t+1} = R_{s \to s'}^{a} + \gamma q_t^{\pi}(s',a')$，其中 $R_{s \to s'}^{a}$ 是在状态 s 下采用动作 a 后得到的短期回报。所以增量公式变为

$$q_{t+1}^{\pi}(s,a) = q_t^{\pi}(s,a) + \alpha\left(R_{s \to s'}^{a} + \gamma q_t^{\pi}(s',a') - q_t^{\pi}(s,a)\right) \quad (7\text{-}30)$$

有了以上增量公式，根据蒙特卡洛方法，只需要按照策略执行一步，就可以更新一次状态–动作值函数。不再需要按照策略走到终止态再去更新状态–动作值函数。

基于蒙特卡洛方法，结合 ε 贪婪式策略和式（7-30），就可以得到 Sarsa 算法。Sarsa 算法根据蒙特卡洛方法，依据 ε 贪婪式策略执行一步策略，然后依据式（7-30）对状态–动作值函数进行评估，再重复以上步骤。

Sarsa 算法评估以及改进的策略都是 ε 贪婪式策略。使用 ε 贪婪式策略的目的是遍历每个状态的所有动作，所以策略评估时必须要使用 ε 贪婪式策略。改进策略是为了得到最优策略，不需要考虑遍历所有状态和所有动作，所以此时改进策略直接选择最优策略就好。这种评估策略和改进策略使用的不是同一种策略的算法被称为异策略算法。显然，Sarsa 算法是一种同策略算法，如果把 Sarsa 算法改成异策略算法，就得到了 Q 学习算法。

Q 学习算法中，状态–动作值函数的更新与策略无关，直接利用最优状态–动作值函数进行估计，更新计算式为

$$q_{t+1}(s,a) = q_t(s,a) + \alpha\left(R_{s \to s'}^{a} + \gamma \max_{a}\left\{q_t(s',a)\right\} - q_t(s,a)\right) \quad (7\text{-}31)$$

Q 学习算法主要运用的是蒙特卡洛方法来对状态–动作值函数进行评估，评估时利用式（7-30）加快评估速度，执行一步策略，评估一次。此外，Q 学习算法还利用 ε 贪婪式策略来遍历所有可能的状态–动作对，进而对每个状态下的动作进行评估。

Q 学习算法如下。

输入：环境、动作空间 A、起始状态 s_0、奖赏折扣因子 γ、更新步长 α

过程：

$$q(s,a) = 0 \ , \quad \pi(s,a) = \frac{1}{A(s)}$$

$$s = s_0$$

for $\ t = 1,2,3\cdots,$ do

$$q_{t+1}(s,a) = q_t(s,a) + \alpha\left(R_{s \to s'}^a + \gamma \max_a \left\{q_t(s',a)\right\} - q_t(s,a)\right)$$

$$s = s'$$

end for

$$\pi(s) = \arg\max_{a^*}\left\{q(s,a^*)\right\}$$

输出：策略 π

其中，γ、s' 为在环境中按照 ε 贪婪式策略 $\pi^\varepsilon(s)$ 产生的奖赏与转移后的状态。

Q 学习算法执行的是最优策略，评估使用的是 ε 贪婪式策略，既保证了每次策略执行后会得到最好的结果，又保证了算法可以不断地探索，避免陷入局部最优值。

7.2.4 解决方案设计

需要解决的问题是算法需智能地识别出干扰方的干扰策略，并根据该干扰策略，制定合适的抗干扰策略来进行通信。显然该问题是一个多步决策问题，因此 Q 学习是一个很合适来解决该问题的算法。

7.2.4.1 状态定义

通过问题分析可以看到干扰方会根据对前几个时隙的分析做出下一个时隙的决策，而通信方主要要做的是学习干扰方的干扰策略，然后预测干扰方可能的干扰方式，进而做出抗干扰的措施。对于通信方来说，环境就是下一个时隙干扰方的干扰策略。状态示意如图 7-23 所示。

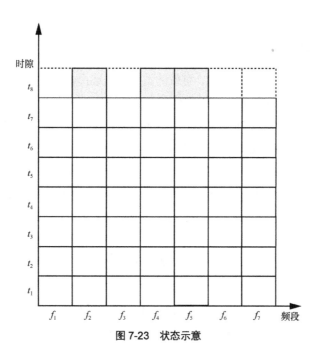

图 7-23 状态示意

因此 Q 学习中的状态可以定义为在新的时隙干扰方的干扰样式。一共有 7 个频段，干扰方可以在 7 个频段中任意选择，选择的数目从 0～7 不定，0 代表在此时隙不进行通信，那么一共有 $C_7^0 + C_7^1 + C_7^2 + C_7^3 + C_7^4 + C_7^5 + C_7^6 + C_7^7 = 128$ 种可能，即一共有 128 个不同的状态。

此时环境的定义主要依赖上文提到的两种典型的干扰策略。不同的干扰策略对应不同的环境模型。理论上讲，Q 学习可以应对多种多样的干扰样式，为了验证 Q 学习的效果，选取这两种干扰策略进行验证。

通过状态定义就可以看到，智能体，也就是此时的通信方，无法得到准确的状态转移概率，因为干扰方选择的干扰策略是不确定的，因此必须使用无模型的强化学习来进行决策。

$S_1 \sim S_{128}$ 分别表示干扰方不同的 128 种干扰样式。其中 S_i 为数字 $i-1$ 转换过来的 7 位二进制数字，1 表示有干扰，0 表示无干扰，例如状态 S_{26}，十进制数字为 25，转换为对应的二进制为 0011001，也就是对应着第 3、第 4、第 7 个频段被干扰，状态 S_{26} 示意如图 7-24 所示。

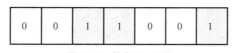

图 7-24 状态 S_{26} 示意

7.2.4.2 动作选取

对于通信方来说，为了抗干扰，有效的做法就是选择合适的时频资源块进行通信。因此 Q 学习的动作可以定义为选择不同的时频资源块。与干扰不同的是，通信方使用的时频资源块不一定每一个时隙都有，可以根据通信要求以及干扰情况，选择合适的时频资源块。动作定义示意如图 7-25 所示。可以看到，通信方可以有多种选取方案。比如在 t_1 时隙，干扰比较多，所以选取了一块时频资源块；在 t_2 时隙，干扰方进行了全频段干扰，因此通信方没有在此时隙发起通信。同时，通信方可以选取连续的频段资源，也可以选取不连续的频段资源，分别如时隙 t_5、t_4 所示。

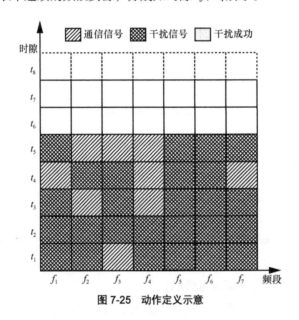

图 7-25 动作定义示意

因此，我们定义 Q 学习的动作为在全部时频资源块中选取合适的时频资源块，在某一个时隙，可以选用 0～7 块时隙资源块，其中，0 代表在此时隙不进行通信。一共有 $C_7^0 + C_7^1 + C_7^2 + C_7^3 + C_7^4 + C_7^5 + C_7^6 + C_7^7 = 128$ 种不同选择，因此动作数一共 128 个。

与状态的定义方式类似，$A_1 \sim A_{128}$ 分别代表 128 种不同的通信参数选取方式，也就是 128 个不同的动作。其中 A_i 为数字 $i-1$ 转换过来的 7 位二进制数字，1 表示有通信，0 表示没有通信，例如动作 A_{56}，十进制数字为 55，转换为对应的二进制为 0110111，也就是对应第 2 个、第 3 个、第 5 个、第 6 个以及第 7 个频段在使用中，动作 A_{56} 示意如图 7-26 所示。

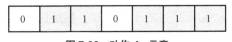

图 7-26 动作 A_{56} 示意

7.2.4.3 回报函数定义

通信方的目标是进行正常通信，且尽可能以更高速率进行通信。当通信方选用的时频资源块没有和干扰方选用的时频资源块重复时，可以认为通信没有被干扰。当没有被干扰的时频资源块越大时，通信的速率就越大。因此目标之一为当前时隙没有被干扰的时频资源块尽可能得多。

同时，需要注意当通信被干扰时，产生的后果比不通信还要严重。因为被成功干扰时，通信方有通信需求，发送了通信信息，但是通信需求没有被满足，接收方接收到的信息是不完整的，甚至是错误的（与完整信息完全相反）。要尽可能地避免这种情况发生，即另一个目标是当前时隙没有被干扰的时频资源块要尽可能少。

由于被干扰成功造成的危害要比不进行通信的危害大，因此回报函数定义如式（7-32）所示。

$$R = \text{succNum} - 2 \times \text{failNum} \tag{7-32}$$

其中，succNum 为没有被干扰的时频资源块的数量；failNum 是被干扰成功的时频资源块的数量。

7.2.5 仿真及结果分析

本章提出的基于 Q 学习的智能抗干扰决策算法理论上可以处理任何有规律、智能的干扰。干扰方是智能的、有一定策略的，而不是随机的。作为博弈的一方，干扰方的干扰样式肯定会有一定的策略性和动态性，那么通信方的智能抗干扰决策系统也要求有智能性，可以交互学习到干扰方的策略，从而预测干扰方下一步的干扰样式，从而达到躲避干扰的目的。

本章分别选用了两种典型的干扰策略进行仿真，基于 Q 学习的智能抗干扰决策算法分别对这两种干扰策略进行抗干扰训练，然后做出正确的抗干扰决策。

通信方是不知道干扰方策略的，只能从一次次的交互中学习。通信方可以做的只是选择一些频段，然后得到这次选择的结果，结果有两种：通信成功或者被干扰方干扰成功。基于 Q 学习的智能决策系统与环境进行多次交互，学习干扰方的干扰策略，从而预测下一个时隙干扰方的干扰样式，然后选择合适的频段躲避干扰，正常通信。

7.2.5.1 跟随式干扰仿真结果及分析

本次仿真主要针对的是跟随式干扰，即干扰方的策略是选择和上一时隙通信方相同的频段进行干扰。为了隐藏干扰源，干扰方只会从 7 个时隙中选择 3 个时隙进行干扰。

智能决策系统首先根据随机策略随机地选择一些频段进行通信，然后得到此次选择的结果，然后继续尝试，在不停地尝试中利用 ε 贪婪式策略学习到干扰方的策略，然后选择合适的频段进行通信。

基于 Q 学习的智能决策系统学习到的知识主要存储在状态–动作值函数中，不同的状态对于每一个动作都有一个状态–动作值函数。状态–动作值函数代表当前状态下采用某一个动作的回报。每一个状态下某一动作的回报越大，就代表在该状态下该动作越好。

在开始阶段，智能决策系统没有任何先验知识，因此所有的状态–动作值函数都为 0。然后智能决策系统通过与环境不断地进行交互，获得干扰的知识，存储在状态–动作值函数中。通过式（7-31）可以看到，智能体与环境不断地交互，状态–动作值函数就可以一步一步迭代出来。状态–动作值函数收敛如图 7-27 所示。通过多次迭代，状态–动作值函数最终达到收敛。正确决策的状态–动作值函数明显高于该状态下错误决策的状态–动作值函数。

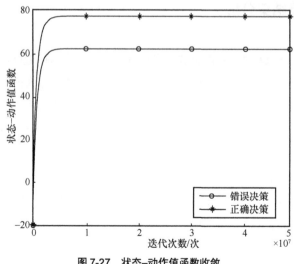

图 7-27 状态–动作值函数收敛

状态–动作值函数表达的是一个状态下某一个动作的期望回报值，当最后状态–动作值函数收敛后，在某一个状态下，选择状态–动作值函数最大的动作就是最优策略。使用最优策略，就可以得到最大的回报函数。其中每次策略的短期回报如图 7-28 所示，即每次决策都可以做到有 4 个频段正常通信，不被干扰。考虑到一共有 7 个频段，且干扰方会选 3 个频段，所以每次决策都是最优决策。

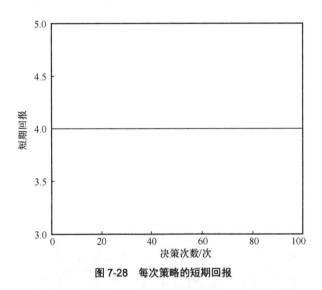

图 7-28　每次策略的短期回报

按照最优策略，进行了 200 次对抗过程，每次对抗后都有一个短期回报。由于干扰与抗干扰的博弈没有终止态，为了保证算法的收敛性，计算累计回报时需要一个折扣因子 $\gamma\,(0<\gamma<1)$，具体回报为

$$r_t = \sum_{i=0}^{\infty} \gamma^i R_{t+i} \tag{7-33}$$

累计回报如图 7-29 所示，可以看到，按照最优策略进行决策，当 $t=1$ 时，累计回报慢慢增长，直到收敛到最大值。最终收敛后的真实累计回报与图 7-27 中正确决策的状态–动作值函数接近，由于状态–动作值函数是回报的期望值，所以略小于真实值。

按照最优策略，具体的干扰与抗干扰的博弈过程如图 7-30 所示。干扰策略使用的是跟随策略，即跟随上一时隙通信方的选择，且为了隐藏干扰源，每次只选择 3 块时频资源块。通过多次交互学习干扰策略的智能决策系统每次都可以做出正确的决策，避开干扰。

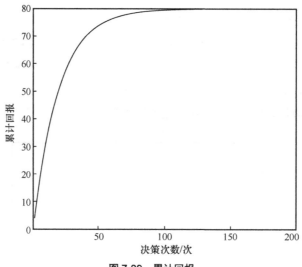

图 7-29　累计回报

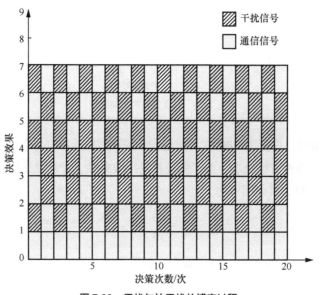

图 7-30　干扰与抗干扰的博弈过程

7.2.5.2　贪婪式干扰仿真结果分析

对于贪婪式干扰，基于 Q 学习的智能抗干扰决策算法同样可以达到很好的效果。

状态–动作值函数收敛情况如图 7-31 所示，可以看到，经过多次迭代，状态–动作值函数同样会收敛到一个确定的值。

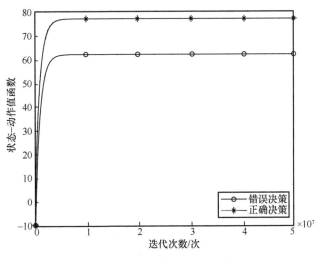

图 7-31　状态–动作值函数收敛情况

当状态–动作值函数收敛后，可以得到最优策略。按照最优策略，得到的短期回报如图 7-32 所示。同样的，智能决策系统每次可以选择 4 块不被干扰的时频资源块，考虑到一共 7 块时频资源块，干扰方选择 3 块，所以智能决策系统做出的策略是最优的。

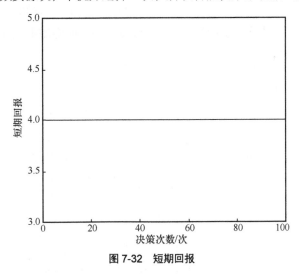

图 7-32　短期回报

累计回报表示从某一状态起智能决策系统经过多次决策得到的总回报。在正确决策下，从 $t = 1$ 开始，执行 200 次的累计回报如图 7-33 所示。累计回报慢慢收敛到一个确定的值，与正确决策的状态–动作值函数相比，最终收敛值要比期望值稍微大一点。因为状态–动作值函数代表的是累计回报的期望值，而正确决策下的累计回报是最大值。

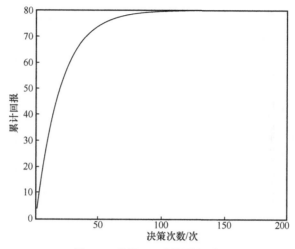

图 7-33　执行 200 次的累计回报

　　贪婪式干扰与抗干扰博弈过程如图 7-34 所示。此时干扰方使用贪婪式策略，即选择过去最近的 7 个时隙中出现最多的 3 块时频资源块进行干扰。如果几项并列时，就随机选择。比如在 1～7 时隙，通信方有 5 次选择了频段 4，即使用频段 4 最多，那么在第 8 个时隙，干扰方就对频段 4 进行干扰。从图 7-34 中可以看出，基于 Q 学习的智能决策系统已经学习到干扰方的策略，可以预测出下一时隙的干扰样式并选择合适的时频资源块进行通信。

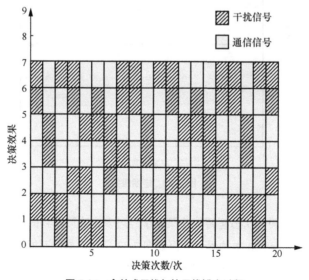

图 7-34　贪婪式干扰与抗干扰博弈过程

7.2.5.3　收敛速度分析

建模时可选择的时频资源块数是影响系统收敛速度的关键因素。假设一共有 n 个可选频段，那么每一个动作通信方或者干扰方可以从可选频段中任意地选取，总共有 $C_n^0 + C_n^1 + \cdots + C_n^n = 2^n$ 种选择，即通信方有 2^n 种选择，干扰方同样也有 2^n 种选择（理论上，干扰方干扰得越多，越有可能暴露干扰源位置，此时不考虑干扰方的暴露情况），对于通信方来说就是 2^n 个状态。

基于 Q 学习的智能决策系统会通过与环境交互学习到干扰方的策略。学习到的内容会存储在状态–动作值函数中。状态–动作值函数可以用 $q(s,a)$ 表示，$q(s_i,a_j)$ 代表在状态 s_i 下，采取动作 a_j 的累计回报。累计回报越大，该动作就越好。

为了评估每一个状态下的每一个动作，系统需要通过交互得到所有动作的 $q(s,a)$。一共有 2^n 个状态，每个状态下有 2^n 个动作，所以需要维护的是一个 $2^n \times 2^n$ 的矩阵，一共 4^n 个 $q(s,a)$。同时，假设每一个 $q(s,a)$ 是由 m 次迭代得到的，所以智能决策系统一共需要 $m \times 4^n$ 次交互才可以收敛。

智能决策系统的收敛速度与可选频段数是指数的关系，其中 4～7 个可选频段的收敛次数与可选频段的关系如图 7-35 所示。可以看到两者之间确实是指数关系，越多的可选频段就会带来越多的收敛次数。

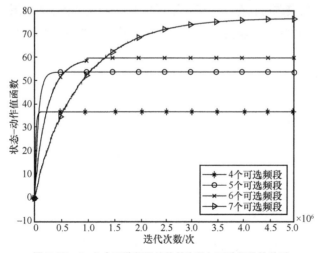

图 7-35　4～7 个可选频段的收敛次数与可选频段的关系

加快智能决策系统收敛速度的方式有以下几种：一是减少可选频段的数量；二是当通信方的通信需求不是很大时，可以固定通信方选择频段的数量。原本通信方可以任意选择频段，选几个都是不确定的，所以共有 $C_n^0 + C_n^1 + \cdots + C_n^n = 2^n$ 种选择。如果固定通信方选择通信的个数，比如固定每次只能选择 3 个频段，那么通信方的选择就变为了 C_n^3 种选择。例如，如果一共有 7 个可选频段，不固定通信方选几个时，一共有 $2^7 = 128$ 种选择，当固定通信方选择个数后，就只有 $C_7^3 = 35$ 种选择，大概减少到了原来的 $1/4$。这样收敛速度就会大大加快。

当然，对通信方做出限制以后，收敛速度会加快，但是会降低频谱利用率和抗干扰能力。在一共有 7 个可选频段的前提下，如果干扰方选择 3 个频段进行干扰，那么通信方就可以选择剩下的 4 个频段，如果固定选择个数，那么必然会浪费一块时频资源块；如果干扰方选择 5 块时频资源块进行干扰，那么此时通信方可用的时频资源块只有 2 块，此时通信方固定选择 3 块时频资源块，那么必然有 1 块时频资源块被干扰成功。

| 7.3 本章小结 |

本章主要分析智能干扰，干扰方具有一定的干扰策略，干扰样式不再是一成不变的，而是动态的，有一定智能性的。此时干扰方与通信方在通信资源上进行博弈。干扰方的目标是干扰通信的进行，通信方的目标是保证正常通信。

首先针对通信资源进行分析，确定了干扰方与通信方争夺的资源为时频资源块。那么干扰方与通信方的博弈就变成了对时频资源块的争夺。通信方要选择尽可能多的时频资源块进行通信，同时还要避开干扰；干扰方的目的就是选择和通信方相同的时频资源块，对通信进行干扰。双方要根据已经发生的事实对下一个时隙的时频资源块做出决策，努力完成各自的目标。

通信方使用基于 Q 学习的智能决策系统，与环境进行多次交互，即与干扰方进行多次的博弈，学习到干扰方的干扰策略，预测干扰方下一步的干扰样式，进而做出合适的选择，避开干扰，并提高频谱利用率。

理论上基于 Q 学习的智能决策系统可以解决任何智能的干扰方式。本章仿真中选择了跟随式干扰策略和贪婪式干扰策略。跟随式干扰策略为下一时隙的干扰样式跟随通信方上一时隙的选择；贪婪式干扰策略为干扰方统计前 7 个时隙通信方的选择，然后选出里面使用最多的频段进行干扰。为了避免干扰源暴露，此次仿真干扰方只干扰约一半的可选频段，即从 7 个可选频段中选出 3 个频段进行干扰。通过仿真，可以验证基于 Q 学习的智能决策系统可以应对多种智能干扰，通过多次交互学习干扰策略做出正确的选择。同时，本章还分析了智能决策系统的收敛情况，并给出了几种可以提高收敛速度的方案，但是这些方案都或多或少地牺牲了频谱效率或者抗干扰能力。

| 参考文献 |

[1]　MONTAGUE P R. Reinforcement learning: an introduction, by Sutton, R.S. and Barto, A.G.[J]. Trends in Cognitive Sciences, 1999, 3(9): 360-360.

[2]　朱贵伟. Ka 频段军事卫星通信应用[J]. 卫星应用, 2015(7): 10-14.

[3]　朱立东. 国外军事卫星通信发展及新技术综述[J]. 无线电通信技术, 2016, 42(5): 1-5.

[4]　崔川安, 刘露露. 美军的宽带全球卫星通信系统[J]. 数字通信世界,2012(9): 50-52.

[5]　杜东科. 卫星通信系统的干扰检测识别及决策技术研究[D]. 成都: 电子科技大学, 2019.

名词索引